Docker

Adrian Mouat　著
Sky 株式会社 玉川 竜司　訳

Using Docker

Adrian Mouat

Beijing · Boston · Farnham · Sebastopol · Tokyo

その成否を問わず、挑戦する者達に本書を捧げる。

訳者まえがき

『Using Docker』の全訳をお送りします。

Dockerは、2010年代に登場した新しいソフトウェアですが、急速に広く使われるようになってきています。コンテナという技術そのものはもっと古くからあったものですが、仮想化やクラウド、継続的インテグレーションなどといったさまざまな要素が基盤となって、一気に普及に弾みがつきはじめたと言えるでしょう。

コンテナ技術は、しばしば仮想化マシン（VM）の技術と対比されますが、Dockerとそのエコシステムは、ソフトウェアの開発から運用にいたるライフサイクル全体に大きな影響を与える存在になりつつあります。本書の特徴は、単にDockerだけではなく、ネットワーキングやオーケストレーションといった領域まで、幅広く取り上げているところにあります。

率直に言って、Dockerを巡るオーケストレーションや運用といった領域はまだまだ混沌としており、いわゆるデファクトと言えるようなものが見えない状況にあります。本書は、Dockerを本格的に活用する上でのさまざまな課題を取り上げ、現時点での選択肢を紹介しています。本書をご覧いただいて、Dockerを巡る、言ってみれば俯瞰的なイメージを持っていただくことができたなら、訳者として大変うれしく思います。

なお、変化の激しいIT業界の例に漏れず、Dockerもまたどんどん変化していっています。翻訳時点の2016年6月にもDockerConで大きな発表がありました。本書の内容にも関わる大きなアップデートについては、付録として取り上げました。

また、日本国内では、Docker社の公式トレーニングやDocker Datacenterのサービスが、クリエーションライン株式会社から提供されています。同社のブログ（http://www.creationline.com/lab/docker）では、Dockerに関する最新の情報も日本語のブログで提供されていますので、ぜひご覧いただければと思います。

それでは、まずはPCを手元にご用意いただいて、Dockerの世界をお楽しみください。

2016年7月
玉川 竜司

はじめに

――コンテナは、アプリケーションとその依存対象を保存するための
軽量でポータブルなストアである。

こう書いただけでは、ドライで退屈に響くかも知れません。しかし、コンテナによって可能となるプロセスの改善は、まったく反対です。正しく活用すれば、コンテナはゲームの様相を一変させうるものです。コンテナが実現するアーキテクチャとワークフローの魅力は非常に説得力があるので、Dockerやコンテナについて耳にしたことさえなかった主要なIT企業のすべてが、一年の間に活発に調査を進めてそれらを使うようになったように思われます。

Dockerは、驚くべき台頭ぶりを見せてきました。筆者には、これほどの速さでIT業界に大きな影響を及ぼした技術は思い当たりません。筆者が本書で目標としたのは、コンテナが**なぜ**これほど重要なのか、コンテナ化に対応することで**何**が得られるのか、そして最も大切なコンテナを扱う**方法**を、読者の皆様に理解していただくことです。

本書が対象とする読者

本書では、Dockerについて全体論的なアプローチを取り、Dockerを利用する理由を説明し、その利用方法やソフトウェア開発のワークフローへの組み込み方を示すようにしました。本書では、開発から実稼働、そしてメンテナンスにいたるソフトウェアのライフサイクル全体を取り上げています。

読者は、Linuxやソフトウェア開発の一般的な基礎知識を持っていることを想定していますが、それ以上の知識を前提とはしないようにしました。想定している読者層は、主にソフトウェア開発者、運用エンジニア、システム管理者（特にDevOpsアプローチを発展させたいと熱望している管理者）ですが、技術的な知識を持っているマネージャーやマニアの方々にとっても、本書から得られるものがあるはずです。

本書を執筆した理由

筆者は幸運なことに、Dockerが彗星のごとく登場した初期の頃に、Dockerを学び、使えると

ころにいました。本書を執筆する機会に出会えたときには、諸手を挙げて飛びついたものです。本書によって、読者の皆様がコンテナ化のムーブメントを理解し、最大限に活用する手助けができたなら、筆者としては数年にわたってソフトウェアを開発してきたこと以上のことを達成できたということになるでしょう。

読者の皆様にとって、本書を読むことが楽しく、皆様の組織でDockerを利用し始める手助けとなることを、心から願っています。

本書の構成

本書の大まかな構成は、以下のようになっています。

- **Ⅰ部**は、コンテナとは何か、そしてなぜコンテナに注目すべきなのかを説明することから始めます。Dockerの基本を説明するチュートリアルの章が続き、Dockerの基本的な概念と技術を説明する長い章で終わります。最後の章では、様々なDockerのコマンドの概要も説明します。

- **Ⅱ部**は、ソフトウェア開発のライフサイクル中でのDockerの使用方法を説明します。まず開発環境のセットアップの方法を紹介し、それからシンプルなWebアプリケーションをビルドします。このアプリケーションは、**Ⅱ部**の残りを通じて、サンプルとして使用します。このパートでは、コンテナの開発、テスト、結合に加えて、デプロイの方法と、実働システムでの効率的なモニタリングとロギングも取り上げます。

- **Ⅲ部**は、複数のホストからなるDockerコンテナのクラスを、安全かつ高い信頼性の下で実行するのに必要となる、高度な詳細と、ツールやテクニックを見ていきます。読者の皆様がすでにDockerを使っていて、スケールアップの方法を理解しなければならない場合や、ネットワークやセキュリティの問題を解決しなければならないのであれば、このパートが役に立つでしょう。

表記

太字（Bold）

新しい用語を示します。

等幅（Constant Width）

プログラムリストに使われるほか、本文中でも変数、関数、データベース、データ型、環境変数、文、キーワードなどのプログラムの要素を表すために使われます。

等幅太字（Constant Width Bold）

ユーザーが文字通りに入力すべきコマンド、その他のテキストを表します。

ヒント、参考情報を示します。

警告、注意を示します。

コードサンプル

本書の補完資料（コードサンプルや練習問題など）は、http://github.com/using-docker/ からダウンロードできます。

本書が目標としているのは、読者のみなさまが仕事をやり遂げる手助けをすることです。一般に、本書に含まれているサンプルコードは、読者のみなさまのプログラムやドキュメンテーションで使っていただいてかまいません。本書のコードを相当部分を再利用しようとしているのでなければ、私たちに連絡して許可を求める必要もありません。例えば、プログラムを書く際に本書のコードのいくつかの部分を使う程度であれば、許可は不要です。コードのサンプル CD-ROM の販売や配布を行いたい場合は、許可が必要です。本書のサンプルコードの相当量を、自分の製品のドキュメンテーションに収録する場合には、許可が必要です。

お問い合わせ

本書に関する意見、質問等はオライリー・ジャパンまでお寄せください。連絡先は次の通りです。

株式会社オライリー・ジャパン
電子メール　japan@oreilly.co.jp

この本の Web ページには、正誤表やコード例などの追加情報が掲載されています。次の URL を参照してください。

http://shop.oreilly.com/product/0636920035671.do（原書）
http://www.oreilly.co.jp/books/9784873117768（和書）

この本に関する技術的な質問や意見は、次の宛先に電子メール（英文）を送ってください。

bookquestions@oreilly.com

オライリーに関するその他の情報については、次のオライリーの Web サイトを参照してください。

http://www.oreilly.co.jp

http://www.oreilly.com/（英語）

謝辞

本書を執筆する間にいただいた、すべての支援、アドバイス、批判に深く感謝します。以下のリストにお名前のない方がおられたなら、どうぞお許しください。ここに述べているかどうかにかかわらず、いただいた貢献には感謝しています。

フィードバックをいただいた、Ally Hume、Tom Sugden、Lukasz Guminski、Tilaye Alemu、Sebastien Goasguen、Maxim Belooussov、Michael Boelen、Ksenia Burlachenko、Carlos Sanchez、Daniel Bryant、Christoffer Holmstedt、Mike Rathbun、Fabrizio Soppelsa、Yung-Jin Hu、Jouni Miikki、Dale Bewleyに感謝します。

本書で取り上げた技術に関して専門的な会話とインプットをいただいた、Andrew Kennedy、Peter White、Alex Pollitt、Fintan Ryan、Shaun Crampton、Spike Curtis、Alexis Richardson、Ilya Dmitrichenko、Casey Bisson、Thijs Schnitger、Sheng Liang、Timo Derstappen、Puja Abbassi、Alexander Larsson、Kelsey Hightowerに感謝します。monsterid.jsの利用を許諾してくださった、Kevin Gaudinに感謝します。

O'Reillyの皆様の支援に感謝します。とりわけ、今回の話を立ち上げてくれた私の編集者、Brian AndersonとMeghan Blanchetteに感謝します。

Diogo Monica、Mark Coleman、土壇場での質問に答えてくれてありがとう。

Container SolutionとCloudSoftという2つの企業には、特に声を大にして感謝いたします。Jamie DobsonとContainer Solutionは、筆者にblogを書かせ、イベントに登壇させ続け、そして本書に影響を与えてくれた人たちとつながらせてくれました。CloudSoftは、本書の執筆の間オフィスを快く利用させてくれ、エジンバラのDockerミートアップをホストしてくれました。これらはどちらも、私にとって非常に重要なことでした。

本書に関する私の妄想や愚痴をこらえてくれたことに対して、すべての友人と家族に感謝します。該当する皆さんは、ご自分でおわかりですよね（とはいっても、おそらくみなさんがこれを読むことはないでしょうけれど）。

最後に、本書にサウンドトラックを提供してくださった、Lauren Laverne、Radcliffe and Maconie、Shaun Keaveny、Iggy Popといった、BBC 6 Music DJの皆様に感謝します。

目次

I部
背景と基本

I部では、まずコンテナとは何か、そしてなぜこれほどにコンテナが注目されるようになったのかを見ていきます。続いてDockerと、コンテナを最大限に活用するために理解しておかなければならない主要な概念を紹介します。

1章
コンテナとはなにか、そしてなぜ注目されているのか

コンテナは、私たちのソフトウェアの開発、配布、実行の方法を根本から変化させています。開発者は、それがIT部門のラック内であろうと、ユーザーのノートPCであろうと、あるいはクラウドのクラスタ内であろうと、いかなるホスト環境下でもまったく同じように動作することを踏まえて、ローカルでソフト開発を行えます。運用エンジニアは、ネットワーキング、リソース、稼働時間に集中でき、環境設定やシステムの依存関係への対処に費やす時間を減らすことができます。コンテナの利用と理解は、最も小さなスタートアップから大企業に至るまで、IT業界全体にわたって驚くべきペースで進んでいます。今後の数年のうちに、開発者や運用エンジニアは何らかの形で日常的にコンテナを使うようになるでしょう。

コンテナは、アプリケーションを依存対象とともにカプセル化したものです。一見すると、コンテナは単に軽量な仮想マシン（VM）のように見えます。VMと同じように、コンテナは隔離されたオペレーティングシステム（OS）の環境を持ち、その中でアプリケーションを動作させることができます。

しかしコンテナには、これまでのVMでは実現が難しい、あるいは不可能なユースケースを可能にしてくれる利点があります。

- コンテナは、ホストOSとリソースを共有するので、はるかに効率的です。コンテナの起動や停止は一瞬で行えます。コンテナ内で動作するアプリケーションのオーバーヘッドは、ホストOSで直接動作するアプリケーションと比較しても、ごくわずかか、ほとんどありません。

- コンテナのポータビリティは、動作環境のわずかな違いによって生ずるようなタイプのバグを、すべて撲滅できる可能性があります。昔からの開発者が繰り返してきた「自分のマシンでは動くんだ！」というフレーズさえも終わらせてくれるかも知れません。

- コンテナは軽量なので、開発者は数十のコンテナを同時に実行することが可能であり、実働環境そのままの分散システムをエミュレーションできます。運用エンジニアは、VMだけを使う場合に比べて、1台のホストマシンではるかに多くのコンテナを実行できます。

- エンドユーザーや開発者にとって、クラウドへのデプロイをしない場合でも、コンテナには利点があります。ユーザーは、設定とインストールの問題に数時間を費やしたり、システムへの変更について気をもんだりすることなく、複雑なアプリケーションをダウンロードして実行できます。一方で、そういったアプリケーションの開発者は、ユーザーの環境や利用可能な依存対象の差異を心配せずに済むようになります。

さらに重要なのは、VMとコンテナでは根本的にゴールが違っていることです。VMが目的としているのは、異なる環境を完全にエミュレートすることであるのに対し、コンテナが目的とするのは、アプリケーションをポータブルにし、単体で動作できるようにすることなのです。

1.1 コンテナとVM

コンテナとVMは、一見似ているように見えますが、重要な違いがいくつかあります。これは、図で説明するのが一番わかりやすいでしょう。

図1-1は、ホスト上でそれぞれ独立のVMで動作している3つのアプリケーションです。VMを作成して動作させるためには、下位層のOSやハードウェアへのアクセスを制御し、必要に応じてシステムコールを解釈してくれるハイパーバイザ[†]が必要になります。それぞれのVMには、OS、実行するアプリケーション、必要な支援ライブラリの完全なコピーが必要になります。

それに対し、**図1-2**は、同じ3つのアプリケーションがコンテナ化されたシステムでも動作することを示しています。VMの場合とは異なり、ホストのカーネル[‡]は実行されるコンテナと共有されます。これはすなわち、コンテナは常にホストと同じカーネルを実行しなければならないということです。アプリケーションYとZは同じライブラリを使っており、そのデータは冗長なコピーをそれぞれが持つのではなく、共有されています。コンテナのエンジンは、ハイパーバイザ上のVMと同じようなやり方でのコンテナの起動や終了を受け持ちます。しかし、コンテナ内で動作しているプロセスは、ホスト上で直接動作しているプロセスと同等であり、ハイパーバイザの実行にともなうオーバーヘッドがありません。

VMとコンテナは、どちらもアプリケーションを同一ホスト上の他のアプリケーションから隔離するために利用できます。VMは、ハイパーバイザのおかげで隔離の度合いが高く、信頼性の高い、実戦で鍛え上げられた技術です。それに比較すれば、コンテナはまだ新しく、多くの組織はコンテナに動作実績が積まれるまでは、コンテナの分離機能を完全に使用するのをためらっています。そのため、両方の技術の利点を活かすために、VM内でコンテナを実行するハイブリッドなシステムが広く見られます。

---

† ここで描かれているのは、**タイプ2**のハイパーバイザです。タイプ2のハイパーバイザはホストOS上で動作するものであり、VirtualBoxやVMWareがこのタイプです。ハイパーバイザには、Xenのような**タイプ1**もあり、これはベアメタル上で直接動作するタイプのハイパーバイザです。

‡ カーネルは、OSの核となる構成要素であり、メモリ、CPU、デバイスアクセスに関連するシステムの必須の機能をアプリケーションに提供する役割を持っています。完全なOSは、カーネルに加えてinitのシステムやコンパイラ、ウィンドウマネージャなどを含む、さまざまなシステムから構成されます。

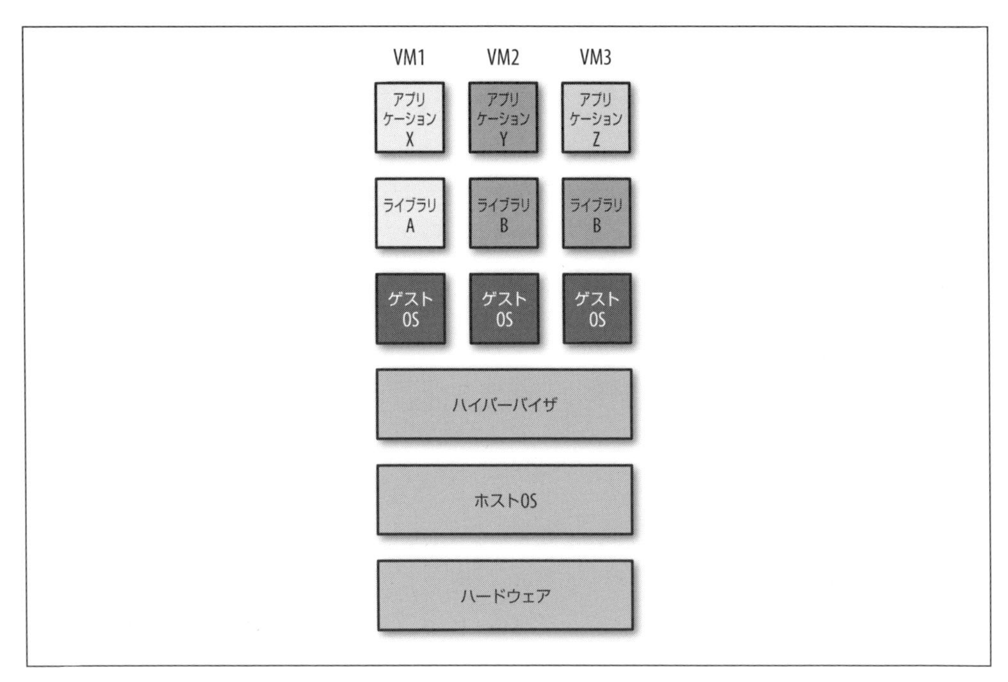

図1-1　単一のホスト上で動作している3つのVM

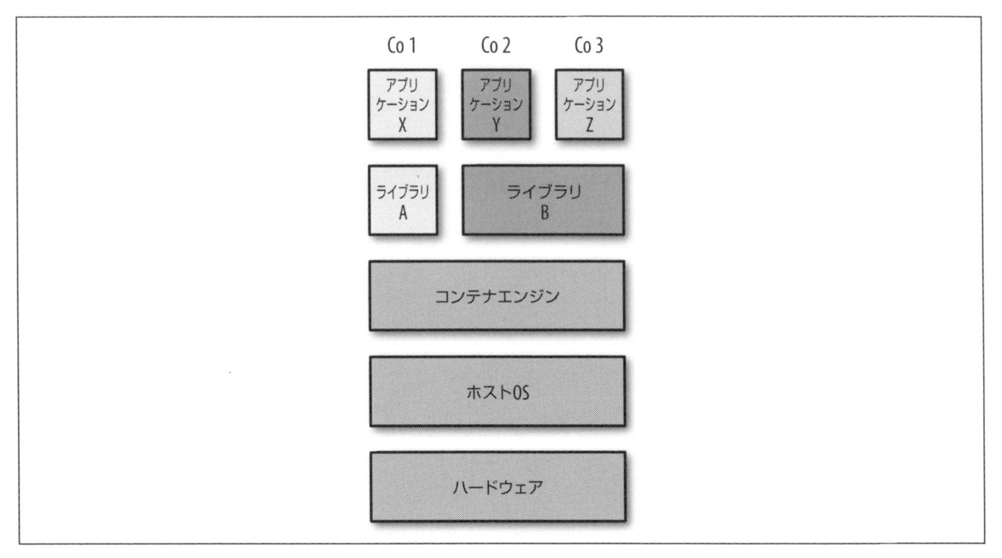

図1-2　単一のホスト上で動作している3つのコンテナ

1.2 Dockerとコンテナ

コンテナは、古い概念です。数十年にわたって、UNIXのシステムではchrootコマンドによるシンプルな形態のファイルシステムの隔離機能がありました。FreeBSDには、1998年からjailユーティリティがありました。これは、chrootのサンドボックスをプロセスにまで拡張したものです。Solaris Zonesは、2001年頃の比較的完全なコンテナ化の技術でしたが、Solaris OSでしか使えませんでした。同じく2001年に、Parallels Inc（後にSWsoft）は、商用のコンテナ技術であるVirtuozzoをLinux用にリリースし、後には2005年にその中核技術をOpenVZとしてオープンソース化しました†。そしてGoogleは、Linuxカーネル用のCGroupsの開発を開始し、自社のインフラストラクチャのコンテナへの移行を始めました。Linux Containers（LXC）プロジェクトは2008年に開始され、CGroups、カーネルネームスペース、chrootといった技術（これだけではありませんが）をまとめて、完全なコンテナ化のソリューションの提供へと進み始めました。そして最終的には、2013年にDockerがコンテナ化というパズルの最後にピースを持ち込み、この技術が主流に躍り出始めることになったのです。

Dockerは、ポータブルなイメージとユーザーフレンドリーなインターフェイスを中心とするさまざまな方法で既存のコンテナ技術をラップして拡張し、コンテナの生成と配布のための完全なソリューションを生み出しています。Dockerというプラットフォームには、2つの構成要素があります。1つはDockerエンジンで、これはコンテナの生成と実行を受け持ちます。もう1つはDocker Hubで、これはコンテナを配布するためのクラウドサービスです。

Dockerエンジンは、動作中のコンテナへの高速で便利なインターフェイスを提供します。Dockerエンジンが登場するまでは、LXCのような技術を使ったコンテナを実行するには、専門家の知識と手作業がかなり必要でした。Docker Hubには、ダウンロード可能な大量のコンテナの公開イメージがあり、ユーザーはすぐに作業を開始することができ、すでに誰かがやってくれていた作業を繰り返す必要もありません。さらにDockerが開発したツールには、クラスタマネージャの**Swarm**、コンテナを扱うGUIである**Kitematic**、Dockerのホストをプロビジョニングするためのコマンドラインユーティリティである**Machine**などがあります。

Dockerエンジンをオープンソース化することによって、Dockerはその周辺に大きなコミュニティを成長させることができ、バグフィックスや機能拡張の面で、人々の支援を活用することができました。Dockerが急激に成長したということは、事実上それが**デファクト**スタンダードになったということであり、それは業界に対する、中立なコンテナのランタイムとフォーマットの公式標準を発展させるプレッシャーへとつながりました。この動きから、2015年にはついにOpen Container Initiativeが設立されました。この団体は、Docker、Microsoft、CoreOS、そしてその他多くの重要な組織がスポンサーになっており、そういった標準を開発することをミッションとしています。Dockerのコンテナフォーマットとランタイムは、この作業の基礎となっています。

コンテナの取り込みは、主に開発者によって推し進められました。開発者に対しては、まず効率的にコンテナを使うためのツール群が提供されました。Dockerコンテナの高速な起動は、コード

† OpenVZは広く利用されることはありませんでした。これはおそらく、パッチを当てたカーネルを使わなければならなかったためです。

の変更の結果をすぐに確認できる素早くイテレーティブな開発サイクルを欲する開発者にとって、欠かせないものです。Dockerコンテナのポータビリティと隔離によって、他の開発者や運用担当者との共同作業が容易になります。開発者は、自分のコードがさまざまな環境で動作することを確実にすることができ、運用担当者はコンテナのホストとオーケストレーションに集中でき、コンテナ内で動作するコードについて心配する必要がなくなります。

Dockerによってもたらされた変化は、私たちのソフトウェア開発のあり方を大きく変えています。Dockerがなければ、コンテナはこの先長い間、ITの陰の部分にとどまり続けていたことでしょう。

運送への比喩

Dockerの哲学は、しばしば運送コンテナへの比喩で説明されます。これはおそらく、Dockerという名前の説明にもなっているでしょう。この物語は、以下のように語られることが普通です。

物品を運送する場合、物品はさまざまな**手段**を経由します。ここには、トラック、フォークリフト、クレーン、列車、船舶などが含まれるでしょう。これらの手段は、サイズや要求が異なる多彩な物品（例えばコーヒー袋、有害な化学物質のドラム、電子機器の箱、高級車の車両群、冷凍ラムのあばら肉など）を扱えなければなりません。歴史的には、これは面倒でコストのかかるプロセスであり、中継地点ごとに人力での積み込みや運び出しといった、港湾労働者などによる人力の作業が必要でした（**図1-3**）。

運送業界には、一貫輸送コンテナの導入によって革命が起きました。これらのコンテナのサイズは標準化されており、最小限の人力作業でさまざまな運送方法の間でやりとりできるように設計されていました。フォークリフトやクレーン、そしてトラック、列車、船舶に至るまで、あらゆる運送機器はこうしたコンテナを扱えるように設計されています。温度に敏感な食材や調合薬といった品物を運送する際には、冷凍及び断熱コンテナが利用できます。標準化の利点は、コンテナのラベル付けや密閉といった、その他の支援システムにも及びました。これはすなわち、運送業界は商品の生産者に対し、コンテナの中身について心配することなく、コンテナそのものの移動と保管だけに集中してもらえるようになったということです。

Dockerのゴールは、コンテナの標準化によるメリットを、ITにもたらすことです。近年のソフトウェアのシステムは、多様性という面で爆発を起こしてしまっています。単一のマシン上で動作するLAMP†スタックの時代は過ぎ去りました。現代的なシステムには、JavaScriptのフレームワーク、NoSQLデータベース、メッセージキュー、REST API、そしてバックエンドが含まれ、しかもそれらが多彩なプログラミング言語で書かれていることが普通になっています。このスタックは、その一部もしくはすべてが、開発者のノートPCから、会社内のテスト用クラスタ、そして実働環境のクラウドプロバイダーにいたるまで、多彩なハードウェア上で動作しなければなりません。これらの環境はそれぞれ異なっており、さまざまなハードウェア上で、さまざまなライブラリを含むさまざまなオペレーティングシステムが動作します。手短に言えば、私たちが抱えている問題は、運送業界に見られた問題に似ているのです。私たちは、環境間でコードを移すために、継続的にかなりの手作業をしています。一貫輸送コンテナが物品の輸送をシンプルにしたように、Dockerコンテナはソフトウェアアプリケーションの輸送をシンプルにしてくれるのです。開発者はアプリケーションの構築に集中することができ、テスト環境から実働環境にいたるまで、アプリケーションのリリースに際して環境や依存対象の違いを気にする必要がなくなります。運用担当者は、リソースの割り当て、コンテナの起動と停止やサーバー間での移動といった、コンテナの実行に関する中核的な課題に集中

† 元々は、Webアプリケーションの一般的な構成要素である、Linux、Apache、MySQL、PHPを意味する用語。

することができます。

図1-3 1940年、イングランドのブリストルで働く港湾労働者（情報省写真局の写真家による）

1.3 Dockerの歴史

Solomon Hykesは2008年に、言語中立なPlatform-as-a-Service（PaaS）を構築するために、dotCloudを設立しました。言語中立という側面は、dotCloudのユニークなセールスポイントでした。既存のPaaSは、特定の言語群と結びつけられており（例えばHerokuはRubyを、Google App EngineはJavaとPythonをサポートしていました）。2010年に、dotCloudはY Combinatorアクセラレータプログラムに参加しました。そこでdocCloudは新しいパートナー達に出会い、真剣な投資を引きつけ始めました。大きな転換点となったのは2013年の3月で、dotCloudはその中核的なビルディングブロックであるDockerをオープンソース化しました。中には、自社の魔法の豆をプレゼントしてしまうのを恐れてきた企業もありますが、Dockerをコミュニティ駆動型のプロジェクトとすれば莫大なメリットが得られるであろうことを、dotCloudは認識していたのです。

初期のバージョンのDockerは、LXCと結合ファイルシステムの組み合わせに対するラッパーとそれほど変わりませんでしたが、開発の吸収と速度は驚くほどでした。6ヶ月のうちに、DockerはGitHub上で6,700の星と、外部からの175人のコントリビュータを得ました。これによって、dotCloud は Docker Inc. と名前を変え、ビジネスモデルの焦点を変更しました。Docker 1.0 は、0.1 リリースからわずか 15 ヶ月後の 2014 年 6 月にアナウンスされました。Docker 1.0 は、安定性と信頼性という点で、大きな飛躍を示すものでした。Docker はすでに、Spotify や Baidu を含むいくつかの企業で実際に利用されていましたが、この時点で遂に「実用に耐えられるようになった」ことが宣言されたのです。同時に、Docker はコンテナの公開リポジトリである Docker Hub を立ち上げ、単なるコンテナエンジンから、完全なプラットフォーム化に向けて動き出しました。

Docker のポテンシャルには、すぐに他の企業も気づき出しました。Red Hat は 2013 年に主要なパートナーの 1 つとなり、自社のクラウドである OpenShift を動かすために Docker を使い始めました。Google、Amazon、DigitalOcean は、それぞれのクラウドですぐに Docker をサポートし、StackDock のような Docker のホスティングに特化したスタートアップも出てきました。2014 年の 10 月には、将来のバージョンの Windows Server で Docker をサポートすることを Microsoft がアナウンスしました。これは、巨大なエンタープライズソフトウェアに関わってきた企業の立ち位置の大きな変化を示すものです。

2014 年 12 月の DockerConEU では、Docker のクラスタマネージャである Docker Swarm、Docker のホストのプロビジョニング用の CLI ツールである Docker Machine がアナウンスされました。これは、コンテナを動作させるための完全な統合ソリューションを提供し、Docker エンジンを提供するだけにとどまりはしないという、Docker の意図をはっきりと示しています。

やはり 2014 年の 12 月に、CoreOS は独自のコンテナランタイムである rkt の開発と、コンテナ仕様の appc の開発をアナウンスしました。2015 年の 6 月には、サンフランシスコの DockerCon において、Docker の Solomon Hykes と CoreOS の Alex Polvi が、コンテナのフォーマットとランタイムの共通標準を開発するための Open Container Initiative（後に Open Container Project と呼ばれるようになりました）の成立をアナウンスしました。

同じく 2015 年の 6 月に、FreeBSD プロジェクトは Docker が FreeBSD でも、ZFS と Linux 互換レイヤを使ってサポートされたことをアナウンスしました。2015 年の 8 月には、Docker と Microsoft は、Windows Server 用の Docker エンジンの "tech preview" をリリースしました。

Docker 1.8 のリリースの差異に、Docker は Content Trust の機能を導入しました。これは、Dockder イメージの整合性と公開者を検証する機能です。Content Trust は、Docker Registry 群から取得したイメージに基づいて信頼の置けるワークフローを構築する上で、欠かすことができない要素です。

1.4 プラグインと結線

企業としての Docker Inc. は、自社の成功がエコシステムに多くを負っていることを、常に素早く認識してきました。Docker Inc. が安定した、実用的なバージョンのコンテナエンジンのリリースに集中している一方で、CoreOS、WeaveWorks、ClusterHQ といった他の企業は、コンテナのオーケストレーションやネットワーキングといった他の領域に取り組んできました。とはいえ、ネットワーキング、ストレージ、そしてオーケストレーション機能を含む、そのままで完全なプラットフォームの提供をDocker Incが計画していることは、すぐに明らかになってきました。継続されてきたエコシステムの成長を促し、広範囲なユースケースのためのソリューションをユーザーが利用できるようにするために、Docker Inc. は モジュール化された、拡張可能なDockerのためのフレームワークを作成することをアナウンスしました。このフレームワークは、元々の構成要素を、サードパーティの相当品で置き換えたり、サードパーティの製品で機能を拡張することができます。Docker Inc. は、この考え方を「バッテリ内蔵、ただし入れ替え可能」と呼んでいます。これはすなわち、完全なソリューションを提供するものの、パーツ交換が可能だということです†。

本書の執筆時点では、プラグインのインフラストラクチャはまだ初期の段階にあるものの、利用することは可能です。ネットワーキングコンテナやデータ管理のためのプラグインは、すでにいくつか利用できるようになっています。

Dockerはまた、「インフラストラクチャ結線マニフェスト」と呼ぶものに従っています。これは、可能な限り既存のインフラストラクチャのコンポーネントの再利用と改善に努め、新しいツールが必要になった場合は、再利用可能なコンポーネントをコミュニティに還元することを強調したものです。これによって、コンテナの実行のための低レベルのコードがスピンアウトされ、runCプロジェクトとなりました。これはOCIによって監督されており、他のコンテナプラットフォームの基盤として再利用することができます。

1.5 64bit Linux

本書の執筆時点では、安定している実用可能なDockerのプラットフォームは64bit Linuxのみです。これはつまり、Dockerを利用するコンピュータでは64bitのLinuxディストリビューションを動作させなければならず、コンテナもすべて64bit Linuxでなければならないということです。WindowsもしくはMac OSのユーザーは、VM内でDockerを動作させることができます。

BSD、Solaris、Windows Serverを含む他のプラットフォーム上でのネイティブのコンテナサポートは開発中で、進捗の段階はさまざまです。Dockerは純粋な仮想化はまったく行わないため、コンテナは常にホストのカーネルと合致していなければなりません。Windows Serverのコンテナは、Windows Serverのホスト上でしか動作せず、64bit Linuxのコンテナは64bit Linuxのホスト上でしか動作しないのです。

† 個人的には、筆者はこの言い回しが好きではありません。バッテリはどれをとってもほぼ同じ機能を提供するだけであり、しかも同じサイズと電圧のものでなければ交換できません。この言い回しは、Pythonの「バッテリ内蔵」という哲学から来ていると思いますが、こちらはPythonに同梱されている、広範囲にわたる標準ライブラリを表現するために使われている言い回しです。

マイクロサービスとモノリス

コンテナの採用の背景となっている最大のユースケースであり、最強の原動力の 1 つが、**マイクロサービス**です。

マイクロサービスは、ソフトウェアのシステムの開発や構成を、ネットワーク経由で相互にやりとりする、小さな独立したコンポーネント群で行う方法です。これは、通常は C++ や Java で書かれる単一の巨大なプログラムを扱う、伝統的なソフトウェアの開発の**モノリシック**な方法とは対照的です。

モノリスをスケールさせる場合、一般的には**スケールアップ**が唯一の方法になります。これは、増加した要求を、より多くの RAM や CPU パワーを持つ大規模なマシンで処理する方法です。これに対し、マイクロサービスは**スケールアウト**するように設計されており、増加した要求には、複数のマシンをプロビジョニングして負荷を分配することによって対応します。マイクロサービスのアーキテクチャでは、特定のサービスに要求されるリソースだけをスケールさせることができ、システムのボトルネックに焦点を当てることができます。モノリスの場合、すべてをスケールさせるかどうかという選択肢しかないので、リソースが無駄になってしまいます。

複雑さという点から見れば、マイクロサービスは諸刃の剣です。個々のマイクロサービスは、理解することも修正することも容易です。しかし、数十あるいは数百ものサービスから構成されるようなシステムでは、全体としての複雑さは、個々のコンポーネント間のやりとりに従って増大していくことになります。

コンテナは本来的に軽量で高速なので、マイクロサービスアーキテクチャの実行に特に適しています。VM と比較すれば、コンテナはきわめて小さく、デプロイもすぐに済むので、マイクロサービスアーキテクチャでも消費するリソースを最小限に抑え、必要に応じて行われる変更にも即座に対応できます。

マイクロサービスについてさらに知りたい場合は、Sam Newman の Building Microservices（オライリー http://www.oreilly.co.jp/books/9784873117607/）や、Martin Fowler の Microservice Resource Guide（http://martinfowler.com/microservices/）を参照してください。

2章
インストール

本章では、Dockerをインストールするのに必要なステップを簡単に見ていきます。使っているオペレーティングシステムに応じて、いくつかの落とし穴があります。とはいえうまくいけば、この作業は単純明快で苦労もないはずです。すでにDockerの最近（例えば1.8以降）のバージョンをインストール済みなら、本章は飛ばして次の章に進んでもらってかまいません。

2.1 LinuxへのDockerのインストール

現時点では、LinuxにDockerをインストーする最も良い方法は、Dockerが提供しているインストールスクリプトを使うことです。主要なLinuxのディストリビューションには専用のパッケージがありますが、これらはDockerのリリースに対して遅れを取っていることがしばしばです。Dockerの開発のペースを考えれば、これは大きな問題です。

Dockerの必要条件

Dockerの必要条件はそれほど多くはありませんが、ある程度最近のカーネル（本書の執筆時点でバージョン3.10以降）を実行していなければなりません。これは、`uname -r`を実行してみれば確認できます。RHELもしくはCentOSを使っているなら、バージョン7以降が必要になります。また、64bitアーキテクチャ上で動作させていることも必要です。これは`uname -m`を実行してみればわかります。この結果は`x86_64`になっていなければなりません。

Dockerを自動的にインストールするには、**https://get.docker.com** にあるスクリプトが使えるはずです。公式の手順では、単純に`curl -sSL | sh or wget -qO- | sh`と実行するだけとなっており、これも1つの方法ではありますが、筆者としては実行前にこのスクリプトを調べてみて、このスクリプトがシステムに対して行う変更に問題がないかを確認しておくことをお勧めします。

```
$ curl https://get.docker.com > /tmp/install.sh
$ cat /tmp/install.sh
...
$ chmod +x /tmp/install.sh
$ /tmp/install.sh
...
```

このスクリプトは、いくつかのチェックを行ってから、システムに適したパッケージを使ってDockerをインストールします。このスクリプトは、セキュリティをチェックし、ファイルシステムの機能が必要とする依存対象も、もしインストールされていなければインストールしてくれます。

このインストーラを使いたくない場合、あるいはこのインストーラが提供するのとは異なるバージョンのDockerを使いたい場合には、バイナリをDockerのWebサイトからダウンロードすることもできます。このアプローチの欠点は、依存対象のチェックが行われないことと、更新は手作業でインストールしなければならないことです。詳しい情報とバイナリへのリンクは、DockerのBinaryのページ（https://docs.docker.com/engine/installation/binaries/）を参照してください。

検証はDocker 1.9で行っています

本書の執筆時点では、Dockerのバージョンは1.9です。すべてのコマンドは、このバージョンでテストしています。

2.1.1 permissiveモードでのSELinuxの実行

RHEL、CentOS、Fedoraといった Red Hat ベースのディストリビューションを動作させているなら、おそらくはセキュリティモジュールのSELinuxがインストールされていることでしょう。

筆者としては、Dockerを使い始める場合には、SELinuxを**permissive**モードで動作させることをお勧めします。このモードは、エラーを強制するのではなく、ログとして記録します。SELinuxを**enforcing**モードで動作させると、本書のサンプルを実行する際に、さまざまな暗号じみた"Permission Denied"というエラーを目にすることになるでしょう。

SELinuxのモードがどうなっているかを調べるには、`sestatus`を実行して出力を確認してください。例を以下に示します。

```
$ sestatus
SELinux status:                 enabled
SELinuxfs mount:                /sys/fs/selinux
SELinux root directory:         /etc/selinux
Loaded policy name:             targeted
Current mode:                   enforcing ❶
Mode from config file:          error (Success)
Policy MLS status:              enabled
Policy deny_unknown status:     allowed
Max kernel policy version:      28
```

❶ ここが"enforcing"になっているなら、SELinuxは有効になっており、ルールが強制されます。

SELinuxをpermissiveモードに変更するのに必要なのは、`sudo setenforce 0`を実行することだけです。

Dockerを十分扱う自信がついた場合には、SELinuxを有効化することを検討すべきです。その理由と、SELinux に関する詳しい情報については、**13 章**の「13.9.1 SELinux」を参照してください。

2.1.2 sudoを使わない実行

Docker は権限を必要とするバイナリなので、デフォルトではコマンドを実行するためには、コマンドの前に sudo を付ける必要があります。これにはすぐにうんざりさせられるでしょう。これは、ユーザーを docker グループに追加すれば避けられます。Ubuntu なら、以下のようにすれば良いでしょう。

```
$ sudo usermod -aG docker
```

もし docker グループがなかった場合でも、これでグループが作成され、現在のユーザーが追加されます。そして、一度ログアウトしてからログインし直す必要があります。他の Linux のディストリビューションでも、同じようにすれば良いでしょう。

また、Docker のサービスも再起動しなければなりません。この方法は、ディストリビューションによって異なります。Ubuntu では、以下のようにします。

```
$ sudo service docker restart
```

本書では、簡潔にするために Docker のコマンドの前の sudo は省略します。

ユーザーを docker グループに追加すると、そのユーザーにルート権限を与えることになります。従って、特に複数人で共用しているマシンの場合、そうした場合のセキュリティへの影響は認識しておく必要があります。詳しくは、Docker のセキュリティに関するページ（https://docs.docker.com/engine/articles/security/）を参照してください。

2.2 Mac OSやWindowsへのDockerのインストール

使っているのが Windows もしくは Mac OS なら、Docker を実行するためにはなんらかの仮想化が必要になります[†]。完全な VM のソリューションをダウンロードして、Linux での手順に従って Docker をインストールするという方法もありますが、最小限の boot2docker という VM と、本書で使う Compose や Swarm といったその他の Docker のツール群が含まれた Docker Toolbox（**https://www.docker.com/products/docker-toolbox**）をインストールするという方法もあります。Mac にアプリケーションをインストールするのに Homebrew を使っているなら、boot2docker 用の brew のレシピもあります。しかし概して、問題を避けるためには公式の Toolbox のインストールをお勧めします[‡]。

† Microsoft と Docker は、Windows Server で Docker をサポートするためのジョイントイニシアティブをアナウンスしました。これによって、Windows Server のユーザーは、仮想化なしで Windows ベースのイメージを起動できるようになります。

‡ 訳注：本書の翻訳中に、Windows 及び Mac 用の Docker のベータ版がリリースされました。この最新版は、オーケストレーションの機能が追加されるなど、大幅に拡張されています。詳しくは、**付録 A** を参照してください。

Toolbox[†]がインストールできたら、Dockerのクイックスタートターミナルを開けば、Dockerにアクセスできます。あるいは、以下のコマンドを入力して、既存のターミナルを設定することもできます。

```
$ docker-machine start default
Starting VM...
Started machines may have new IP addresses. You may need to rerun the `docker-machine env` command.

$ eval $(docker-machine env default)
```

これで、VM内で動作しているDockerエンジンにアクセスするのに必要な設定が行われた環境がセットアップされます。

Docker Toolboxを使う場合は、以下の点に注意してください。

- 本書のサンプルは、Dockerがホストマシン上で動作していることを前提としています。Docker Toolsboxを使っている場合は、状況が異なります。特に、localhostへの参照は、VMのIPアドレスに置き換える必要があります。例えば、

  ```
  $ curl localhost:5000
  ```

  は、

  ```
  $ curl 192.168.59.103:5000
  ```

  のようになります。VMのIPは、docker-machine ip defaultを実行するだけでわかります。これはまた、ちょっとした自動化にも使えます。

  ```
  $ curl $(docker-machine ip default):5000
  ```

- ローカルのOSとDockerコンテナの間でマッピングされるボリュームは、VM内でクロスマウントされなければなりません。Docker Toolboxは、ある程度までこの面倒を見てくれますが、Dockerボリュームを使う際に問題があったときは、この処理が行われていることを思い出してください。

- 特別な必要性がある場合には、VM内の設定を変更する必要があるかも知れません。boot2docker VM内の/var/lib/boot2docker/profileファイルには、Dockerエンジン用の設定を含む、さまざまな設定があります。また、/var/lib/boot2docker/bootlocal.shファイルを編集すれば、VMの初期化後に独自のスクリプトを実行させることもで

† Docker Toolboxには、Dockerコンテナを実行するためのGUIであるKitematicも含まれています。本書では取り上げないものの、特にDockerを使い始めたばかりのときには、Kitematicは調べてみるだけの価値があります。

きます。完全な詳細については、boot2dockerのGitHubリポジトリ（**https://github.com/boot2docker/boot2docker**）を参照してください。

本書のサンプルを実行する際に問題があれば、`docker-machine ssh default`でVMに直接ログインして、そこからコマンドを実行してみてください。

DockerのExperimentalチャネル

Dockerは、通常の安定版のビルドとともに、テスト用に最新の機能を含む**experimental**ビルドも提供しています。それらの機能は、まだ議論と開発が続いているものであり、安定版ビルドに取り入れられるまでに、大きく変更されることになるでしょう。experimentalビルドは、公式にリリースされる前に新しい機能を調べるためだけのものであり、実働環境で使ってはなりません。

Linuxであれば、以下のスクリプトでexperimentalビルドをインストールできます。

```
$ curl -sSL https://experimental.docker.com/ | sh
```

あるいは、バイナリバージョンをDockerのWebサイトからダウンロードすることもできます（http://bit.ly/1Q8g39C）。このビルドは夜間に更新され、ダウンロードの検証用にハッシュが用意されていることに注意してください。

2.3　クイックチェック

インストールがすべて正しく行われてうまく動作していることを確認するために、`docker version`コマンドを実行してみてください。以下のような内容が表示されることでしょう。

```
$ docker version
Client:
 Version:      1.9.1
 API version:  1.21
 Go version:   go1.4.3
 Git commit:   a34a1d5
 Built:        Fri Nov 20 17:56:04 UTC 2015
 OS/Arch:      linux/amd64

Server:
 Version:      1.9.1
 API version:  1.21
 Go version:   go1.4.3
 Git commit:   a34a1d5
 Built:        Fri Nov 20 17:56:04 UTC 2015
 OS/Arch:      linux/amd64
```

こうなれば、次の章に進む準備が整ったということです。以下のように表示されたとしましょう。

```
Client:
 Version:      1.9.1
 API version:  1.21
 Go version:   go1.4.3
 Git commit:   a34a1d5
 Built:        Fri Nov 20 17:56:04 UTC 2015
 OS/Arch:      linux/amd64
Get http:///var/run/docker.sock/v1.21/version: dial unix /var/run/docker.sock:
no such file or directory.
* Are you trying to connect to a TLS-enabled daemon without TLS?
* Is your docker daemon up and running?
```

これはすなわち、Dockerのデーモンが動作していない（あるいはDockerのデーモンにクライアントからアクセスできていない）ということです。問題を調査するには、`sudo docker daemon`を実行して、手動でDockerのデーモンを起動してみてください。これで、何が問題そのものと、そして解決策を探す手がかりに関する情報が得られるはずです（この方法が使えるのは、Linuxのホストだけだということに注意してください。Docker Toolboxなどを使っていて助けが必要なら、そのツールのドキュメンテーションを調べてみなければなりません）。

3章
はじめの一歩

本章では、Dockerを使い始める最初の一歩を案内していきます。まずシンプルなコンテナを起動して、Dockerの動作の感覚を掴みましょう。そして、Dockerコンテナの基本的なビルディングブロックである**Dockerfile**と、コンテナの配布をサポートする**Dockerレジストリ**に話を進めます。本章の最後には、永続化ストレージを持つキーバリューストアをコンテナでホストする方法を見ていきます。

3.1 初めてのイメージの実行

Dockerが正しくインストールされているかをテストするために、以下のコマンドを実行してください。

```
$ docker run debian echo "Hello World"
```

インターネットの回線によっては多少の時間がかかるかも知れませんが、最終的には以下のように表示されるはずです。

```
Unable to find image 'debian:latest' locally
latest: Pulling from library/debian

dbacfa057b30: Pull complete
7a01cc5f27b1: Pull complete
Digest: sha256:d2ea9df44c61c1e3042c20dd42bf57a86bd48bb428e154bdd1d1003fad6810a4
Status: Downloaded newer image for debian:latest
Hello World
```

さあ、ここでは何が起きたのでしょうか？ 呼び出したコマンドは`docker run`で、これはコンテナの起動を受け持つコマンドです。引数の`debian`は使いたいイメージ†の名前で、ここでは最小限に抑えられたバージョンのDebian Linuxのディストリビューションを指定しています。出

† イメージの定義は、後ほど詳しく説明します。この時点では、単にコンテナの「テンプレート」と考えておいてください。

力の最初の行は、このDebianのイメージのローカルコピーがないことを告げています。続いてDockerは、Docker Hubをオンラインでチェックし、最新バージョンのDebianのイメージをダウンロードします。イメージがダウンロードされると、Dockerはそのイメージを実行中のコンテナに変え、その中で、指定されたコマンドであるecho "Hello World"を実行します。このコマンドの実行結果は、出力の最後の行に表示されています。

同じコマンドをもう一度実行すると、今度はダウンロードはなしですぐにコンテナが起動されます。このコマンドの実行には1秒程度しかかからないはずで、これは行われている処理を考えれば驚くべきことです。Dockerは、コンテナをプロビジョニングして起動し、指定されたechoコマンドを実行し、そしてコンテナをシャットダウンしたのです。これまでのVMで同じようなことをしようとすれば、数秒、あるいはもしかしたら数分待たなければならないでしょう。

以下のコマンドを使えば、Dockerがコンテナ内のシェルを使えるようにしてくれます。

```
$ docker run -i -t debian /bin/bash
root@cd8fb4fcb3a2:/# echo "Hello from Container-land!"
Hello from Container-land!
root@cd8fb4fcb3a2:/# exit
exit
```

これで、コンテナ内の新しいコマンドプロンプトが表示されます。これはリモートマシンへsshで接続するのと非常に似ています。ここでは、-iと-tで、Dockerに対してtty付きのインタラクティブセッションを要求しています。/bin/bashというコマンドで、bashシェルが立ち上がります。シェルを終了すると、コンテナも停止します。**コンテナが動作するのは、そのコンテナのメインプロセスが動作している間だけ**なのです。

3.2 基本のコマンド群

さあ、コンテナを起動して、さまざまなコマンドやアクションがどういった影響を及ぼすのかを見てみて、もう少しDockerを理解していきましょう。まずは、新しいコンテナを起動します。ただし今回は、-hフラグを付けて、新しいホスト名を与えましょう。

```
$ docker run -h CONTAINER -i -t debian /bin/bash
root@CONTAINER:/#
```

コンテナを壊してみたら、どうなるでしょうか？

```
root@CONTAINER:/# mv /bin /basket
root@CONTAINER:/# ls
bash: ls: command not found
```

/bin ディレクトリを移動させて、少なくとも一時的には、コンテナを少々使い物にならなくしました†。このコンテナを削除する前に ps、inspect、diff といったコマンドで何がわかるのかを見てみましょう。新しいターミナルを開き（実行中のコンテナセッションはそのままにしておいてください）、ホストから docker ps を実行してみてください。以下のように表示されるはずです。

```
CONTAINER ID  IMAGE   COMMAND      ...  NAMES
00723499fdbf  debian  "/bin/bash"  ...  stupefied_turing
```

ここからは、実行中の全コンテナに関する多少の詳細がわかります。出力のほとんどは見ればわかる通りですが、Docker がコンテナに読みやすい名前を与えていることには注目してください。この名前は、コンテナをホストから指定するときに使える名前で、ここでは "stupefied_turing" になっています‡。docker inspect にコンテナの名前や ID を付けて実行すれば、指定したコンテナのさらに詳しい情報が得られます。

```
$ docker inspect sharp_snyder
[
{
    "Id": "f5ede181abcd295df7b00ce486e4c66b055435e6460b6b1837cf4d6c6c9cb425",
    "Created": "2016-01-31T20:45:04.950658748Z",
    "Path": "/bin/bash",
    "Args": [],
    "State": {
        "Status": "running",
        "Running": true,
...
```

ここでは貴重な情報が数多く出力されていますが、パースするのが簡単ではありません。grep や --format 引数（これは Go のテンプレート§を取ります）を使って、必要な情報だけをフィルタリングして取り出すこともできます。以下の例をご覧ください。

```
$ docker inspect stupefied_turing | grep IPAddress
        "IPAddress": "172.17.0.4",
        "SecondaryIPAddresses": null,
$ docker inspect --format {{.NetworkSettings.IPAddress}} stupefied_turing
172.17.0.4
```

どちらのやり方でも、実行中のコンテナの IP アドレスが得られます。しかし今は、別のコマン

† 筆者は普段、プレゼンテーションでこれをやってみせるときには mv よりも rm を使いますが、rm をホストで実行してしまう人がいるといけないので、ここでは mv を使っています。

‡ Docker が生成する名前は、ランダムな形容詞に有名な科学者、エンジニア、ハッカーの名前をつなげたものです。この名前は、--name という引数で指定することもできます（例えば docker run --name boris debian echo "Boo" というように）。

§ プログラミング言語の Go のテンプレートエンジンと同じく、これは完全な機能を持ったテンプレートエンジンで、データのフィルタリングや選択において、とても柔軟で強力です。inspect の使い方に関する詳しい情報は、Docker の Web サイト（https://docs.docker.com/reference/commandline/inspect/）を参照してください。

ドへ進むことにしましょう。今度はdocker diffです。

```
$ docker diff stupefied_turing
C /.wh..wh.plnk
A /.wh..wh.plnk/101.715484
D /bin
A /basket
A /basket/bash
A /basket/cat
A /basket/chacl
A /basket/chgrp
A /basket/chmod
...
```

出力されているのは、実行中のコンテナで変更されたファイルのリストです。ここでは、/binの削除と、/basketへ追加されたすべてに加えて、ストレージドライバに関連して生成されたいくつかのファイルがあります。Dockerは、コンテナにunion file system（UFS）を使うので、複数のファイルシステムを階層的にマウントして、単一のファイルシステムのように見せてくれます。イメージのファイルシステムはリードオンリーのレイヤとしてマウントされており、実行中のコンテナへのすべての変更は、その上にマウントされている読み書き可能なレイヤに対して行われます。そのため、Dockerは最上位の読み書き可能なレイヤだけを見れば、実行中のファイルシステムに対して行われた変更を見つけることができます。

このコンテナを終了させる前に、最後にdocker logsを紹介しておきましょう。このコマンドにコンテナの名前を渡して実行すれば、そのコンテナ内で起きたことの全リストが返されます。

```
$ docker logs stupefied_turing
root@CONTAINER:/# mv /bin /basket
root@CONTAINER:/# ls
bash: ls: command not found
```

この壊したコンテナでやることはすべて終えたので、削除してしまいましょう。まず、シェルから抜けます。

```
root@CONTRAINER:/# exit
exit
$
```

実行されているプロセスはシェルだけなので、こうするとコンテナも停止します。docker psを実行すれば、実行中のコンテナがなくなっていることがわかるでしょう。

しかし、これで話がすべて終わったわけではありません。docker ps -aと入力してみれば、**停止した**もの（公式には**終了した**コンテナと呼ばれます）も含めて、すべてのコンテナのリストが出力されます。終了したコンテナは、docker startを発行すれば再起動できます（ただし今回のコンテナではパスを壊してしまっているので、起動できないでしょう)。コンテナを取り除くには、docker rm コマンドを使います。

```
$ docker rm stupefied_turing
stupefied_turing
```

停止したコンテナのクリーンアップ

停止したすべてのコンテナを削除したいなら、停止した全コンテナの ID を docker ps -aq -f status=exited で出力させて、その結果を使うことができます。例をご覧ください。

```
$ docker rm -v $(docker ps -aq -f status=exited)
```

これは一般的な処理なので、シェルスクリプトもしくはエイリアスにしておくと良いでしょう。-v という引数によって、Docker によって管理されており、他のコンテナから参照されていないすべてのボリュームが削除されることに注意してください。

停止したコンテナが積み上がってしまうのは、docker run に --rm フラグを付けることによって避けられます。こうすると、コンテナが終了した時点で、コンテナとその関連ファイルシステムが削除されることになります。

OK、それでは新たに、実際に取っておく有益なコンテナを構築しましょう†。生成するのは、Docker 化された cowsay アプリケーションです。もしも cowsay が何かを知らなければ、覚悟を決めることをお勧めします。まずコンテナを起動し、いくつかのパッケージをインストールしましょう。

```
$ docker run -it --name cowsay --hostname cowsay debian bash
root@cowsay:/# apt-get update
...
Reading package lists... Done
root@cowsay:/# apt-get install -y cowsay fortune
...
root@cowsay:/#
```

試してみましょう！

```
root@cowsay:/# /usr/games/fortune | /usr/games/cowsay
 ____________________________________
/ Writing is easy; all you do is sit \
| staring at the blank sheet of paper |
| until drops of blood form on your   |
| forehead.                           |
|                                     |
\ -- Gene Fowler                      /
 ------------------------------------
```

† ええと、有益と書いてはみましたが、**厳密には**正しくないですね。

```
        \   ^__^
         \  (oo)\_______
            (__)\       )\/\
                ||----w |
                ||     ||
```

素晴らしい。このコンテナは取っておきましょう[†]。これは、docker commitコマンドだけでイメージ化できます。コンテナが動作中かどうかは問題になりません。必要なのは、コンテナの名前("cowsay")、イメージの名前("cowsayimage")、保存するリポジトリの名前("test")を指定することだけです。

```
root@cowsay:/# exit
exit
$ docker commit cowsay test/cowsayimage
d1795abbc71e14db39d24628ab335c58b0b45458060d1973af7acf113a0ce61d
```

返された値は、作成されたイメージのユニークなIDです。これで、cowsayがインストールされたイメージができあがったので、実行してみることができます。

```
$ docker run test/cowsay-dockerfile /usr/games/cowsay "Moo"
 _____
< Moo >
 -----
        \   ^__^
         \  (oo)\_______
            (__)\       )\/\
                ||----w |
                ||     ||
```

すごい！ しかし、問題がないわけではありません。何か変更を加えようとすれば、もう一度手作業の手順を繰り返さなければなりません。例えば、別のベースイメージを使おうとすれば、最初からやり直すことになります。さらに重要なのは、これはそれほど**繰り返しやすいわけではない**ことです。この、イメージの共有や、イメージを作成するために必要な手順は、難しくてエラーを起こしやすいものです。そのための解決策が、イメージの自動構築のために**Dockerfile**を使うことです。

† ちょっと遊んでみてください。保存しておけば簡単です。

3.3 Dockerfileからのイメージの構築

Dockerfileは、Dockerのイメージを生成するための一連の手順を含む、単なるテキストファイルです。まず、サンプルのための新しいフォルダとファイルを作成しましょう。

```
$ mkdir cowsay
$ cd cowsay
$ touch Dockerfile
```

そして、以下の内容をDockerfileに書き込んでください。

```
FROM debian:wheezy

RUN apt-get update && apt-get install -y cowsay fortune
```

FROM命令は、使用するベースイメージを指定しています（先ほどと同様にdebianですが、今回は"wheezy"というタグのバージョンを使うよう指定しています）。Dockerfileの、コメントを除く最初の命令は、必ずFROMでなければなりません。RUNコマンドは、イメージ内で実行するシェルのコマンドを指定します。ここで行っているのは、先ほどと同じくcowsayとfortuneのインストールだけです。

これで、同じディレクトリからdocker buildコマンドを実行すれば、イメージを構築できます。

```
$ ls
Dockerfile
$ docker build -t test/cowsay-dockerfile .
Sending build context to Docker daemon 2.048 kB
Step 0 : FROM debian:wheezy
 ---> f6fab3b798be
Step 1 : RUN apt-get update && apt-get install -y cowsay fortune
 ---> Running in 29c7bd4b0adc
...
Setting up cowsay (3.03+dfsg1-4) ...
 ---> dd66dc5a99bd
Removing intermediate container 29c7bd4b0adc
Successfully built dd66dc5a99bd
```

これで、先ほどと同じようにイメージを実行できるようになりました。

イメージ、コンテナ、union file system

イメージとコンテナの関係を理解するには、Dockerを実現させている鍵の技術であるUFS（単にunion mountと呼ばれることもあります）を説明しなければなりません。union file systemは、複数のファイルシステムをオーバーレイして、単一のファイルシステムとしてユーザーに見せてくれます。フォルダには、複数のファイルシステムに属しているファイル群が含まれることがありますが、仮にまったく同じパス上に2つのファイルがあったとすれば、最後にマウントされたファイルがそれ以前のファイルをすべて隠してしまいます。Dockerは、AUFS、Overlay、devicemaper、BTRFS、ZFSといった、さまざまなUFSの実装をサポートしています。使用される実装はシステムに依存しており、`docker info`を実行して、"Storage Driver"の列を調べればチェックできます。このファイルシステムを変更することもできますが、それは自分がやっていることを本当に理解しており、そのメリットとデメリットをわかっている場合に限るべきです。

Dockerのイメージは、複数の**レイヤ**から構成されます。イメージの各レイヤは、リードオンリーのファイルシステムです。新しいレイヤは、Dockerfileの命令ごとに作成され、既存のレイヤ群の上に置かれます。イメージが**コンテナ**に変換される（`docker run`もしくは`docker create`コマンドによって）と、Dockerエンジンはイメージの上に読み書き可能なファイルシステムを追加します（そして、IPアドレス、名前、ID、リソース制限といった、さまざまな設定も行います）。

不要なレイヤはイメージを肥大化させてしまうので（また、AUFSファイルシステムには、127レイヤという固定された上限があります）、多くのDockerfileでは1つの`RUN`命令で複数のUNIXコマンドを指定し、レイヤ数を最小限に抑えようとしていることがわかるでしょう。

コンテナの状態は、**created**、**restarting**、**running**、**paused**、**exited**のいずれかになります。"created"の状態にあるコンテナは、`docker create`コマンドで初期化されたものの、まだ起動していないコンテナです。"exited"は、一般的には「停止」した状態と見なされ、コンテナ内で実行中のプロセスがないことを示しています（これは"created"のコンテナでも同じですが、exitedになっているコンテナは、最低でも1回は起動されたことがあります）。コンテナのメインのプロセスが終了すると、コンテナも終了します。終了したコンテナは、`docker start`コマンドで再起動できます。停止されたコンテナは、イメージと同じでは**ありません**。停止されたコンテナは、イメージには保存されないIPアドレスのような実行時の設定とあわせて、変更された設定、メタデータ、ファイルシステムを保持します。"restarting"の状態は、障害を起こしたコンテナをDockerエンジンが再起動しようとする際の状態であり、実際にはほとんど見ることはないでしょう。

しかし実際には、Dockerfileの命令のENTRYPOINTを活かせば、もう少しユーザーは楽になります。ENTRYPOINT命令は、docker runに渡される任意の引数を扱う実行ファイルを指定します。

以下の行を、Dockerfileの末尾に追加してください。

```
ENTRYPOINT ["/usr/games/cowsay"]
```

これで、イメージを再構築して実行するのに、cowsayコマンドを指定しなくてもよくなります。

```
$ docker build -t test/cowsay-dockerfile .
...
$ docker run test/cowsay-dockerfile "Moo"
...
```

ずいぶん簡単になりました！ しかしこれで、cowsayへの入力として、コンテナ内でfortuneコマンドを使うことができなくなってしまいました。これは、ENTRYPOINTに独自に作成したスクリプトを渡せば修正できます。これは、Dockerfileを作成するときの一般的なパターンです。以下の内容でentrypoint.shというファイルを作成し、Dockerfileと同じディレクトリに保存してください[†]。

```
#!/bin/bash
if[ $# -eq 0 ];then
    /usr/games/fortune | /usr/games/cowsay
  else
    /usr/games/cowsay "$@"
fi
```

chmod +x entrypoint.shとして、このファイルに実行可能属性を付けてください。

このスクリプトが行うのは、引数が渡されなかったときに、fortuneからの入力をパイプでcowsayへ渡すことと、引数が渡されていれば、その引数を渡してcowsayを呼ぶことだけです。次に、Dockerfileを修正して、このスクリプトをイメージに追加して、ENTRYPOINT命令で呼ばなければなりません。以下のように、Dockerfileを編集してください。

```
FROM debian

RUN apt-get update && apt-get install -y cowsay fortune
COPY entrypoint.sh / ❶

ENTRYPOINT ["/entrypoint.sh"]
```

❶ COPYは、ファイルをホストからイメージのファイルシステムにコピーするだけの命令です。これはcpによく似ており、1つめの引数はホスト上のファイルで、2番目の引数はコピー先のパスです。

新しいイメージを構築して、引数を渡さずにコンテナを実行してみてください。

```
$ docker build -t test/cowsay-dockerfile .
... 省略 ...
$ docker run test/cowsay-dockerfile
 ___________________________________
/ The last thing one knows in       \
| constructing a work is what to put |
| first.                             |
|                                    |
\ -- Blaise Pascal                   /
 -----------------------------------
```

† ENTRYPOINTのスクリプトを書くときには、ユーザーを混乱させないように注意してください。このスクリプトは、docker runに与えられたコマンドを、すべて取り込んでしまいますが、ユーザーがその動作を必ず理解しているとは限りません。

```
        \   ^__^
         \  (oo)\_______
            (__)\       )\/\
                ||----w |
                ||     ||
$ docker run test/cowsay-dockerfile Hello Moo
```

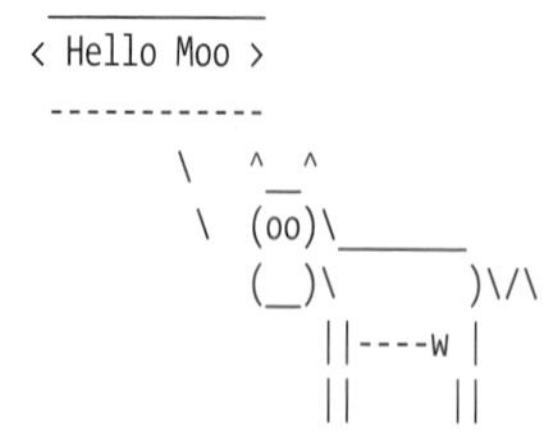

```
 ___________
< Hello Moo >
 -----------
        \   ^__^
         \  (oo)\_______
            (__)\       )\/\
                ||----w |
                ||     ||
```

3.4 レジストリでの作業

これでなにやら素晴らしいものができたので、誰かと共有してみるのはどうでしょうか？ 本章の最初に、初めてDebianのイメージを実行した時には、そのイメージは公式のDockerレジストリであるDocker Hubからダウンロードされました。同様に、他の人たちにダウンロードして使ってもらえるようにするために、独自のイメージをDocker Hubにアップロードすることもできます。

Docker Hubは、コマンドラインからも、Webサイトからもアクセスできます。既存のイメージは、Docker searchコマンドか、http://registry.hub.docker.comから検索できます。

> **レジストリ、リポジトリ、イメージ、タグ**
>
> イメージは、階層構造の仕組みの下で保存されます。用語としては、以下のようなものがあります。
>
> **レジストリ**
> イメージのホスティングと配布を受け持つサービス。デフォルトのレジストリはDocker Hub。
>
> **リポジトリ**
> 関連するイメージの集合（通常は、同じアプリケーションもしくはサービスのさまざまなバージョンを提供する）。
>
> **タグ**
> リポジトリ内のイメージに与えられる、アルファベット及び数値からなる識別子（例えば`14.04`や`stable`など）。
>
> すなわち、`docker pull amouat/revealjs:latest`というコマンドは、レジストリであるDocker Hubの`amouat/revealjs`リポジトリから、`latest`というタグのついたイメージをダウンロードします。

作成したcowsayのイメージをアップロードするためには、Docker Hubに自分のアカウントでサインアップしなければなりません（これは、オンラインで行うか、docker loginコマンドを使います）。サインアップできたら、後は適切な名前のリポジトリでイメージにタグを付けて、docker pushコマンドを使ってDocker Hubにアップロードするだけです。しかし、まずはDockerfileにMAINTAINER命令を追加しましょう。これは、単にイメージの作者のコンタクト先の情報を設定するだけの命令です。

```
FROM debian

MAINTAINER John Smith <john@smith.com>
RUN apt-get update && apt-get install -y cowsay fortune
COPY entrypoint.sh /

ENTRYPOINT ["/entrypoint.sh"]
```

さあ、イメージを再構築して、Docker Hubにアップロードしましょう。今回は、Docker Hubでの自分のユーザー名から始まるリポジトリ名（筆者の場合はamouat）の後に/を続けて、その後にイメージに付ける好きな名前を続けます。例をご覧ください。

```
$ docker build -t amouat/cowsay .
...
$ docker push amouat/cowsay
The push refers to a repository [docker.io/amouat/cowsay] (len: 1)
e8728c722290: Image successfully pushed
5427ac510fe6: Image successfully pushed
4a63ead8b301: Image successfully pushed
73805e6e9ac7: Image successfully pushed
c90d655b99b2: Image successfully pushed
30d39e59ffe2: Image successfully pushed
511136ea3c5a: Image successfully pushed
latest: digest: sha256:bfd17b7c5977520211cecb202ad73c3ca14acde6878d9ffc81d95...
```

ここではリポジトリ名の後にタグを指定していないので、自動的にlatestというタグが割り当てられています。タグを指定するには、リポジトリ名の後にコロンを付けて、その後に指定するだけです（例えばdocker build -t amouat/cowsay:stable）。

アップロードが完了したら、世界中の誰もがdocker pullコマンド（例えばdocker pull amouat/cowsay）でそのイメージをダウンロードできます。

3.4.1 プライベートリポジトリ

もちろん、自分のイメージに世界中からアクセスして欲しくはないこともあるでしょう。その場合には、いくつかの選択肢があります。費用を払ってプライベートのリポジトリをホストしてもらう（Docker Hubや、同様のサービスであるquay.ioなどで）こともできれば、独自のレジストリを運用することもできます。プライベートなリポジトリやレジストリについての詳しい情報は**7章**を参照してください。

イメージの名前空間

プッシュされたDockerのイメージが属する名前空間には、3つの種類があります。それらは、イメージ名から判断できます。

- amouat/revealjsというように、文字列と/でプレフィクスされた名前は、"user"の名前空間に属します。Docker Hub上のこれらのイメージは、ユーザーによってアップロードされたものです。例えば、amouat/revealjsは、amoutというユーザーがアップロードしたrevealjsのイメージです。公開イメージは、無料でDocker Hubにアップロードできます。supertest2014/nyanという妙なイメージから、gliderlabs/logspoutというとても役立つものまで、Docker Hubにはすでに数千のイメージがあります。
- プレフィックスや/を持たないdebianやubuntuといった名前は、"root"の名前空間に属しています。この名前空間はDocker Inc.が管理しており、Docker Hubから入手できる、広く使われているソフトウェアやディストリビューションの公式イメージのために予約されています。これらのイメージはDockerがピックアップしたものですが、概してそのメンテナンスは、内容のソフトウェアを提供しているサードパーティによって行われています（例えば、nginxのイメージはnginx社がメンテナンスしています）。広く使われているソフトウェアパッケージの多くには公式イメージがあり、使用するイメージを探すときは、まずそれらを見てみることになるでしょう。
- ホスト名もしくはIPがプレフィックスになっているイメージは、サードパーティのレジストリがホストしているイメージです（Docker Hubがホストしているものではありません）。これらには、組織が自分たちでホストしているレジストリや、Docker Hubの競合であるquay.ioなども含まれます。例えば、localhost:5000/wordpressは、ローカルのレジストリでホストされているWordPressのイメージを指します。

この名前空間の構成によって、ユーザーはイメージがどこから来たものなのか、混乱せずに済みます。もしもdebianというイメージを使っているなら、それがDocker Hubの公式イメージであり、別のどこかのレジストリのdebianのイメージではないことがわかります。

3.5 Redisの公式イメージの利用

OK、認めましょう。cowsayのイメージは、それほど役に立つことはないでしょう。では、公式のDockerリポジトリの1つの中のイメージの使い方を見てみましょう。ここでは、人気のあるキーバリューストアであるRedisの公式イメージを見てみます。

公式リポジトリ

プログラミング言語のJavaや、データベースのPostgreSQLといった人気のあるアプリケーションやサービスをDocker Hubで検索してみれば、数百件のヒットがあるでしょう†。公式のDockerリポジトリは、品質と出所がわかっており、ピックアップされたイメージを提供するためのもので、可能な場合はまずここからイメージを選択するべきです。公式リポジトリのイメージは、検索結果の先頭に来て、公式としてマーキングされます。

公式リポジトリからプルする場合、名前にはユーザーを示す部分がないか、あるいはユーザーの部分が`library`になっています（例えばMongoDBのリポジトリには`mongo`と`library/mongo`でアクセスできます）。また、"The image you are pulling has been verified," というメッセージも表示され、Dockerのデーモンがそのイメージのチェックサムを検証し、ひいてはその出所も検証したことが示されます‡。

まずは、イメージを入手しましょう。

```
$ docker pull redis
Using default tag: latest
latest: Pulling from library/redis

d990a769a35e: Pull complete
8656a511ce9c: Pull complete
f7022ac152fb: Pull complete
8e84d9ce7554: Pull complete
c9e5dd2a9302: Pull complete
27b967cdd519: Pull complete
3024bf5093a1: Pull complete
e6a9eb403efb: Pull complete
c3532a4c89bc: Pull complete
35fc08946add: Pull complete
d586de7d17cd: Pull complete
1f677d77a8fa: Pull complete
ed09b32b8ab1: Pull complete
54647d88bc19: Pull complete
2f2578ff984f: Pull complete
ba249489d0b6: Already exists
19de96c112fc: Already exists
library/redis:latest: The image you are pulling has been verified.
Important: image verification is a tech preview feature and should not be re...
Digest: sha256:3c3e4a25690f9f82a2a1ec6d4f577dc2c81563c1ccd52efdf4903ccdd26cada3
Status: Downloaded newer image for redis:latest
```

Redisのコンテナを起動しましょう。ただし今回は`-d`という引数を付けます。

† 本書の執筆時点では、PostgreSQLのイメージは1,350あります。

‡ 訳注：翻訳時点では、このメッセージは表示されなくなっているようです。

```
$ docker run --name myredis -d redis
585b3d36e7cec8d06f768f6eb199a29feb8b2e5622884452633772169695b94a
```

-dは、Dockerに対してコンテナをバックグラウンドで実行するよう指示します。Dockerは、コンテナを通常通りに起動しますが、コンテナからの出力を表示するのではなく、コンテナのIDを返して終了します。コンテナはバックグラウンドで動作し続け、ユーザーはdocker logを使えば、コンテナからの出力を見ることができます。

OK、それではこれをどのように使うのでしょうか？ 当然ですが、何らかの方法でデータベースに接続しなければなりません。アプリケーションは持っていないので、ツールのredis-cliを使いましょう。redis-cliをホストにインストールすることもできますが、redis-cliを動作させるための新しいコンテナを立ち上げ、2つのコンテナをリンクする方が、簡単かつ有益です。

```
$ docker run --rm -it --link myredis:redis redis /bin/bash
root@ca38735c5747:/data# redis-cli -h redis -p 6379 redis:6379
> ping
PONG
redis:6379> set "abc" 123
OK
redis:6379> get "abc"
"123"
redis:6379> exit
root@ca38735c5747:/data# exit
exit
```

素晴らしい。たった数秒の間に、2つのコンテナをリンクし、Redisにデータを追加することができました。これはどうなっているのでしょうか？

Dockerのネットワークの変更

本章と、さらには本書のこの後では、コンテナをネットワークで接続するのに--linkコマンドを使います。この先Dockerのネットワーキングで見込まれている変更では、コンテナのリンクよりも、「サービスの公開」というやり方を使うようになるでしょう。とはいえ、見えている範囲では今後もリンクはサポートされ続けるので、本書のサンプルも、変更なしで動作するはずです。

ネットワーキングに関する今後ご変更については、「11.4 Dockerの新しいネットワーキング」を参照してください。

リンクの魔法の呪文は、docker runに渡された--link myredis:redisという引数です。この引数は、新しいコンテナを既存の"myredis"コンテナに接続するようDockerに指示します。Dockerは、そのために新しいコンテナの/etc/hostsに"redis"というエントリをセットアップし、そのエントリが"myredis"のIPアドレスを指すようにします。これで、RedisのコンテナのIPアドレスを渡したり、調べたりすることなく、redis-cliで"redis"というホスト名を使えばいいだけになります。

その後は、Redisの「pingコマンドを使ってRedisサーバーに接続できていることを確認し、続いてsetとputで多少のデータの追加と取得を行っています。

何もかもうまくいっていますが、それでも問題が残っています。データを永続化し、バックアップするにはどうしたらいいでしょうか？ このためには、コンテナの標準的なファイルシステムは使いたくありません。そうではなく、コンテナとホスト、あるいは他のコンテナとの間で、簡単に共有できる何かが欲しいところです。Dockerは、そのために**ボリューム**という概念を提供しています。ボリュームは、通常のunion file systemの一部ではなく、ホストに直接マウントされるファイルもしくはディレクトリです。これはすなわち、ボリュームは他のコンテナと共有でき、すべての変更は直接ホストのファイルシステムに対して行われるということです。ディレクトリをボリュームとして宣言する方法は2つあります。1つはDockerfileの中でVOLUME命令を使う方法で、もう1つはdocker runで-vフラグを指定する方法です。以下に示すDockerfileの命令や、docker runのコマンドは、どちらもコンテ内に/dataとしてボリュームを作成する効果を持ちます。

```
VOLUME /data
```

```
$ docker run -v /data test/webserver
```

デフォルトでは、指定したディレクトリやファイルは、ホスト上のDockerをインストールしたディレクトリ（通常は/var/lib/docker/）にマウントされます。docker runコマンドでは、マウントして使うホストのディレクトリを指定することもできます（例えばdocker run -d -v /host/dir:/container/dir test/webserver）。ポータビリティやセキュリティ上の理由から、Dockerfile中でホストのディレクトリを指定することはできません（指定したファイルやディレクトリが他のファイルシステムに存在しないかも知れず、あるいは明示的な許可なしでコンテナがetc/passwdのようなセンシティブなファイルをマウントするようなこともあってはならないため）。

それでは、Redisコンテナのバックアップのために、これらをどのように使えば良いでしょうか？ 以下に示すのは1つの方法で、myredisコンテナが動作中であることを前提としています。

```
$ docker run --rm -it --link myredis:redis redis /bin/bash
root@09a1c4abf81f:/data# redis-cli -h redis -p 6379
redis:6379> set "persistence" "test"
OK
redis:6379> save
OK
redis:6379> exit
root@09a1c4abf81f:/data# exit
exit
$ docker run --rm --volumes-from myredis -v $(pwd)/backup:/backup \
        debian cp /data/dump.rdb /backup/
$ ls backup
dump.rdb
```

ホスト上の既知のディレクトリをマウントするために -v という引数を使い、新しいコンテナをRedisのデータベースのフォルダに接続するために --volumes-from を使っていることに注意してください。

myredis コンテナを使い終えたなら、このコンテナを停止して削除できます。

```
$ docker stop myredis
myredis
$ docker rm -v myredis
myredis
```

そして、残されたコンテナ群は以下のようにすれば削除できます。

```
$ docker rm $(docker ps -aq)
45e404caa093
e4b31d0550cd
7a24491027fc
...
```

3.6 まとめ

これで、Dockerのはじめの一歩の章は終わりです。駆け足で見てきましたが、これでコンテナの作成と実行については自信がついたことでしょう。次章では、Dockerのアーキテクチャの詳細と、基本的な概念をいくつか見ていきます。

4章 Dockerの基礎

本章では、基本的なDockerの概念を詳しく説明します。まずDockerのアーキテクチャの全体像を、その基盤となっている技術も含めて見ていきます。そして、Dockerのイメージの構築、コンテナのネットワーキング、ボリューム内のデータの扱いを詳細に説明するセクションが続きます。最後に、残りのDockerコマンドの概要を説明します。

本章はとても多くのリファレンス情報を含むので、主なポイントだけを見ておいて**5章**に進み、必要に応じて後から見直すと良いでしょう。

4.1 Dockerのアーキテクチャ

Dockerの最も良い使い方や、普通とは違う振る舞いを理解するには、Dockerプラットフォームが舞台裏でどのように構成されているのかを、おおまかに理解しておくと良いでしょう。

図4-1には、Dockerの環境の主要な構成要素が描かれています。

- 中心にある**Dockerデーモン**は、コンテナの生成、実行、モニタリングとともに、図の右側にあるイメージの構築と保存を受け持ちます。Dockerデーモンは`docker daemon`を実行することで起動されますが、これは通常ホストOSが面倒を見てくれます。
- 左側にあるDockerクライアントは、HTTP経由でDockerデーモンに通信するために使われます。デフォルトでは、これはUnixドメインソケットを通じて行われますが、TCPソケットを使ったリモートクライアントや、ファイルデスクリプタを使ったsystemd管理下のソケットも利用できます。すべての通信はHTTPを使って行われるので、リモートのDockerデーモンに接続することや、プログラミング言語のバインディングを開発することも容易です。ただしそれによって、Dockerfileに**ビルドコンテキスト**が必要になるといったように（「4.2.1 ビルドコンテキスト」で説明します）、機能の実装方法には影響があります。デーモンとの通信に使われるAPIは十分に定義され、ドキュメントも揃っているので、開発者はDockerクライアントなしでデーモンと直接インターフェイスするプログラムを書くことができます。Docker クライアントとデーモンは、それぞれ単一のバイナリとして配布されています。

- Docker レジストリは、イメージの保存と配布を行います。デフォルトのレジストリは Docker Hub で、ここには数千の公開イメージと共に、選択された「公式」のイメージがあります。多くの組織は、商用のイメージや、秘密の情報を含むイメージを保存すると共に、インターネットからイメージをダウンロードする際のオーバーヘッドを避けるために、独自のレジストリを運用しています。独自のレジストリの運用については、「7.4.1 独自のレジストリの運用」を参照してください。Docker デーモンは、`docker pull` リクエストを受けると、イメージをレジストリからダウンロードします。また、Docker デーモンは、`docker run` リクエストで指定されたイメージや、Dockerfile の `FROM` 命令で指定されたイメージがローカルになかった場合、そのイメージを自動的にダウンロードしてくれます。

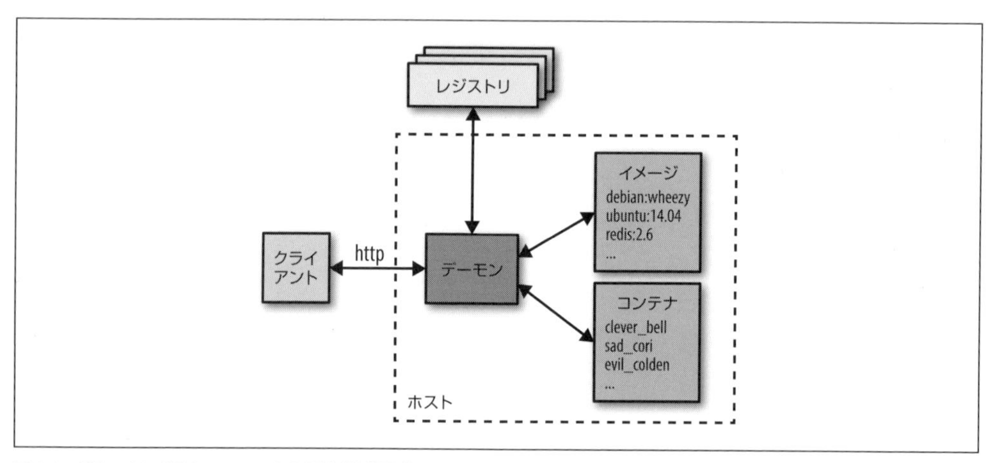

図4-1　高レベルで見たDockerの主要な構成要素

4.1.1　基盤の技術

Docker デーモンは「実行ドライバ」を使ってコンテナを作成します。デフォルトでは、これは Docker 独自の **runc** ドライバですが、古い LXC もサポートされています。runc は、以下のカーネルの機能と密接に結びついています。

- **cgroups** は、コンテナが使用するリソースの管理（CPU やメモリの利用状況など）を受け持ちます。また、`docker pause` の機能で使われるコンテナの**フリーズ**や**アンフリーズ**も受け持ちます。

- **namespaces** は、コンテナの隔離を受け持ち、コンテナのファイルシステム、ホスト名、ユーザー、ネットワーク、プロセスをシステム上のコンテナ外の部分から分離します。

libcontainerは、さらにセキュリティを強固なものにしてくれるSElinuxやAppArmorもサポートしています。詳しい情報は13章を参照してください。

Dockerの基盤となっているもう1つの主要な技術は、コンテナのレイヤの保存に使われているUnion File System（UFS）です。UFSは、AUFS、devicemapper、BTRFS、Overlayといったいくつかのストレージドライバのどれかによって提供されます。UFSについては、コラム「イメージ、コンテナ、Union File System」での議論を参照してください。

4.1.2 周辺の技術

Dockerエンジンと Docker Hubは、それだけでコンテナを扱うための完全なソリューションを構成するわけではありません。多くのユーザーは、クラスタ管理、サービスディスカバリツール、高度なネットワーク機能といった、支援のサービスやソフトウェアを必要とするでしょう。「1.4 プラグインと結線」で説明した通り、Docker Inc.は、これらの機能をすべて含む、すぐに使える完全なソリューションでありながら、ユーザーが簡単にデフォルトの構成要素をサードパーティのものに置き換えられるようなものを構築する計画を立てています。「バッテリ交換可能」という戦略は、主にAPIレベルのもので、Dockerエンジンに構成要素がフックできるようになっていることを指しますが、Dockerの支援技術を独立したバイナリとしてパッケージ化し、サードパーティの等価品と容易に置き換えられるようになっていることを指しているとも言えるでしょう。

現時点で、Dockerに含まれている支援技術のリストを以下に示します。

Swarm

Dockerのクラスタリングソリューションです。Swarmは、複数のDockerのホストをまとめてくれるので、ユーザーはそれらを統合されたリソースとして扱えます。詳しくは12章を参照してください。

Compose

Docker Composeは、複数のDockerコンテナから合成されるアプリケーションの構築と実行のためのツールです。これは主に、実働環境よりは、開発やテストで使用されます。詳細については、「5.2 Composeを使った自動化」を参照してください。

Machine

Docker Machineは、Dockerのホストをローカルもしくはリモートのリソースにインストールし、設定します。Machineは、Dockerクライアントを設定し、環境の交換をしやすくもしてくれます。9章には、Machineのサンプルがあります。

Kitematic

Kitematicは、Dockerコンテナの実行と管理のためのMac OS及びWindowsのGUIです。

Docker Trusted Registry

Dockerイメージの保存の管理のためのオンプレミスのソリューションです。実質的にはローカルバージョンのDocker Hubであり、既存のセキュリティインフラストラクチャに組み込み、データのストレージとセキュリティに関する規定に組織が添えるよう、支援してくれます。メトリクス、ロールベースのアクセス制御（Role-Based Access Control = RBAC）、ログといった機能を持ち、それらはすべて管理コンソールから管理できます。Docker Inc.のオープンソースではない製品は、現時点ではこれが唯一のものです。

Dcoker上で動作するか、あるいはDockerと連動するサードパーティによるサービスやアプリケーションのリストは、すでに長大なものになっています。以下の領域では、すでにいくつかのソリューションが登場しています。

ネットワーキング

ホスト間にまたがるコンテナのネットワークを生成するのは簡単なことではありません。解決するためには、いくつかの方法があります。この領域には、Weave（http://weave.works/net/）やProject Calico（http://www.projectcalico.org）を含む、いくつかのソリューションがあります。加えて、Dockerにはまもなく、Overlayと呼ばれるネットワーキングのソリューションが組み込まれるでしょう。ユーザーは、Dockerのネットワーキングプラグインフレームワークを使い、Overlayのドライバを他のソリューションと交換できるようになります。

サービスディスカバリ

Dockerコンテナは、起動時に何らかの方法で通信先の他のサービスを見つけなければなりません。そういった通信先は通常やはりコンテナ内で動作しています。コンテナには動的にIPアドレスが割り振られるので、これは大規模なシステムでは簡単なことではありません。この領域のソリューションとしては、Consul（https://consul.io）、Registrator（https://github.com/gliderlabs/registrator）、SkyDNS（https://github.com/skynetservices/skydns/）、etcd（https://github.com/coreos/etcd）などがあります。

オーケストレーション及びクラスタ管理

大規模なコンテナ環境では、システムのモニタリングと管理のためのツールが欠かせません。新しいコンテナをホストに配置し、モニタリングし、更新しなければなりません。システムは、障害や負荷の変動に対し、適切にコンテナを移動したり、起動したり、停止したりすることによって対応しなければなりません。すでにこの領域には、GoogleのKubernetes（http://kubernetes.io）、Mesos（https://mesos.apache.org）用のフレームワークであるMarathon（https://github.com/mesosphere/marathon）、CoreOSのFleet（https://github.com/coreos/fleet）、そしてDocker自身のSwarmのツール群を含む、いくつかの完全なソリューションがあります。

これらの話題はすべてⅢ部でさらに詳しく取り上げます。また、Docker Trusted Registryに変わる選択肢として、CoreOSのEnterprise Registry（https://coreos.com/products/enterprise-registry/）とJFrogのArtifactory（http://www.jfrog.com/open-source/#os-arti）などがあることも指摘しておきましょう。

先ほど触れたネットワークドライバのプラグインに加えて、Dockerは他のストレージシステムとの結合のための**ボリュームプラグイン**もサポートしています。ボリュームプラグインとしては、マルチホストのデータ管理及びマイグレーションツールであるFlocker（https://github.com/ClusterHQ/flocker）や、分散ストレージのGlusterFS（https://github.com/calavera/docker-volume-glusterfs）があります。プラグインフレームワークに関する詳しい情報は、DockerのWebサイト（https://docs.docker.com/extend/plugins/）にあります。

コンテナの登場による興味深い副作用として、コンテナをホストするために設計されたオペレーティングシステムという新しい潮流があります。Dockerは、UbuntuやRed hatといった主流のLinuxディストリビューションでもうまく動作しますが、特にデータセンターやクラスタの稼働という面から、コンテナ（もしくはコンテナやVM）を動作させることに完全に焦点を置いた、最小限で、管理が容易なディストリビューションを作ろうというプロジェクトが、いくつか進行中です。そういったプロジェクトの例としては、Project Atomic（http://www.projectatomic.io）、CoreOS（https://coreos.com）、RancherOS（http://rancher.com/rancher-os/）があります。

4.1.3 Dockerのホスティング

Dockerのホスティングについては**9章**で詳しく取り上げますが、ここでもいくつかの選択肢を見ておきましょう。Amazon、Google、Digital Oceanを含む通常のクラウドプロバイダの多くは、何らかのレベルでDockerを提供しています。中でも面白いのはGoogleのContainer Engineかも知れません。というのもContainer Engineは、直接Kubernetes上に構築されているのです。もちろん、クラウドプロプロバイダが特定の形態でDockerを提供していなかったとしても、通常はDockerコンテナを動作させることが可能なVMをプロビジョニングできるはずです。

この分野には、SmartOS上に構築されたTritonと呼ばれる独自のコンテナで、Joyentも参入してきました。独自のコンテナとLinuxのエミュレーション技術にDocker APIを実装することによって、Joyentは標準的なDockerクライアントに対するインターフェイスを持つパブリッククラウドを作り出すことができたのです。重要なことは、Joyentが自社のコンテナの実装を、VM上ではなく直接ベアメタル上で実行しても大丈夫なほどにセキュアだと信じていることです。これは、特にI/Oという観点から見たときに、大きな効率化につながるかも知れません。

Docker上でのPaaSプラットフォームの構築については、Deis（http://deis.io）、Flynn（https://flynn.io）、Paz（http://paz.sh）を含むいくつかのプロジェクトがあります。

4.2 イメージの構築

「3.3 Dockerfileからのイメージの構築」では、新しいイメージを構築する主な方法は、Dockerfileとdocker buildコマンドを使うことだということを見ました。このセクションは、その際に起きていることをもう少し詳しく見て、Dockerfile中で使うことができるさまざまな命令のガイダンスで終わります。ビルドのコマンドは、時折驚くような振る舞いをすることもあるので、多少なりともビルドのコマンドの内部的な動作を理解しておくと便利でしょう。

4.2.1 ビルドコンテキスト

docker buildコマンドには、Dockerfileと**ビルドコンテキスト**（これは空でもかまいません）が必要になります。ビルドコンテキストは、DockerfileのADDもしくはCOPY命令から参照できるローカルファイルやディレクトリの集合で、通常はディレクトリへのパスとして指定されます。例えば、「3.3 Dockerfileからのイメージの構築」では、docker build -t test/cowsay-dockerfile .というビルドコマンドを使いましたが、ここではビルドコンテキストを、カレントのワーキングディレクトリである'.'に設定しています。ビルドコンテキストは、このパスの下にあるすべてのファイルとディレクトリで構成され、ビルドプロセスの一部としてDockerデーモンに送られることになります。

コンテキストが指定されず、DockerfileのURLだけが指定されていたり、Dockerfileの内容がSTDINからパイプで送られるような場合には、ビルドコンテキストは空と見なされます。

ビルドコンテキストとして +/+ は使ってはいけません

ビルドコンテキストはtarballとしてまとめられてからDockerデーモンに送信されるので、大量のファイルが入っているディレクトリをビルドコンテキストとして使うのは、**絶対に**やめておいた方がいいでしょう。例えば、/home/user、Downloads、あるいは / を使うと、Dockerクライアントはその中のすべてをまとめてデーモンへ転送しようとするので、非常に長い間待たされることになってしまいます。

httpあるいはhttpsで始まるURLを指定した場合、それはDockerfileへの直接のリンクと見なされます。この場合、Dockerfileにコンテキストが関連づけられないので、あまり便利ではないでしょう（コンテキストのアーカイブへのリンクを渡すことはできません）。

ビルドコンテキストとしては、gitのリポジトリを指定することもできます。この場合、Dockerクライアントはそのリポジトリとサブモジュールを一時ディレクトリにクローンし、それをビルドコンテキストとしてDockerデーモンへ送信します。Dockerは、github.com/、_git@、_git://で始まるパスのコンテキストをgitリポジトリとして解釈します。筆者としては、概してこの方法は使わずに、自分でリポジトリをチェックアウトする方をお勧めします。こちらの方が柔軟であり、混乱することが少ないでしょう。

Dockerクライアントには、ビルドコンテキストのところに"-"を渡してSTDINからの入力を取ってもらうこともできます。この入力には、コンテキストを持たないDockerfileを指定する（例えばdocker build - < Dockerfile）か、コンテキストを構成し、Dockerfileを含むアーカイ

ブファイルを指定する（例えばdocker build - < context.tar.gz）ことができます。アーカイブファイルには、tar.gz、xz、bzip2フォーマットが使えます。

コンテキスト内のDockerfileの場所は、-fの引数で指定できます（例えばdocker build -f dockerfiles/Dockerfile.debug)。指定されなかった場合、Dockderはコンテキストのルートで Dockerfileという名前のファイルを探します。

.dockerignoreファイルの利用

ビルドコンテキストから不要なファイルを取り除くには、.dockerignoreファイルが使えます。このファイルには、除外するファイル名を改行区切りで書きます。ワイルドカード文字として*や?が使えます。例えば、以下の.dockerignoreファイルがあるとしましょう。

```
.git ❶
*/.git ❷
*/*/.git ❸
*.sw? ❹
```

❶ ビルドコンテキストのルートにある.gitというファイルもしくはディレクトリを無視します。ただし、サブディレクトリは無視しません（すなわち、.gitは無視されますが、dir1/.gitは無視されません)。

❷ ルートのちょうど1段下にある.gitというファイルもしくはディレクトリを無視します（すなわち、dir1/.gitは無視されますが、dir1/dir2/.gitは無視されません)。

❸ ルートのちょうど2段下にある.gitというファイルもしくはディレクトリを無視します（すなわち、dir1/dir2/.gitは無視されますが、dir1/.gitは無視されません)。

❹ test.swp、test.swo、bla.swpは無視しますが、dir1/test.swpは無視しません。

[A-Z]*というような、完全な正規表現はサポートされていません。
本書の執筆時点では、すべてのサブディレクトリに対してファイルをマッチさせる方法はありません（例えば、/test.tmpと/dir1/test.tmpを1つの表現で無視するようにすることはできません)。

4.2.2 イメージのレイヤ

Dockerを新しく使い始めた人は、しばしばイメージの構築の様子で迷ってしまうことになります。Dockerfile中のそれぞれの命令は、新しいイメージの**レイヤ**を生成することになります。新しいレイヤは、コンテナの起動の際にも作成されます。この新しいレイヤは、それまでのレイヤのイメージを使い、Dockerfileの命令を実行し、保存された新しいイメージでコンテナを起動することによって生成されます。Dockerfileの命令の実行に成功したなら、--rm=falseが引数として指定されていない限り†、中間的なコンテナは削除されます。それぞれの命令が実行された結果として生成されるのは、主に単なるファイルシステムと多少のメタデータから構成される静的なイメージであり、命令で実行されているプロセスはすべて停止されます。これはすなわち、データ

† ここでわからなくなっていても心配することはありません。デバッグのサンプルでdocker buildの出力を見た後には、もっと理解できるようになるはずです。

ベースやSSHデーモンのように長時間動作するプロセスをRUN命令で起動したとしても、それらは次の命令が処理されたり、コンテナが起動された時点では動作していないということです。コンテナで、サービスやプロセスが起動されるようにしたいのであれば、ENTRYPOINTあるいはCMD命令で起動しなければならないのです。

イメージを構成している全レイヤは、docker historyコマンドで見ることができます。例をご覧ください。

```
$ docker history mongo:latest
IMAGE          CREATED       CREATED BY                                          ...
278372cb22b2   4 days ago    /bin/sh -c #(nop) CMD ["mongod"]
341d04fd3d27   4 days ago    /bin/sh -c #(nop) EXPOSE 27017/tcp
ebd34b5e9c37   4 days ago    /bin/sh -c #(nop) ENTRYPOINT &{["/entrypoint.
f3b2b8cf226c   4 days ago    /bin/sh -c #(nop) COPY file:ef2883b33ed7ba0cc
ba53e9f50f18   4 days ago    /bin/sh -c #(nop) VOLUME [/data/db]
c537910de5cc   4 days ago    /bin/sh -c mkdir -p /data/db && chown -R mong
f48ad436057a   4 days ago    /bin/sh -c set -x
df59596772ab   4 days ago    /bin/sh -c echo "deb http://repo.mongodb.org/
96de83c82d4b   4 days ago    /bin/sh -c #(nop) ENV MONGO_VERSION=3.0.6
0dab801053d9   4 days ago    /bin/sh -c #(nop) ENV MONGO_MAJOR=3.0
5e7b428dddf7   4 days ago    /bin/sh -c apt-key adv --keyserver ha.pool.sk
e81ad85ddfce   4 days ago    /bin/sh -c curl -o /usr/local/bin/gosu -SL "h
7328803ca452   4 days ago    /bin/sh -c gpg --keyserver ha.pool.sks-keyser
ec5be38a3c65   4 days ago    /bin/sh -c apt-get update
430e6598f55b   4 days ago    /bin/sh -c groupadd -r mongodb && useradd -r
19de96c112fc   6 days ago    /bin/sh -c #(nop) CMD ["/bin/bash"]
ba249489d0b6   6 days ago    /bin/sh -c #(nop) ADD file:b908886c97e2b96665
```

ビルドが失敗した場合には、失敗の直前のレイヤを起動すると非常に役立ちます。例えば、以下のDockerfileがあるとしましょう。

```
FROM busybox:latest

RUN echo "This should work"
RUN /bin/bash -c echo "This won't"
```

これをビルドしてみます。

```
$ docker build -t echotest .
Sending build context to Docker daemon 2.048 kB
Step 0 : FROM busybox:latest
 ---> 4986bf8c1536
Step 1 : RUN echo "This should work"
 ---> Running in f63045cc086b ❶
This should work
```

```
 ---> 85b49a851fcc ❷
Removing intermediate container f63045cc086b ❸
Step 2 : RUN /bin/bash -c echo "This won't"
 ---> Running in e4b31d0550cd
/bin/sh: /bin/bash: not found
The command '/bin/sh -c /bin/bash -c echo "This won't"' returned a non-zero
code: 127
```

❶ 命令を実行するためにDockerが起動した一時的な**コンテナ**のID。

❷ コンテナから作成された**イメージ**のID。

❸ 一時コンテナの削除。

この例では、エラーを見れば問題が何なのかははっきりしていますが、最後に成功したレイヤから作成されたイメージを実行して、命令のデバッグをしてみましょう。ここでは、最後の**コンテナ**のID（e4b31d0550cd）ではなく、最後の**イメージ**のID（85b49a851fcc）を使っていることに注意してください。

```
$ docker run -it 7831e2ca1809
/ # /bin/bash -c "echo hmm"
/bin/sh: /bin/bash: not found
/ # /bin/sh -c "echo ahh!"
ahh!
/#
```

これで、さらに問題がはっきりしました。busyboxのイメージには、bashシェルが含まれていないのです。

4.2.3 キャッシュ

Dockerは、イメージの構築を高速化するために、各レイヤをキャッシュします。このキャッシュは、効率的なワークフローにとって非常に重要ですが、同時に多少単純でもあります。このキャッシュは、命令が以下の条件を満たす場合に使われます。

- 以前の命令がキャッシュ内にあり
- 命令と親のレイヤがまったく同じレイヤがキャッシュ内にある（意味の無いスペースがあるだけでもキャッシュは無効になります）

また、COPY及びADD命令の場合は、いずれかのファイルのチェックサムやメタデータが変化していた場合、キャッシュは無効になります。

これは逆に、あるRUN命令を複数の呼び出しした場合、同じ結果になることが保証されていないとしても、そのRUN命令はやはりキャッシュされるということです。ファイルをダウンロードしたり、apt-get updateを実行したり、ソースリポジトリをクローンしたりする場合は、特にこのことを認識しておいてください。

キャッシュを無効にする必要がある場合には、docker buildに--no-cache引数を渡して実行してください。また、キャッシュを無効にしたい時点の前に命令を追加したり、その部分の命令を変更するという方法もあります。そのため、場合によっては以下のような行を持つDockerfileを見かけることもあるでしょう。

```
ENV UPDATED_ON "14:12 17 February 2015"
RUN git clone....
```

筆者としては、特にイメージが構築されたのがこの行の示唆する日と異なっている場合、後にそのイメージを使うユーザーが混乱しがちなので、この手法は使わないことをお勧めします。

4.2.4 ベースイメージ

独自のイメージを作成する場合、出発点となるベースイメージを決めなければなりません。選択肢は多岐にわたるので、それぞれの長所と短所を、時間をかけて理解すると良いでしょう。

ベストなケースのシナリオは、イメージを構築する必要がまったくないようなケースで、既存のイメージを使い、独自の設定ファイルやデータをマウントすれば済んでしまうような場合です。これは、データベースやWebサーバーのように、公式のイメージが利用できるような、一般的なアプリケーションソフトウェアの場合になるでしょう。概して、独自のイメージを使おうとするよりは、公式イメージを使う方がはるかに良いものです。そうすれば、そのソフトウェアをコンテナ内で最もうまく動作させる方法を導き出す上で、他の人々の作業や経験を活用できることになります。公式のイメージではうまくいかない理由が何かある場合には、親のプロジェクトでissueを開いてみましょう。おそらくは、同じ問題に直面していたり、回避方法を知っている人がいることでしょう。

独自のアプリケーションをホストするイメージが必要なら、使用する言語やフレームワーク（例えばGoやRuby on Rails）の公式ベースイメージを探してみましょう。独自のソフトウェアのビルドと配布では、別々のイメージを使えることがよくあります（例えば、Javaのアプリケーションのビルドにはjava:jdkが使えますが、できあがったJARファイルの配布には、不要なビルド関係のツール群が省かれて小さくなっているjava:jreのイメージが使えます）。同様に、公式イメージの中には、開発ツールやヘッダの多くを取り除いた、特別な「スリム」版があるものもあります（例えばnode）。

場合によっては、小さい、ただし完全なLinuxのディストリビューションだけが必要になることもあります。本当に小さいものを使う場合には、筆者はalpineというイメージを使います。これは、サイズがわずか5MBしかないにもかかわらず、広範囲にわたるパッケージマネージャを持っており、アプリケーションやツールを簡単にインストールできます。さらに完全なイメージが必要な場合に使うのはdebianのイメージ群で、これは一般的なubuntuのイメージよりもかなり小さいものの、ubuntuと同じパッケージ群が利用できます。組織の都合でLinuxの特定のディストリビューションを使わなければならない場合は、そのDockerイメージを探すことができるでしょう。組織がサポートしていなかったり、経験がない新たなディストリビューションに移行するのに比べれば、この方が妥当かも知れません。

多くの場合は、イメージが最小になっているかを必要以上に気にしなくても良いでしょう。ベースレイヤはイメージ間で共有されるので、例えばすでにubuntu:14.04というイメージを持っていて、それをベースにしているイメージをHubからプルしても、プルするのは完全なイメージではなく、変更分のみです。とはいえ、イメージを最小にとどめておくということは、デプロイの高速化や配布の容易性という点で、間違いなく大きなボーナスになります。

本当に最小化をして、必要なバイナリだけを含むイメージを配信することもできます。そのためには、特別なscratchというイメージ（ファイルシステムが完全に空になっています）を継承するDockerfileを書き、バイナリをその中にコピーし、適切なCMD命令を設定します。バイナリには、必要なすべてのライブラリ（動的リンクは不可）を含め、外部コマンドは呼べないことになります。加えて、バイナリはコンテナのアーキテクチャにあわせてコンパイルされていなければなりません。このアーキテクチャは、Dockerクライアントを動作させているマシンのアーキテクチャとは異なっているかも知れません†。

最小化のアプローチはとても魅力的ですが、デバッグやメンテナンスという面では難しい状況に陥る可能性があることに注意してください。busyboxには、多くの作業用のツールが欠けており、さらにはscratchを使うこととなれば、シェルさえもないのです。

Phusionのリアクション

ベースイメージとしては、phusion/baseimage-dockerも面白い選択肢です。Phusionの開発者達は、Ubuntuの公式イメージに対するリアクションとしてこのベースイメージを作成しました。彼らが主張しているのは、Ubuntuの公式イメージには、重要なサービスがいくつか欠けているということです。数人のDockerのコア開発者はPhusionの立場に同意しておらず、そのためにblogやIRC、Twitterでさまざまなやりとりが成されています。主な論点は以下の通りです。

initサービス

Dockerの視点は、各コンテナは単一のアプリケーションだけを実行するべきだというものであり、さらに理想としては**単一のプロセス**だけを実行するべきだというものです。単一のプロセスだけを使うな

† この、最小限のコンピューティングという概念をさらに推し進めて、Dockerと完全なLinuxのカーネルもあきらめ、**unikernel**というアプローチを取ることもできます。unikernelアーキテクチャでは、アプリケーションは、自分が使う機能だけを含むカーネルと結合され、ハイパーバイザ上で直接実行されます。こうすることで、いくつかの不要なコードのレイヤや使われないドライバを省略できるので、アプリケーションをもっと小さく高速にすることができます（unikernelは、一般的に1秒以内にブートします。これは、ユーザーのリクエストに直接応じて起動できるということです）。unikernelについてさらに学びたい場合は、Anil MadhavapeddyとDavid J. Scottによる"Unikernels: Rise of the Virtual Library Operating System"（https://queue.acm.org/detail.cfm?id=2566628）とMirageOS（http://www.openmirage.org）を参照してください。

ら、initサービスは必要ありません。Phusionの主な主張は、initサービスがないことで、親プロセスから適切にkillされなかったり、管理プロセスから回収されなかったりした、ゾンビプロセスがコンテナに大量に発生してしまうというものです。この主張は正しいものの、ゾンビプロセスが生ずるのは、アプリケーションのコードのバグによるものだけであり、ほとんどのユーザーはこの問題に行き当たることはないはずであり、仮にそうなった場合でも、最も良い解決方法は、問題のあるコードを修正することです。

動作しているcronデーモン

`ubuntu`や`debian`のベースイメージは、デフォルトでは`cron`デーモンを起動しませんが、`phusion`のイメージは起動します。Phusionは、多くのアプリケーションが`cron`に依存しているので、`cron`が動作していることは重要だと主張しています。Dockerの見方は、コンテナ内のアプリケーションが`cron`に依存している場合にのみ、`cron`を動作させるべきだというもので、筆者もこれに同意します。

SSHデーモン

デフォルトのイメージには、デフォルトでSSHのデーモンがインストールされていなかったり、動作していなかったりします。シェルを使うための通常の方法は、`docker exec`コマンドを使うことであり(「4.6.2 コンテナの管理」参照)、これによってコンテナごとに不要なプロセスを動作させずに済みます。Phusionもこれを認め、SSHのデーモンをデフォルトでは無効にしていますが、それでもPhusionのイメージはSSHのデーモンとその関連ライブラリ群が含まれていることで、かなり膨れてしまっています。

筆者としては、Phusionのベースイメージを使うことをお勧めできるのは、コンテナで複数のプロセスの実行、`cron`、`ssh`が特に必要になる場合に限られます。それ以外の場合には、Dockerの公式リポジトリにある`ubuntu:14:04`や`debian:wheezy`といったイメージを使っておくべきでしょう。

イメージの再構築

`docker build`を実行した場合、Dockerは`FROM`命令を見て、ローカルにそのイメージがなければプルしようとします。もしそのイメージが存在すれば、Dockerはもっと新しいバージョンが利用可能かは調べずに、そのイメージを使います。すなわち、単に`docker build`とするだけでは、イメージが完全に最新の状態になっていることは保証されないのです。`build`コマンドで最新バージョンがダウンロードされることを強制するには、明示的にすべての原型のイメージを`docker pull`するか、いったんそれらを削除しておかなければなりません。

これは、`debian`のような広く使われているベースイメージが、セキュリティパッチでアップデートされているような場合に、非常に重要になります。

4.2.5 Dockerfileの命令

本セクションは、Dockerfileで使えるさまざまな命令を、おおまかに見ていきます。詳細に踏み込まないのは、まだ変化が続いており、すぐに内容が古くなってしまうだろうということや、包括的で常に最新の状態になっているドキュメンテーションがDockerのWebサイト（**http://docs.docker.com/reference/builder/**）にあるためです。Dockerfileでは、先頭が#で始まる行はコメントです。

exex 形式と shell 形式

命令の中には、shell 形式と exec 形式のどちらでも使えるものがあります（RUN、CMD、ENTRYPOINT）。exec 形式は、JSON の配列（例えば ["executable", "param1", "param2"]）を取り、その最初のアイテムを実行ファイルの名前を見なし、残りのアイテムをパラメータとして実行します。shell 形式は、自由形式の文字列で、/bin/sh -c に渡されて解釈されます。シェルを攻撃する文字列を避けたい場合や、イメージに /bin/sh がない場合には exec 形式を使ってください。

Dockerfile で使える命令を以下に示します。

ADD

ビルドコンテキストあるいはリモートの URL から、イメージへファイルをコピーします。アーカイブファイルがローカルパスから追加された場合、そのアーカイブファイルは自動的に展開されます。ADD がカバーする機能の範囲は非常に広いので、概してビルドコンテキスト中のファイルやディレクトリをコピーする場合は、よりシンプルな COPY コマンドを使い、リモートのリソースのダウンロードには、RUN コマンドで curl あるいは wget を使う方がいいでしょう（それでも、1 つの命令でダウンロードと削除をまかなうことはできます）。

CMD

コンテナの起動後に、指定された命令を実行します。ENTRYPOINT が定義されているなら、この命令は ENTRYPOINT への引数として解釈されます（その場合は、かならず exec 形式を使ってください）。CMD 命令は、イメージ名の後の docker run の引数で上書きできます。実際に処理されるのは最後の CMD 命令だけであり、それ以前の CMD 命令群は、上書きされてしまいます（これにはベースイメージ中の CMD 命令も含まれます）。

COPY

ビルドコンテキストからイメージにファイルをコピーするために使われます。この命令には、COPY src dest と COPY ["src", "dest"] という 2 つの形式があります。これらの形式は、どちらもビルドコンテキスト中の src にあるファイルもしくはディレクトリを、コンテナ内の dest にコピーします。パスに空白が含まれている場合は、JSON 配列の形式を使う必要があります。ワイルドカードを使って、複数のファイルやディレクトリを指定することもできます。ビルドコンテキスト外のパスを src に指定することはできないので、注意してください（例えば ../another_dir/myfile としてもうまくいきません）。

ENTRYPOINT

コンテナの起動時に実行される実行可能ファイル（そしてデフォルトの引数）を設定します。任意の CMD 命令や、イメージ名の後に続く docker run への引数は、指定した実行可能ファイルへのパラメータとして渡されます。ENTRYPOINT 命令は、渡された引数の解釈に先だって変数とサービスの初期化を行う「スターター」スクリプトを渡すために使われることがよくあります。

ENV

イメージ中の環境変数を設定します。これらの変数は、以降の命令で参照できます。例をご覧ください。

```
...
ENV MY_VERSION 1.3
RUN apt-get install -y mypackage=$MY_VERSION
...
```

これらの変数は、イメージ内でも利用できるようになります。

EXPOSE

Dockerに対し、プロセスが指定されたポート、もしくはポート群で待ち受けを行うことを指定します。Dockerは、この情報をコンテナのリンク（「4.4 コンテナのリンク」参照）や、docker runに-Pを引数で渡すことによってポートが公開される際に使います。EXPOSE命令は、それ単独ではネットワーキングに影響しません。

FROM

Dockerfileのベースイメージを設定します。以降の命令は、このイメージの上に構築を行います。ベースイメージはIMAGE:TAGという形式で指定します（例えばdebian:wheezy）。タグが省略された場合は、latestと見なされますが、予想外の事態を避けるために、特定のバージョンのタグを必ず指定するようにしておく方が良いでしょう。この命令は、Dockerfile中の最初の命令でなければなりません。

MAINTAINER

イメージの"Author"メタデータを指定された文字列に設定します。その内容は、docker inspect -f {{.Author}} IMAGEで取得できます。通常は、そのイメージのメンテナの名前と連絡先の詳細を設定します。

ONBUILD

このイメージが他のイメージのベースレイヤとして使われた場合に、その時点で実行される命令を指定します。これは、子のイメージに追加されるデータを処理するのに役立ちます（例えば、この命令を使って、指定されたディレクトリからコードをコピーして、子のイメージに追加されたデータに対し、ビルドスクリプトを実行するといったことができるでしょう）。

RUN

指定された命令とコンテナ内で実行し、結果をコミットします。

USER

これ以降のRUN、CMD、ENTRYPOINT命令で使われるユーザーを設定します（ユーザー名もしくは UID)。注意が必要なのは、UID はホストとコンテナで共通ですが、ユーザー名は別の UID に割り当てられているかも知れないことで、パーミッションの設定が難しくなる場合もあります。

VOLUME

指定されたファイルもしくはディレクトリがボリュームであることを宣言します。イメージ中にそのファイルもしくはボリュームが存在している場合、それはコンテナの起動時にボリュームにコピーされます。複数の引数が指定された場合、それらは複数のボリュームの宣言と解釈されます。ポータビリティ及びセキュリティ上の理由から、Dockerfile 中ではボリュームにホストのディレクトリを宣言することはできません。詳しくは「4.5 ボリュームとデータコンテナを使ったデータの管理」を参照してください。

WORKDIR

これ以降の RUN、CMD、ENTRYPOINT、ADD、COPY 命令で使われる作業ディレクトリを設定します。この命令は複数回使うことができます。指定は相対パスで行うこともでき、その場合は以前の WORKDIR に対する相対パスとして解決されます。

4.3 外界とのコンテナの接続

コンテナ内で Web サーバーを動作させているとしましょう。外部からアクセスできるようにするにはどうすれば良いでしょうか? 答えは、-p もしくは -P コマンドで、ポートを「公開」することです。このコマンドは、ホストのポートをコンテナにフォワードします。例をご覧ください。

```
$ docker run -d -p 8000:80 nginx
af9038e18360002ef3f3658f16094dadd4928c4b3e88e347c9a746b131db5444
$ curl localhost:8000
<!DOCTYPE html>
<html>
<head>
<title>Welcome to nginx!</title>
...
```

-p 8000:80 という引数は、Docker に対してホストの 8000 番ポートをコンテナの 80 番ポートにフォワードするよう指示します。あるいは、-P という引数を使って、Docker にホスト上の開いているポートを自動的にフォワードさせることもできます。例をご覧ください。

```
$ ID=$(docker run -d -P nginx)
$ docker port $ID 80
0.0.0.0:32771
$ curl localhost:32771
<!DOCTYPE html>
<html>
```

```
<head>
<title>Welcome to nginx!</title>
...
```

-P コマンドの主なメリットは、ポートの割り当て状況を把握しておく必要がなくなることです。これは、複数のコンテナでポートを公開するようになると、重要になってきます。こうしたケースでは、docker port コマンドを使えば、Dockerが割り当てたポートがわかります。

4.4 コンテナのリンク

Dcokerの**リンク**は、同じホスト上のコンテナ同士が通信できるようにするための、最もシンプルな方法です。Dockerのデフォルトのネットワーキングモデルを使う場合、コンテナ同士の通信はDockerの内部ネットワークを通じて行われることになります。すなわち、通信はホストのネットワークからは見えないことになります。

Dockerのネットワーキングの変更

Dockerの将来のバージョン（おそらくは1.9以降）では、コンテナ同士をネットワーク接続するための定番の方法は、コンテナのリンクではなく「サービスの公開」になるでしょう。とはいえ、リンクも当分の間はサポートされます。本書のサンプルも、変更なしで動作するはずです。

今後のネットワーキングの変更については、「11.4 Dockerの新しいネットワーキング」を参照してください。

リンクは、docker run に --link CONTAINER:ALIAS という引数を渡すことによって初期化されます。ここで、CONTAINERはリンクコンテナの名前で[†]、ALIASはリンクコンテナを指すためにマスターコンテナ内でローカルに使われる名前です。

Dcokerのリンクを使うと、マスターコンテナの /etc/hosts にリンクコンテナのIDのエイリアスも追加されます。これによって、リンクコンテナはマスターコンテナから名前でアクセスできるようになります。

加えて、Dockerはマスターコンテナ内で大量の環境変数を設定します。これらは、リンクコンテナとの通信が容易になるよう設計されています。例えば、Redisのコンテナへのリンクを生成したとしましょう。

```
$ docker run -d --name myredis redis
c9148dee046a6fefac48806cd8ec0ce85492b71f25e97aae9a1a75027b1c8423
$ docker run --link myredis:redis debian env
ATH=/usr/local/sbin:/usr/local/bin:/usr/sbin:/usr/bin:/sbin:/bin
HOSTNAME=f015d58d53b5
REDIS_PORT=tcp://172.17.0.22:6379
REDIS_PORT_6379_TCP=tcp://172.17.0.22:6379
REDIS_PORT_6379_TCP_ADDR=172.17.0.22
```

† この議論や、本書全体を通して、筆者はリンクされたコンテナを**リンクコンテナ**、そして起動されようとしているコンテナを**マスターコンテナ**（こちらのコンテナからリンクが張られるため）と呼んでいます。

```
REDIS_PORT_6379_TCP_PORT=6379
REDIS_PORT_6379_TCP_PROTO=tcp
REDIS_NAME=/distracted_rosalind/redis
REDIS_ENV_REDIS_VERSION=3.0.3
REDIS_ENV_REDIS_DOWNLOAD_URL=http://download.redis.io/releases/redis-3.0.3.tar.gz
REDIS_ENV_REDIS_DOWNLOAD_SHA1=0e2d7707327986ae652df717059354b358b83358
HOME=/root
```

ここからは、DockerがREDIS_PORTというプレフィックスを持つ環境変数群を設定してくれたことが見て取れます。これらの変数には、Redisのコンテナに接続するための情報が含まれています。これらの多くは、変数名にすでに値の情報が含まれていることから、やや冗長に見えます。とはいえ、これらはドキュメンテーションの1つの形として、有益であることには変わりありません。

Dockerは、リンクされたコンテナからも環境変数をインポートしています。それらには、REDIS_ENVというプレフィックスがついています。この機能は非常に役立ちますが、この機能は環境変数を使ってAPIのトークンやデータベースのパスワードといった秘密情報を保存している場合にも働くので、十分な注意が必要です。

デフォルトでは、コンテナは明示的にリンクされているかどうかにかかわらず、お互いに通信し合うことができます。リンクされていないコンテナ同士は通信できないようにしたい場合には、Dockerデーモンの起動時に--icc=falseと--iptablesという引数を使ってください。これで、コンテナがリンクされた場合、Dockerはiptablesのルールをセットアップして、公開するよう宣言されたポートに対してコンテナが通信できるようにしてくれます。

残念ながら、Dockerのリンクは、そのままではいくつかの欠点を抱えています。もっとも大きいのは、それらが静的であることです。リンクは、コンテナの再起動時にも持続しているべきですが、リンクされたコンテナが置き換えられた場合、リンクは更新されないのです。また、リンクコンテナはマスターコンテナよりも先に起動されいなければならないという制約があるので、リンクを双方向で行うことはできません。

コンテナのネットワーキングの詳細については、**11章**を参照してください。

4.5 ボリュームとデータコンテナを使ったデータの管理

振り返っておくと、Dockerのボリュームはコンテナの UFS の一部ではないディレクトリです(コラム「イメージ、コンテナ、Union File System」参照)[†]。ボリュームは、コンテナに**バインドマウント**(ヒント「バインドマウント」参照)されたホスト上の単なるディレクトリに過ぎません。

ボリュームを初期化する方法は3種類あり[‡]、それらの方法の違いを理解しておくことは重要です。1つめの方法は、実行時に-vフラグを使ってボリュームを宣言する方法です。

† 正確には、単一のファイルをボリュームとすることもできるので、ディレクトリもしくはファイルです。
‡ OK、数え方によっては2.5種類といってもいいでしょう。

```
$ docker run -it --name container-test -h CONTAINER -v /data debian /bin/bash
root@CONTAINER:/# ls /data
root@CONTAINER:/#
```

これで、コンテナ内のディレクトリの /data がボリュームになります。イメージ内で /data ディレクトリに保持されたファイルは、すべてボリュームにコピーされます。ホスト上でこのボリュームが置かれている場所は、ホスト上で新しいシェルを開いて docker inspect としてみればわかります。

```
$ docker inspect -f {{.Mounts}} container-test
[{5cad... /mnt/sda1/var/lib/docker/volumes/5cad.../_data /data local true}]
```

この場合、コンテナ内の /data/ というボリュームは、単にホストの /var/lib/docker/volumes/5cad.../_data というディレクトリにリンクされているだけです。これは、ホスト上でこのディレクトリにファイルを置いてみれば、確かめられます†。

```
$ sudo touch /var/lib/docker/volumes/5cad.../_data/test-file
```

このファイルは、コンテナ内からすぐに見えるようになっているはずです。

```
$ root@CONTAINER:/# ls /data
test-file
```

ボリュームをセットアップする2番目の方法は、Dockerfile 中で VOLUME 命令を使うことです。

```
FROM debian:wheezy
VOLUME /data
```

これは、-v /data to docker run を指定したのとまったく同じことになります。

Dockerfile でのボリュームのパーミッションの設定

ボリュームのパーミッションや所有権を設定したり、あるいは何らかのデフォルトのデータや設定ファイルでボリュームを初期化しなければならないことは、珍しくありません。ここで重要になるのは、Dockerfile 中で、VOLUME 命令の**後に**置かれている命令は、そのボリュームに変更を加えることが**できない**ということです。例えば、以下の Dockerfile は期待通りには動作しません。

```
FROM debian:wheezy
RUN useradd foo
```

† リモートの Docker デーモンに接続しているなら、これは SSH 経由でリモートマシン上で実行しなければなりません。Docker Machine を使っているなら（Docker Toolbox で Docker をインストールしたならそうなっているはずです）、docker-machine ssh defaultとすれば SSH で接続できます。

```
VOLUME /data
RUN touch /data/x
RUN chown -R foo:foo /data
```

これらのtouchやchownといったコマンドは、イメージのファイルシステムで実行されることを意図していますが、実際にはレイヤを作成するために使われる一時コンテナのボリューム内で実行されることになります（詳細については、「4.2 イメージの構築」をもう一度参照してください）。このボリュームは、コマンドの実行が完了すると取り除かれるので、これらの命令は意味がなくなってしまうのです。

以下のDockerfileはうまく動作します。

```
FROM debian:wheezy
RUN useradd foo
RUN mkdir /data && touch /data/x
RUN chown -R foo:foo /data
VOLUME /data
```

このイメージからコンテナが起動された場合、Dockerはイメージ中のボリュームのディレクトリ中の全ファイルをコンテナのボリュームにコピーします。ホストのディレクトリをボリュームとして指定した場合には、この動作は行われません（これは、ホストのファイルを間違って上書きすることがないようにするためです）。

何らかの理由で、RUN命令でパーミッションや所有権を設定できなかった場合には、コンテナの生成後に実行されるCMDあるいはENTRYPOINT命令でその処理を行わなければならないでしょう。

3番目の方法†は、-v HOST_DIR:CONTAINER_DIRという形式を使って、docker runの引数の-vを、明示的なディレクトリでホストにバインドするという方法です。これは、Dockerfileからは行えません（ポータブルではなくなってしまうのと、セキュリティリスクになるためです）。例をご覧ください。

```
$ docker run -v /home/adrian/data:/data debian ls /data
```

これで、ホスト上の/home/adrian/dataというディレクトリが、コンテナ内の/dataにマウントされます。/home/adrian/dataディレクトリ内の既存のファイルや、すべてコンテナから利用できるようになります。コンテナにあらかじめ/dataディレクトリがあった場合には、その内容はボリュームによって隠されてしまいます。他の方法とは異なり、イメージ中のファイルがボリュームにコピーされることはなく、ボリュームがDockerによって削除されることもありません（すなわち、ユーザーが選択したディレクトリにマウントされたボリュームは、docker rm -vでも削除されません）。

† 2番目と同じでしょうか？

バインドマウンティング
ホストの特定のディレクトリがボリュームで使われる場合（-v HOST_DIR:CONTAINER_DIRという構文）、これしばしば**バインドマウンティング**と呼ばれます。正確には、すべてのボリュームはバインドマウンティングされているので、これは多少ミスリーディングなところもあります。違っているのは、マウントポイントがDockerが所有しているディレクトリ中に隠れているのではなく、明示されているところです。

4.5.1 データの共有

-v HOST_DIR:CONTAINER_DIRという構文は、ホストと1つ以上のコンテナとの間でファイルを共有する上で、非常に便利です。例えば、設定ファイルをホストに保存しておき、それを汎用のイメージから構築されたコンテナにマウントすることができます。

コンテナ間でのデータの共有は、docker runで--volumes-from CONTAINERという引数を使うことによっても実現できます。例えば以下のようにすることで、先ほどのサンプルのコンテナのボリュームにアクセスできるコンテナを新しく作ることができます。

```
$ docker run -it -h NEWCONTAINER --volumes-from container-test debian /bin/bash
root@NEWCONTAINER:/# ls /data
test-file
root@NEWCONTAINER:/#
```

重要なのは、この方法はボリュームを保持しているコンテナ（ここではcontainer-test）が動作中かどうかに関係なく使えるということです。最低でも既存のコンテナの1つがボリュームにリンクしている限り、そのボリュームは削除されません。

4.5.2 データコンテナ

データコンテナを作成する、というやり方は良く使われます。データコンテナは、他のコンテナ間でデータを共有することだけを目的とするコンテナです。このアプローチの主な利点は、提供されるボリュームの名前空間が、--volumes-fromコマンドを使って簡単にロードできることです。

例えば、以下のコマンドでは、PostgreSQLデータベース用のデータコンテナが作成できます。

```
$ docker run --name dbdata postgres echo "Data-only container for postgres"
```

これで、postgresというイメージからコンテナが作成され、定義されているボリュームがあればすべて初期化されたあと、echoコマンドが実行され、コンテナが終了します[†]。データコンテナは、動作させていてもリソースの無駄になるだけなので、動かし続ける必要はありません。

これで、このボリュームは他のコンテナから--volumes-fromで利用できます。例をご覧ください。

† ここでは、すぐに終了するコマンドなら何を使ってもかまいませんが、このechoのメッセージは、docker ps -aを実行した場合に、このコンテナが何のためのものなのかを思い出させてくれます。別の選択肢としては、docker runではなくdocker createコマンドを使うことで、コンテナをまったく起動させない、という方法もあります。

```
$ docker run -d --volumes-from dbdata --name db1 postgres
```

データコンテナのためのイメージ

通常は、busyboxやsctarchのような「最小限のイメージ」をデータコンテナ用に使う必要はありません。このデータを利用するコンテナで使うものと同じイメージを使えば良いでしょう。例えば、PostgreSQLデータベースで使うデータコンテナを作成するには、postgresイメージを使います。同じイメージを使えば、余分な領域は消費されません。データを使う側のイメージは、すでにダウンロードもしくは作成されているはずです。こうすることで、イメージが初期データをコンテナに置く機会ができると共に、パーミッションが正しく設定されていることも保証できます。

ボリュームの削除

ボリュームは、以下の条件が満たされたときにのみ削除されます。

- コンテナが`docker rm -v`で削除されたか、
- `docker run`コマンドに`--rm`フラグが渡されており、

加えて

- 既存のコンテナがそのボリュームにリンクしておらず、
- そのボリュームにホストのディレクトリが指定されていない（`-v HOST_DIR:CONTAINER_DIR`が使われていない）。

現時点でこれが意味するのは、こうしたコンテナを実行するときには常に注意深くしておかなければ、Dockerのインストールディレクトリに取り残されたファイルやディレクトリができてしまうことと、それらのファイルが何なのかを知る簡単な方法がないということです。Dockerは、コンテナから独立しているボリュームのリスト表示、生成、調査、削除を行うトップレベルの"volume"コマンドの作成を進めています。このコマンドは、本書が出版される頃にはリリースされているはずの1.9で登場するものと期待されています†。

4.6 Dockerの一般的なコマンド

本セクションでは、さまざまなDockerコマンドの概要を紹介しますが、これはあくまで簡単（少なくとも、公式のドキュメンテーションに比べれば）な紹介であり、包括的なものでもなく、日々の作業でよく使用するコマンドに焦点を当てています。Dockerは次々に変化と進化を重ねているので、特定のコマンドに関する完全かつ最新の詳細については、DockerのWebサイトにある公式ドキュメンテーションを参照してください（http://docs.docker.com）。さまざまなコマンドの引数や構文は示していません（`docker run`だけは例外です）。そういった情報については、組

† 訳注：翻訳時点ではvolumeコマンドは追加済みです。docker volumeを実行して、ヘルプのメッセージを見てみてください。

み込みのヘルプを参照してください。このヘルプには、コマンドに`--help`を引数として渡すか、`docker help`コマンドでアクセスできます。

Dockerの論理フラグ

ほとんどのUnixのコマンドラインツールでは、`ls -l`の`-l`のように、値を取らないフラグがあります。これらのフラグは、設定するかしないかのどちらかなので、他のほとんどのツールとは異なり、Dockerはこれらのフラグを**論理値**のフラグと見なし、明示的に論理値をフラグに渡せるようになっています（例えば、Dockerは`-f=true`も`-f`も受け付けます）。加えて（そしてここから話がややこしくなります）、**デフォルトがtrue**のフラグも、**デフォルトがfalse**のフラグもあり得るのです。デフォルトがfalseのフラグとは異なり、デフォルトがtrueのフラグは、指定されていなければ、設定されたものと見なされるのです。引数なしでフラグを指定した場合、それはtrueを設定したのと同じことになります。そしてこの場合、デフォルトのtrueのフラグは、値を持つ引数を渡しても、unsetされないのです。デフォルトのtrueのフラグをunsetするには、明示的にfalseを設定するしかありません（例えば`-f=false`）。

フラグがデフォルトでtrueなのかfalseなのかを知るには、そのコマンドの`docker help`を参照してください。例をご覧ください。

```
$ docker logs --help
...
  -f, --follow=false        Follow log output
  --help=false              Print usage
  -t, --timestamps=false    Show timestamps
...
```

ここからは、`-f`、`--help`、`-t`のデフォルトはいずれもfalseであることがわかります。

確実なサンプルをいくつか紹介しましょう。`docker run`の引数で、デフォルトがtrueである`--sig-proxy`について考えてみます。この引数をオフにするには、以下の例のように明示的にfalseに設定するしかありません。

```
$ docker run --sig-proxy=false ...
```

以下はすべて同じ意味になります。

```
$ docker run --sig-proxy=true ...
$ docker run --sig-proxy ...
$ docker run ..
--read-only
```

のように、デフォルトがfalseの引数の場合、以下のようにすればtrueに設定できます。

```
$ docker run --read-only=true
$ docker run --read-only
```

指定しなくても、明示的にfalseに設定しても、意味は同じになります。

そのため、通常は短縮ロジックであるフラグは、一見不思議な振る舞いをすることがあります（例えば、`docker ps --help=false`は通常通り、ヘルプメッセージの出力なしになります）。

4.6.1 runコマンド

docker run の動作の様子はすでに見ました。これは、新しいコンテナを起動する go-to コマンドです。したがって、今のところこれは最も複雑なコマンドであり、指定可能な大量の引数をサポートしています。これらの引数を使えば、コンテナに対して、イメージの実行方法を設定したり、Dockerfile の設定を上書きしたり、ネットワークの設定をしたり、権限やリソースを設定できます。

以下のオプションは、コンテナのライフサイクルと、基本的な運用のモードを制御します。

-a、--attach

指定されたストリーム（stdout など）をターミナルにアタッチします。指定されなかった場合は、stdout 及び stderr がどちらもアタッチされます。この指定なしで、コンテナがインタラクティブモードで起動された（-i）場合、stdin もアタッチされます。

このオプションは、-d と同時に指定することはできません。

-d、--detach

コンテナを「デタッチド」モードで実行します。この場合、コンテナはバックグランウンドで実行され、コンテナ ID が返されます。

-i、--interactive

stdin をオープンしたままに保ちます（アタッチされていない場合でも）。一般的には -t とあわせて、インタラクティブなコンテナセッションを始めるために使われます。例をご覧ください。

```
$ docker run -it debian /bin/bash
root@bd0f26f928bb:/# ls
... 省略 ...
```

--restart

終了したコンテナを Docker が再起動しようとするタイミングを設定します。no を指定すると、コンテナをリスタートしようとはしなくなります。always を指定すると、終了のステータスにかかわらず再起動しようとします。on-failure を指定すると、**ゼロ以外のステータスで終了した場合**にコンテナを再起動しようとします。この場合、オプションの引数で、再起動をあきらめるまでの再起動の試行回数を指定できます（指定されなかった場合は、永久にリトライを繰り返します）。例えば、docker run --restart on- failure:10 postgres とすれば、PostgreSQL のコンテナを起動し、もしもそのコンテナがゼロ以外のコードで終了した場合には、10 回まで再起動を試みることになります。

--rm

終了時に、コンテナを自動的に削除します。-d とあわせて使うことはできません。

-t、--tty

擬似的なTTYを割り当てます。通常は -i とあわせて、インタラクティブなコンテナを起動するために使われます。

以下のオプションは、コンテナの名前と変数を設定するために使われます。

-e、--env

コンテナ内の環境変数を設定します。例をご覧ください。

```
$ docker run -e var1=val -e var2="val 2" debian env
PATH=/usr/local/sbin:/usr/local/bin:/usr/sbin:/usr/bin:/sbin:/bin
HOSTNAME=b15f833d65d8
var1=val
var2=val 2
HOME=/root
```

また、--env-file オプションを使えば、ファイルから変数を渡せることも覚えておいてください。

-h、--hostname

コンテナのUnixホスト名を設定します。例をご覧ください。

```
$ docker run -h "myhost" debian hostname
myhost
```

--name NAME

NAME という名前をコンテナに割り当てます。この名前は、他のDockerコマンドでコンテナを指定する際に使えます。

以下のオプションは、ボリュームのセットアップのために使われます（詳細については、「4.5 ボリュームとデータコンテナを使ったデータの管理」を参照してください）。

-v、--volume

ボリューム（コンテナのUFSではなく、ホストそのもののファイルシステムの一部である、コンテナ内のファイルあるいはディレクトリ）をセットアップする引数には、2つの形式があります。1つめの形式は、コンテナ内のディレクトリだけを指定するもので、Dockerが選択したホストのディレクトリにバインドされます。2つめの形式は、バインドするホストのディレクトリを指定します。

--volumes-from

指定されたコンテナからボリュームをマウントします。しばしば、データコンテナとあわせて使われます（「4.5.2 データコンテナ」参照）。

ネットワーキングに影響するオプションもいくつかあります。以下のコマンド群は、おそらく頻繁に使うことになる基本的なコマンドです。

--expose
　Dockerfileの EXPOSE 命令と等価です。コンテナで使われるポートもしくはポートの範囲を指定しますが、そのポートをオープンはしません。このコマンドを使うのは、コンテナをリンクする際に -P とあわせて使うときだけでしょう。

--link
　指定されたコンテナに対するプライベートなネットワークインターフェイスをセットアップします。詳しくは、「4.4 コンテナのリンク」を参照してください。

-p、--publish
　コンテナのポートを「公開」し、ホストからアクセスできるようにします。ホストのポートが指定されていない場合は、大きい番号のポートがランダムに選択されます。選択されたポートは、docker port コマンドで見つけることができます。ポートを公開するホストのインターフェイスを指定することもできます。

-p、--publish-all
　コンテナの**解放**されたすべてのポートをホストに公開します。解放された各ポートに対して、ランダムに大きい番号のポートが選択されます。このマッピングは docker コマンドで見ることができます。

さらに高度なネットワーキングを行いたい場合に役立つような、高度なオプションもいくつかあります。これらのオプションの中には、ネットワーキングと、Dockerにおけるネットワーキングの実装に関する多少の理解が必要になるものもあるので、注意してください。詳しい情報については、**11章**を参照してください。

docker run コマンドには、コンテナの権限と機能を制御するオプションもたくさんあります。それらの詳細については、**13章**を参照してください。

以下のオプションは、Dockerfileの設定を直接上書きします。

--entrytpoint
　コンテナのエントリポイントを指定された引数に設定します。Dockerfile中の ENTRYPOINT 命令は、すべて上書きされます。

-u、--user
　コマンドを実行するユーザーを設定します。ユーザー名もしくはUIDで指定します。

Dockerfile の USER 命令を上書きします。

-w、--workdir
　コンテナ中の作業ディレクトリを、指定されたパスに設定します。Dockerfile 中で指定された値は上書きされます。

4.6.2 コンテナの管理

docker run に加えて、コンテナのライフサイクル中では以下の docker コマンドを使ってコンテナを管理できます。

docker attach [OPTIONS] CONTAINER
　attach コマンドを使えば、コンテナ内のメインのプロセスを見たり、やりとりしたりすることができます。例をご覧ください。

```
$ ID=$(docker run -d debian sh -c "while true; do echo 'tick'; sleep 1; done;")
$ docker attach $ID
tick
tick
tick
tick
```

　終了するのに CTRL-C を使うと、アタッチしたプロセスが終了し、コンテナが終了することに注意してください。

docker create
　イメージからコンテナを作成しますが、コンテナの起動は行いません。ほぼ docker run と同じ引数を取ります。コンテナを起動するためには、docker start を使ってください。

docker cp
　コンテナとホストの間で、ファイルやディレクトリをコピーします。

docker exec
　コンテナ内でコマンドを実行します。メンテナンスタスクの実施や、コンテナにログインする ssh の変わりに使うことができます。例をご覧ください。

```
$ ID=$(docker run -d debian sh -c "while true; do sleep 1; done;")
$ docker exec $ID echo "Hello"
Hello
$ docker exec -it $ID /bin/bash
root@5c6c32041d68:/# ls
bin   dev  home  lib64  mnt  proc  run   selinux  sys  usr
boot  etc  lib   media  opt  root  sbin  srv      tmp  var
```

```
root@5c6c32041d68:/# exit
exit
```

docker kill

コンテナ内のメインのプロセス（PID 1）にシグナルを送信します。デフォルトではSIGKILLが送信されるので、コンテナはすぐに終了することになります。あるいは、引数の-sを使って送信するシグナルを指定することもできます。コンテナIDが返されます。例をご覧ください。

```
$ ID=$(docker run -d debian bash -c \
    "trap 'echo caught' SIGTRAP; while true; do sleep 1; done;")
$ docker kill -s SIGTRAP $ID
e33da73c275b56e734a4bbbefc0b41f6ba84967d09ba08314edd860ebd2da86c
$ docker logs $ID
caught
$ docker kill $ID
e33da73c275b56e734a4bbbefc0b41f6ba84967d09ba08314edd860ebd2da86c
```

docker pause

指定されたコンテナ内のすべてのプロセスをサスペンドさせます。サスペンドされたプロセス群は、シグナルも受け取らないので、シャットダウンやクリーンアップもできません。プロセス群は、docker unpauseで再起動できます。内部的には、docker pauseはLinuxのcgroupsのfreezerの機能を使っています。このコマンドは、プロセスを停止し、それらのプロセスから見ることができるシグナルを送信するdocker stopとは対照的です。

docker restart

1つ以上のコンテナを再起動します。おおまかには、コンテナに対してdocker stopに続いてdocker startを呼ぶのと同等です。コンテナがSIGTERMでkillされるまでの待ち時間を指定する引数の-tをオプションで取ります。

docker rm

1つ以上のコンテナを削除します。削除に成功したコンテナ群の名前もしくはIDを返します。デフォルトでは、docker rmはボリュームを削除しません。引数の-fを付けると、実行中のコンテナを削除することができ、-vを付けると、そのコンテナが作成したボリュームが削除されます（そのボリュームが、バインドマウントされておらず、他のコンテナから使用されていない場合）。

以下の例では、停止しているすべてのコンテナを削除しています。

```
$ docker rm $(docker ps -aq)
b7a4e94253b3
e33da73c275b
f47074b60757
```

docker start

停止しているコンテナ（あるいは複数のコンテナ）を起動します。終了したコンテナを再起動させたり、docker createで作成され、起動されていなかったコンテナを起動させたりするために使われます。

docker stop

1つ以上のコンテナを停止させます（ただし、削除はしません）。コンテナに対してdocker stopを呼ぶと、そのコンテナは"exited"ステータスに移行します。コンテナのシャットダウンを待つ時間をオプション引数の-tで指定できます。この時間を過ぎると、コンテナはSIGTERMでkillされます。

docker unpause

docker pauseで一時停止させられたコンテナを再開します。

コンテナからのデタッチ

インタラクティブモードで起動するか、docker attachでDockerコンテナにアタッチした場合、CTRL-Cでデタッチしようとすると、コンテナを停止させることになってしまいます。CTRL-Cの代わりにCTRL-P CTRL-Qを使えば、コンテナを停止させずにデタッチできます。

この方法は、TTYでのインタラクティブモード（例えば-iフラグと-tフラグを一緒に使った場合）でのみ有効です。

4.6.3 Dockerの情報

以下のサブコマンドを使えば、Dockerの動作環境と利用方法に関する詳しい情報を得ることができます。

docker info

Dockerのシステム及びホストに関するさまざまな情報を出力します。

docker help

指定されたサブコマンドの利用方法とヘルプ情報を出力します。コマンドに--helpフラグを付けて実行するのと同じです。

docker version

Dockerのクライアント及びサーバーのバージョン情報、及びコンパイルに使用されたGoのバージョンを出力します。

4.6.4 コンテナの情報

以下のコマンドを使えば、動作中及び停止中のコンテナに関する詳しい情報を得ることができます。

docker diff

コンテナの起動元のイメージと比較して、コンテナのファイルシステムに加えられた差分を表示します。例をご覧ください。

```
$ ID=$(docker run -d debian touch /NEW-FILE)
$ docker diff $ID
A /NEW-FILE
```

docker events

Dockerデーモンのリアルタイムイベントを出力します。停止するにはCTRL-Cを使います。詳細については**10章**を参照してください。

docker inspect

指定されたコンテナもしくはイメージに関する詳細情報を提供します。この情報には、ほとんどの設定情報が含まれ、ネットワークの設定やボリュームのマッピングの情報もあります。このコマンドは、出力のフォーマット及びフィルタリングに使えるGoのテンプレートを渡すための`-f`という引数を取ることができます。

docker logs

コンテナの「ログ」を出力します。これは単に、コンテナ内でSTDERRやSTDOUTに書き出された内容すべてです。Dockerでのロギングの詳細については、**10章**を参照してください。

docker port

指定されたコンテナの公開ポートのマッピングのリストを出力します。オプションで、ルックアップするコンテナの内部のポート及びプロトコルを指定できます。しばしば、`docker run -P <image>`の実行後に、割り当てられたポートを知るために使われます。例をご覧ください。

```
$ ID=$(docker run -P -d redis)
$ docker port $ID
6379/tcp -> 0.0.0.0:32768
$ docker port $ID 6379
0.0.0.0:32768
$ docker port $ID 6379/tcp
0.0.0.0:32768
```

docker ps

現在のコンテナ群に関する、名前、ID、ステータスといった高レベルの情報を提供します。このコマンドは数多くのさまざまな引数を取りますが、中でも知っておくべきなのは`-a`で、実行中のコンテナだけでなく、すべてのコンテナの情報を取得できます。`-q`も知っておくべきオプションで、コンテナIDだけを返すようになるので、`docker rm`のような他のコマンドへの入力として非常に役立ちます。

docker top

指定されたコンテナ内で実行中のプロセスに関する情報を提供します。実際には、このコマンドはUnixのpsユーティリティをホストで実行し、指定されたコンテナ内のプロセスだけをフィルタリングして取り出します。このコマンドには、psユーティリティと同じ引数を渡すことができ、デフォルトでは-efが指定されています（ただし、PIDフィールドを出力中にかならず残すように注意してください）。例をご覧ください。

```
$ ID=$(docker run -d redis)
$ docker top $ID
UID   PID   PPID  C  STIME  TTY  TIME      CMD
999   9243  1836  0  15:44  ?    00:00:00  redis-server *:6379
$ ps -f -u 999
UID  PID   PPID  C  STIME  TTY       TIME  CMD
999  9243  1836  0  15:44  ?     00:00:00  redis-server *:6379
$ docker top $ID -axZ
LABEL           PID   TTY  STAT   TIME  COMMAND
docker-default  9243  ?    Ssl    0:00  redis-server *:6379
```

4.6.5 イメージの扱い

以下のコマンドは、イメージを生成し、作業を行うためのツールです。

docker build

Dockerfileからイメージを構築します。詳細な利用方法については、「3.3 Dockerfileからのイメージの構築」リンクと「4.2 イメージの構築」リンクを参照してください。

docker commit

指定されたコンテナからイメージを生成します。docker commitは便利ですが、一般的にはイメージの構築は、再現しやすいdocker buildを使う方が良いでしょう。デフォルトでは、コンテナはコミットの前に一時停止させられますが、--pause=falseを引数として渡せば一時停止しないようにすることができます。メタデータの設定用に、-a及び-mを引数として取ることができます。例をご覧ください。

```
$ ID=$(docker run -d redis touch /new-file)
$ docker commit -a "Joe Bloggs" -m "Comment" $ID commit:test
ac479108b0fa9a02a7fb290a22dacd5e20c867ec512d6813ed42e3517711a0cf
$ docker images commit
REPOSITORY  TAG   IMAGE ID      CREATED               VIRTUAL SIZE
commit      test  ac479108b0fa  About a minute ago    111 MB
$ docker run commit:test ls /new-file
/new-file
```

dockder export
コンテナのファイルシステムの内容を、tarアーカイブとしてSTDOUTに出力します。出力されたアーカイブは、docker importでロードできます。エクスポートされるのは、ファイルシステムだけであることに注意してください。公開されたポート、CMD、ENTRYPOINTの設定といったメタデータは、すべて失われています。ボリュームはエクスポートされないことにも注意してください。このコマンドは、docker saveとは対照的です。

docker history
イメージの各レイヤの情報を出力します。

docker images
リポジトリ名、タグ名、サイズといった情報を含む、ローカルイメージのリストを出力します。デフォルトでは、中間的なイメージ（トップレベルのイメージの生成の際に使われるイメージ）は表示されません。VIRTUAL SIZEは、下位層の全レイヤを含むイメージの合計サイズです。これらのレイヤは、他のイメージと共有されていることがあるので、すべてのイメージのサイズを合計しても、ディスクの使用状況を正しく推定することはできません。また、複数のタグを持つイメージは何回も登場します。イメージが別々のものかは、IDを比較すればわかります。このコマンドは複数の引数を取りますが、中でも注目すべきなのはイメージのIDだけを返させる-qで、これはdocker rmiのような他のコマンドへの入力として使うのに便利です。例をご覧ください。

```
$ docker images | head -4
REPOSITORY                TAG     IMAGE ID      CREATED       VIRTUAL SIZE
identidock_identidock     latest  9fc66b46a2e6  26 hours ago  839.8 MB
redis                     latest  868be653dea3  6 days ago    110.8 MB
containersol/pres-base    latest  13919d434c95  2 weeks ago   401.8 MB
```

以下のようにすれば、イメージの階層の末端にあるイメージをすべて削除できます。

```
$ docker rmi $(docker images -q -f dangling=true)
Deleted: a9979d5ace9af55a562b8436ba66a1538357bc2e0e43765b406f2cf0388fe062
```

docker import
docker exportで作成されたような、ファイルシステムを含むアーカイブファイルから、イメージを生成します。アーカイブは、ファイルパス、URL、あるいはSTDINからのストリーム（-フラグを使います） から渡すことができます。このコマンドは、新しく生成されたイメージのIDを返します。リポジトリとタグ名を渡せば、イメージにタグを付けることができます。注意が必要なのは、importで構築されたイメージは単一のレイヤで構築されており、公開されたポートやCMDの値といった、Dockerの設定は失われていることです。このコマンドは、docker loadとは対照的です。

以下の例では、エクスポートとインポートを行うことで、イメージを「フラット化」しています。

```
$ docker export 35d171091d78 | docker import - flatten:test
5a9bc529af25e2cf6411c6d87442e0805c066b96e561fbd1935122f988086009
$ docker history flatten:test
IMAGE          CREATED          CREATED BY  SIZE      COMMENT
981804b0c2b2   59 seconds ago               317.7 MB  Imported from -
```

docker load

STDIN経由で渡されたtarアーカイブから、リポジトリをロードします。リポジトリには、複数のイメージとタグが含まれていることがあります。docker importとは異なり、このイメージには履歴とメタデータが含まれています。このコマンドで利用できるアーカイブファイルはdocker saveで作成できるので、saveとloadは、イメージ群の配布やバックアップの作成を行う方法として、レジストリの現実的な代案です。例については、docker saveを参照してください。

docker rmi

指定されたイメージ、もしくはイメージ群を削除します。イメージは、IDもしくはリポジトリとタグ名で指定します。リポジトリ名が指定され、タグ名が指定されていない場合、タグはlatestと見なされます。複数のリポジトリ内にあるイメージを削除したい場合は、そのイメージをIDで指定し、引数として-fを使ってください。このコマンドは、リポジトリごとに実行しなければなりません。

docker save

名前を付けたイメージもしくはリポジトリを、tarアーカイブに保存します。このアーカイブは、STDOUTにストリーム出力されます（ファイルに書くには-oを使います）。イメージは、IDもしくはrepository:tagで指定できます。リポジトリ名のみを指定した場合は、latestタグを持つイメージだけではなく、そのリポジトリ内のすべてのイメージがアーカイブに保存されます。docker loadとあわせて使うことで、イメージの配布やバックアップに利用できます。例をご覧ください。

```
$ docker save -o /tmp/redis.tar redis:latest
$ docker rmi redis:latest
Untagged: redis:latest
Deleted: 868be653dea3ff6082b043c0f34b95bb180cc82ab14a18d9d6b8e27b7929762c
...
$ docker load -i /tmp/redis.tar
$ docker images redis
REPOSITORY          TAG                 IMAGE ID            CREATED
VIRTUAL SIZE
redis               latest              0f3059144681        3 months ago
111 MB
```

`docker tag`

イメージに、リポジトリとタグ名を関連づけます。イメージは、IDもしくはリポジトリ及びタグで指定できます（タグが指定されていない場合は、latestが指定されたものと見なされます）。新しい名前のタグが指定されていない場合は、latestになります。例をご覧ください。

```
$ docker tag faa2b75ce09a newname ❶
$ docker tag newname:latest amouat/newname ❷
$ docker tag newname:latest amouat/newname:newtag ❸
$ docker tag newname:latest myregistry.com:5000/newname:newtag ❹
```

❶ newnameというリポジトリに、faa2b75ce09aというIDのイメージを追加します。タグは指定されていないので、latestになります。

❷ newname:latestというイメージを、amouat/newnameというリポジトリに追加します。ここでもタグはlatestです。このラベルは、ユーザーをamouatとして、Docker Hubへプッシュに適した形式になっています。

❸ ❷と同じですが、タグとしてlatestではなくnewtagを使っています。

❹ newname:latestというイメージを、newtagというタグを付けてmyregistry.com/newnameというリポジトリに追加しています。このラベルは、http://myregistry.com:5000にあるレジストリにプッシュするのに適した形式になっています。

4.6.6 レジストリの利用

以下のコマンドは、Docker Hubを含むレジストリの利用に関連するものです。Dockerは、ホームディレクトリの.dockercfgファイルにクレデンシャルを保存することを覚えておいてください。

`docker login`

指定されたレジストリサーバーへの登録やログインを行います。サーバーが指定されていない場合は、Docker Hubが使われます。処理の過程で、必要に応じてインタラクティブに質問をさせることも、あるいは引数で指定を行うこともできます。

`docker logout`

Dockerレジストリからログアウトします。サーバーが指定されなかった場合は、Docker Hubが指定されたものと見なされます。

`docker pull`

指定されたイメージをレジストリからダウンロードします。レジストリはイメージ名から決定されます。デフォルトではDocker Hubが使われます。タグが指定されなかった場合は、

latestというタグのついたイメージが（もしあれば）ダウンロードされます。引数として-aを指定すれば、リポジトリ内のすべてのイメージがダウンロードされます。

docker push

イメージもしくはリポジトリをレジストリにプッシュします。タグが指定されなかった場合は、latestタグのものだけではなく、リポジトリ内の**すべての**イメージがプッシュされます。

docker search

検索条件にマッチした、Docker Hub上のすべての公開リポジトリのリストを出力します。結果のリポジトリ数は25に制限されます。スターや自動化ビルドでフィルタリングもできます。概して、Webサイトを使うのがもっとも簡単な方法です。

4.7 まとめ

本章には、本当にたくさんの情報がありました！ 主なポイントだけを見て回っただけでも、Dockerの動作と主なコマンドについて、十分に広く理解することができたでしょう。**II部**では、この知識を開発から実働にいたるソフトウェアのプロジェクトに適用する方法を見ていきます。本章の内容の中には、実際に使われているところを見てみれば、さらに理解しやすくなるものもあるでしょう。

Ⅱ部
Dockerのある ソフトウェアライフサイクル

Ⅰ部では、コンテナの背後にある考え方を紹介し、その基本的な使い方に慣れました。Ⅱ部では、さらに足を踏み入れていき、Dockerを使ってWebアプリケーションの構築、テスト、デプロイを行います。開発、テスト、実稼働におけるDockerコンテナの使い方を見ていきましょう。本章で焦点を当てるのは、単一のホストのシステムです。複数のホスト上のコンテナのデプロイとオーケストレーションに関する情報は、Ⅲ部を参照してください。

Ⅱ部を終える頃には、ソフトウエアの開発プロセスへのDockerの組み込み方と、日々快適にDockerを使う方法を理解できるでしょう。Dockerを最大限に活用するには、DevOpsのアプローチを取り入れることが重要です。特に、開発をしている間、ソフトウェアを実働環境で動作させる方法について考えることになります。そうすることで、さまざまな環境へのデプロイメントの苦痛を和らげることができるのです。

コンテナは、数週間や数ヶ月といった単位でリリースサイクルが回るような、エンタープライズソフトウェアのモノリスを構築することには適していません。その代わりに、自然にマイクロサービスのアプローチを取り、継続的デプロイメントといった手法を試してみることになるでしょう。そうすることで、実働環境へのプッシュを毎日数回行っても安全なようにできるのです。

コンテナ、DevOps、マイクロサービス、継続的デリバリのメリットは、基本的には高速なフィードバックループという発想から来るものです。イテレーションを速く回すことで、短い期間に高品質のシステムの開発、テスト、検証を行えるようになります。

5章
開発でのDockerの利用

Ⅱ部では、渡された文字列に対して特定のイメージを返す、シンプルなWebアプリケーションを開発します。これは、GitHubやStackOverflowで自分のイメージを設定していないユーザーに使われる、identiconと似たものです。このアプリケーションは、プログラミング言語としてPythonを、WebフレームワークとしてFlaskを使います。このサンプルでPythonを使うのは、Pythonが広く使われており、簡潔で読みやすいためです。Pythonでのプログラミング経験がなくても心配することはありません。ここで焦点を当てるのは、Dockerとの関わりの部分であり、Pythonのコードの細部ではありません†。同様に、Flaskを選択したのも、それが軽量で理解しやすいためです。依存性の管理はすべてDockerで行うので、ホストのコンピュータにPythonやFlaskをインストールする必要はありません。

次章から開発を始めるのに先立ち、本章では、コンテナベースのワークフローの利用方法と、ツールの準備に焦点を当てます。

5.1 "Hello World!"

さあ、まずは"Hello World!"を返すだけのWebサーバーを作ってみましょう。最初に、プロジェクトを配置するidentidockというディレクトリを作成します。そのディレクトリの中に、Pythonのコードを置くappというディレクトリを作成してください。そしてappディレクトリ内に、identidock.pyというファイルを作成してください。

```
$ tree identidock/
identidock/
└── app
    └── identidock.py

1 directory, 1 file
```

† PythonとFlaskについて学びたい場合、特にWebアプリケーションを作ろうとしているのであれば、Miguel GrinbergのFlask Web Development（O'Reilly、和書未刊）を読んでみてください。

以下のコードを、identidock.pyに書き込みます。

```
from flask import Flask
    app = Flask(__name__) ❶

@app.route('/') ❷
def hello_world():
    return 'Hello World!\n'

if __name__ == '__main__':
    app.run(debug=True, host='0.0.0.0') ❸
```

簡単にコードを説明しておきましょう。

❶ Flaskを初期化して、アプリケーションオブジェクトをセットアップします。

❷ このURLに関連づけられるルートを作成します。このURLがリクエストされると、hello_world という関数が呼ばれることになります。

❸ PythonのWebサーバーを初期化します。ホストの引数として（localhostや127.0.0.1ではなく）0.0.0.0を使うことによって、このサーバーはすべてのネットワークインターフェイスに対してバインドされることになります。コンテナに他のホストやコンテナからアクセスできるようにするためには、こうすることが必要です。その上の行のif文は、このファイルがスタンドアローンのプログラムとして呼ばれたときにだけこの行が実行されるようにするためのもので、もっと大きなアプリケーションの一部としてこのファイルが呼ばれたときには、この行は実行されません。

ソースコード

本章のソースコードは、GitHubにあります（https://github.com/using-docker/using_docker_in_dev）。章を通じたコードのさまざまな段階に対して、タグを打ってあります。
電子書籍からのコピー／ペーストはうまくいかないということなので、問題があればこのGitHubのリポジトリを使ってください。

さあ、このコードを置いて実行するコンテナが必要です。以下の内容のDockerfileというファイルを、identidockディレクトリに作成してください。

```
FROM python:3.4

RUN pip install Flask==0.10.1
WORKDIR /app
COPY app /app

CMD ["python", "identidock.py"]
```

このDockerfileは、Python 3の環境が含まれている公式のPythonイメージをベースとして使っています。その上にFlaskをインストールし、作成したアプリケーションのコードをコピーします。CMD命令がやっているのは、単にidentidockのコードを実行することだけです。

公式イメージのバリエーション

Python、Go、Rubyといった人気のあるプログラミング言語の公式リポジトリの多くには、目的に応じたさまざまなイメージがあります。バージョンナンバーが異なるものに加えて、以下のいずれか、もしくは両方があることでしょう。

slim
: これらのイメージは、標準イメージを切り詰めたものです。多くの一般的なパッケージやライブラリがありません。これらのイメージが重要になるのは、配布するイメージのサイズを削減しなければならない場合ですが、標準イメージではすぐに利用できるパッケージのインストールやメンテナンスのために、しばしば追加の作業が必要になります。

onbuild
: これらのイメージは、DockerfileのONBUILD命令を使って、このイメージを継承する新しい「子」イメージが構築される時点まで、特定のコマンドの実行を遅らせたものです。これらのコマンドは、子イメージのFROM命令の一部として処理され、通常はコードのコピーやコンパイルのステップの実行といった処理を行います。これらのイメージを利用すれば、言語を素早く簡単に使い始めることができますが、長い目で見れば、限界もあり、混乱を招きがちです。筆者としては、onbuildイメージを使うのをお勧めできるのは、最初にリポジトリを調べてみるときだけです。

本書のサンプルアプリケーションで利用するのはPython 3の標準的なベースイメージであり、こういったバリエーションは利用しません。

これで、このシンプルなアプリケーションを実行してみることができるようになりました。

```
$ cd identidock
$ docker build -t identidock .
...
$ docker run -d -p 5000:5000 identidock
0c75444e8f5f16dfe5aceb0aae074cc33dfc06f2d2fb6adb773ac51f20605aa4
```

ここでは、-dフラグをdocker runに渡して、コンテナをバックグラウンドで起動していますが、Webサーバーからの出力を見たい場合には、このフラグを省いてみてもかまいません。-p 5000:5000という引数は、Dockerに対し、コンテナの5000番ポートをホストの5000番ポートにフォワードするように指示しています。

それではテストしてみましょう。

```
$ curl localhost:5000
Hello World!
```

Docker MachineのIPアドレス

Docker machineを使ってDockerを動作させている場合（MacやWindowsでDocker Toolboxを使ってDockerをインストールした場合、そうなっています）、URLとしてはlcoalhostを指定するのではなく、Dockerを動作させているVMのIPアドレスを指定しなければなりません。これは、Docker machineのipコマンドを使えば自動化できます。例をご覧ください。

```
$ curl $(docker-machine ip default):5000
Hello World!
```

本書では、Dockerをローカルで動作させているものとしています。必要に応じて、localhostを適切なIPアドレスに置き換えるのを忘れないようにしてください†。

素晴らしい！ しかし、このワークフローは、そのままでは大きな問題を抱えています。すなわち、コードを少し変更するたびに、イメージを再構築してコンテナを再起動しなければならないのです。ありがたいことに、この問題にはシンプルな解決策があります。コンテナ内のソースコードのフォルダの上に、ホストのソースコードのフォルダを**バインドマウント**してしまえば良いのです。以下のコードは、最後に実行されたコンテナを停止させ、削除します（最後に実行したコンテナが、先ほどのサンプルではないのなら、先ほどのサンプルのIDをdocker psで探してください）。続いて、/appにコードのディレクトリをマウントして、新しいコンテナを起動してください。

```
$ docker stop $(docker ps -lq)
0c75444e8f5f
$ docker rm $(docker ps -lq)
$ docker run -d -p 5000:5000 -v "$(pwd)"/app:/app identidock
```

引数の-v $(pwd)/app:/appによって、appディレクトリがコンテナ内の/appにマウントされます。これで、コンテナ内の/appがオーバーライドされ、しかもコンテナ内で書き込みもできるようになっています（必要なら、ボリュームはリードオンリーでマウントすることもできます）。-vへの引数は絶対パスでなければならないので、ここでは$(pwd)を使ってカレントディレクトリのパスを補っています。こうすれば、タイピングを節約でき、作業手順もポータブルになります。

バインドマウント

docker runに-v HOST_DIR:CONTAINER_DIRという引数を渡し、ボリュームにホストのディレクトリを指定することを、一般的には「バインドマウント」と呼びます。これは、ホスト上のフォルダ（あるいはファイル）を、コンテナ内のフォルダ（あるいはファイル）にバインドするためです。正確には、すべてのボリュームはバインドマウントなので、これには少々混乱させられるかも知れませんが、ホスト上のフォルダが明示的に指定されていない場合には、そのフォルダを探すのには多少の作業が必要になります。

† 訳注：Docker for MacやWindowsでは、この制約はなくなっており、localhostでコンテナにアクセスできます。詳しくは**付録A**をご覧ください。

注意しなければならないのは、HOST_DIRは常にDockerエンジンが実行されているマシンを参照することです。リモートのDockerデーモンに接続しているのであれば、指定するパスはそのリモートマシン上に存在しなければなりません。Docker Machineによってプロビジョニングされたローカルの VMを使っているのであれば（DockerをToolboxでインストールした場合にはそうなっています）、開発が容易になるように、ホームディレクトリをクロスマウントしてくれています。

今回も動作していることを確認しておきましょう。

```
$ curl localhost:5000
Hello World!
```

イメージ内にCOPYコマンドを使って追加されたのと同じディレクトリをマウントしただけとはいえ、今回使われているのはホストとコンテナでまったく同じディレクトリであり、イメージからコピーされたものではありません。そのため、identidock.pyを編集すれば、すぐに変更分を確認できます。

```
$ sed -i '' s/World/Docker/ app/identidock.py
$ curl localhost:5000
Hello Docker!
```

ここでは、ユーティリティのsedを使って、identidock.pyをその場で手早く書き換えました。sedが手元にない場合、あるいはsedに慣れていないなら、通常のテキストエディタを使って"World"を"Docker"に書き換えてもらってもかまいません。

これで、Pythonのコンパイラやライブラリといったすべての依存対象を除けば、ごく普通の開発環境がDockerコンテナの中にカプセル化できたことになります。とはいえ、まだ重要な問題があります。このコンテナは、実働環境では使えないのです。その主な理由は、動作しているのが開発用途だけを意図したデフォルトのFlask Webサーバーだからで、これでは実働環境で使うには、効率も悪く、セキュアでもありません。Dockerを採用する際の重要なポイントは、開発環境と実働環境の差異を減らすことなので、ここからはそのためにできることを見ていきましょう。

なんだって？ virtualenvがない？

読者が経験を積んだPythonの開発者なら、私たちがアプリケーションを開発するのにvirtualenv（https://virtualenv.pypa.io/en/latest/）を使っていないことに驚くかもしれません。virtualenvは、Pythonの環境を分離するのにきわめて便利なツールで、開発者はアプリケーションごとにPythonのバージョンや、支援ライブラリを分けておくことができます。通常の場合、Pythonの開発にvirtualenvは欠かせないものであり、広く使われています。

ただしコンテナを使う場合には、すでに隔離された環境が提供されていることから、virtualenvはそれほど有効ではありません。virtualenvを使っているなら、コンテナ内でもvirtualenvを使うことはもちろん可能ですが、コンテナにインストールされているアプリケーションやライブラリでクラッシュが生じたりしない限りは、それほどのメリットは感じられないことでしょう。

uWSGI（https://uwsgi-docs.readthedocs.org/en/latest/）は、実働環境での利用に耐えうるアプリケーションサーバーで、nginxのようなWebサーバーの背後に置くこともできます。デフォルトのFlask Webサーバーの代わりにuWSGIを使えば、さまざまな設定で使える柔軟なコンテナが作れます。先ほどのコンテナでuWSGIを使うようにするには、Dockerfileを2行変更するだけで済みます。

```
FROM python:3.4

RUN pip install Flask==0.10.1 uWSGI==2.0.8 ❶
WORKDIR /app
COPY app /app

CMD ["uwsgi", "--http", "0.0.0.0:9090", "--wsgi-file", "/app/identidock.py", \
     "--callable", "app", "--stats", "0.0.0.0:9191"] ❷
```

❶ インストールするPythonのパッケージのリストにuWSGIを追加します。

❷ uWSGIを実行する新たなコマンドを作成します。ここではuWSGIに対し、9090番ポートで待ち受けるhttpサーバーを起動し、/app/identidock.pyからappというアプリケーションを実行するように指示しています。また、9191番ポートでstatsサーバーも起動しています。CMD命令の内容は、docker runコマンドで上書きすることもできます。

ビルドして、違いを見てみましょう。

```
$ docker build -t identidock .
...
Successfully built 3133f91af597
$ docker run -d -p 9090:9090 -p 9191:9191 identidock
00d6fa65092cbd91a97b512334d8d4be624bf730fcb482d6e8aecc83b272f130
$ curl localhost:9090
Hello Docker!
```

このコンテナのIDを渡してdocker logsを実行してみれば、uWSGIのログを見ることができ、本当にuWSGIサーバーが使われていることが確認できます。また、uWSGIに多少の統計を公開するように指示したので、それをhttp://localhost:9191で見ることができます。通常の場合にデフォルトのWebサーバーを起動するPythonのコードは、直接コマンドラインから呼ばれていないため、実行されていません。

今のところサーバーは正しく動作していますが、面倒を見なければならないことはまだあります。uWSGIのログを調べてみれば、当然ながらこのサーバーがrootとして実行されていることが報告されています。これは、実行するユーザーをDockerfileで指定するだけで簡単に修正できる、つまらないセキュリティリークです。同時に、コンテナが待ち受けるポートも明示的に宣言しておきましょう。

```
FROM python:3.4

RUN groupadd -r uwsgi && useradd -r -g uwsgi uwsgi ❶
RUN pip install Flask==0.10.1 uWSGI==2.0.8
WORKDIR /app
COPY app /app

EXPOSE 9090 9191 ❷
USER uwsgi ❸

CMD ["uwsgi", "--http", "0.0.0.0:9090", "--wsgi-file", "/app/identidock.py", \
     "--callable", "app", "--stats", "0.0.0.0:9191"]
```

追加された行を説明しておきましょう。

❶ 通常のUnixのやり方で、uwsgiというユーザーとグループを作成します。

❷ EXPOSE命令を使って、ホストや他のコンテナからアクセスできるポートを宣言します。

❸ 以降のすべての行（CMD及びENTRYPOINTを含みます）の実行ユーザーをuwsgiに設定します。

コンテナ内のユーザー及びグループ

LInuxのカーネルは、ユーザーを識別し、そのアクセス権限を決定する上で、UIDとGIDを使います。UIDとGIDから識別子へのマッピングは、OSによってユーザー空間で処理されます。そのため、コンテナ内のUIDはホスト上のUIDと同じですが、コンテナ内で作成されたユーザーやグループは、ホストにまでは反映されません。このことによる副作用の1つはアクセス権が混乱することで、コンテナの内外でファイルが別のユーザーに所有されているように見えることがあります。例えば、以下のファイルでの所有者の変更の様子を見てみてください。

```
$ ls -l test-file-rw-r--r-- 1 docker staff 0 Dec 28 18:26 test-file
$ docker run -it -v $(pwd)/test-file:/test-file
debian bash
root@e877f924ea27:/# ls -l test-file
-rw-r--r-- 1 1000 staff 0 Dec 28 18:26 test-file
root@e877f924ea27:/# useradd -r test-user
root@e877f924ea27:/# chown test-user test-file
root@e877f924ea27:/# ls -l /test-file
-rw-r--r-- 1 test-user staff 0 Dec 28 18:26 /test-file
root@e877f924ea27:/# exit
exit
```

```
docker@boot2docker:~$ ls -l test-file
-rw-r--r--    1 999      staff 0 Dec 28 18:26 test-file
```

このイメージを通常通りにビルドし、新しいユーザーの設定をテストしてみましょう。

```
$ docker build -t identidock .
...
$ docker run identidock whoami
uwsgi
```

Webサーバーを呼び出しているデフォルトのCMD命令を、whoamiコマンドでオーバーライドしていることに注意してください。このコマンドが、コンテナ内で処理を行っているユーザーの名前を返してくれます。

ユーザーは常に設定しましょう

Dockerfileでは、必ずUSER文を設定しておくことが重要です（あるいはENTRYPOINTもしくはCMDスクリプト中でユーザーを変更しましょう）。そうしないと、プロセスがコンテナ内でrootとして実行されてしまいます。UIDはコンテナとホストで共通なので、攻撃者がそういったコンテナを攻略できてしまえば、その攻撃者はホストマシンへのルートアクセスも手に入れることになるでしょう。Docker1.10では、DockerデーモンがUser Namespaceをサポートし、コンテナ内のrootユーザーを、コンテナ外の非rootユーザーにマッピングできるようになりましたが、この機能はデフォルトでは有効になっていません。

素晴らしいことに、コンテナ内のコマンドはもうrootとして実行されなくなっています。コンテナをもう一度、少し違う引数群を渡して起動してみてください。

```
$ docker run -d -P --name port-test identidock
```

今回は、バインドするホスト上の特定のポートを指定していません。その代わりに、コンテナの「公開」された各ポートに対し、Dockerが自動的にホスト上の大きな番号のポートをランダムにマップしてくれる-Pを引数として使っています。サービスにアクセスしてみる前に、それらのポートがどうなったかをDockerに確認してみましょう。

```
$ docker port port-test
9090/tcp -> 0.0.0.0:32769
9191/tcp -> 0.0.0.0:32768
```

これで、Dockerが9090番ポートをホストの32769番ポートに、9091番ポートをホストの32768番ポートにバインドしたことがわかったので、サービスにアクセスしてみることができます（読者のお手元のポート番号は、おそらく異なっているのでご注意ください）。

```
$ curl localhost:32769
Hello Docker!
```

一見すると、無意味な手間が増えただけのように見えるかも知れません。実際、この場合はその通りではありますが、1台のホスト上で複数のコンテナを実行するようになると、使われていないポートを自分で管理するよりも、空いているポートにDockerに自動的にマッピングしてもらう方がはるかに楽になるのです。

これで、実働環境の場合にとても近い状態でWebサーバーを動作させることができています。例えばプロセスやスレッドに関するuWSGIのオプションのように、実働環境では手を入れたいことはまだまだたくさんありますが、デバッグ用途のデフォルトのPythonのWebサーバーに比べれば、ギャップは大きく縮まっています。

それでは、新しい問題に取り組みましょう。デフォルトのPythonのWebサーバーでは利用できた、デバッグ出力やライブコードリローディングといった、開発用のツールが使えなくなってしまっています。開発環境と実働環境の差を劇的に縮めることができたとはいえ、それぞれの環境に要求されていることには基本的な差異があるので、多少の違いは必ず必要になります。同じイメージを開発環境と実働環境に使いつつも、状況に応じてやや異なる機能を利用できるようになれば理想的です。これは、環境変数とシンプルなスクリプトを使い、適宜機能を切り替えることで実現できます。

Dockerfileと同じディレクトリに、以下の内容で`cmd.sh`というファイルを作成してください。

```
#!/bin/bash
set -e

if [ "$ENV" = 'DEV' ]; then
  echo "Running Development Server"
  exec python "identidock.py"
else
  echo "Running Production Server"
  exec uwsgi --http 0.0.0.0:9090 --wsgi-file /app/identidock.py \
             --callable app --stats 0.0.0.0:9191
fi
```

このスクリプトがやろうとしていることは、すぐにわかるでしょう。変数`ENV`が`DEV`に設定されていれば、デバッグ用のWebサーバーが実行されます。そうでない場合には、実働環境用のサーバーが使われます[†]。ここでは`exec`コマンドを使い、新しいプロセスが生成されないようにしています。こうすることで、シグナル（例えば`SIGTERM`など）が送られた場合、それが親のプロセスに飲み込まれてしまうのではなく、uwsgiのプロセスに渡されるようにしています。

† この時点では、ポート番号などの変数が、複数のファイルに重複して登場してしまっています。これは、引数や環境変数を使うことで修正できます。

設定ファイルとヘルパースクリプトの利用
物事をシンプルにしておくために、ここではすべてをDockerfileにまとめてしまっています。とはいえ、アプリケーションが大きくなってくれば、可能な場合は外部のファイルやスクリプトへの移行を進めるのが理にかなっています。特に、pipの依存関係は`requirements.txt`ファイルに移すべきであり、uWSGIの設定は`.ini`ファイルに移すことができます。

次に、このスクリプトを使うよう、Dockerfileを更新します。

```
FROM python:3.4

RUN groupadd -r uwsgi && useradd -r -g uwsgi uwsgi
RUN pip install Flask==0.10.1 uWSGI==2.0.8
WORKDIR /app
COPY app /app
COPY cmd.sh / ❶

EXPOSE 9090 9191
USER uwsgi

CMD ["/cmd.sh"] ❷
```

❶ スクリプトをコンテナに追加します。

❷ そのスクリプトをCMD命令から呼び出します。

新しいバージョンを試す前に、実行した古いコンテナ群を停止させましょう。以下のようにすれば、すべてのコンテナを停止させ、ホストから削除できます。**取っておきたいコンテナがあるなら、これを実行してはいけません。**

```
$ docker stop $(docker ps -q)
c4b3d240f187
9be42abaf902
78af7d12d3bb

$ docker rm $(docker ps -aq)
1198f8486390
c4b3d240f187
9be42abaf902
78af7d12d3bb
```

これで、スクリプトを使うイメージを再構築してテストできます。

```
$ chmod +x cmd.sh
$ docker build -t identidock .
```

```
...
$ docker run -e "ENV=DEV" -p 5000:5000 identidock
Running Development Server
 * Running on http://0.0.0.0:5000/ (Press CTRL+C to quit)
 * Restarting with stat
```

うまくいっています。これで、-e "ENV=DEV" を渡して実行した場合には開発用サーバーが使われ、そうではない場合は実稼働用のサーバーが動作します。

開発用のサーバーについて

特に複数のコンテナをリンクする場合、デフォルトのPythonのサーバーが要求にマッチしないことに気づくかも知れません。その場合は、開発時にもuWSGIを動作させせることができます。環境を切り替えて、ライブコードリローディングのような、実働環境では使われないuWSGIの機能を有効にできるようにしたいこともあるでしょう。

5.2 Composeを使った自動化

作業をシンプルにするために、もう少し自動化を進める方法があります。Docker Compose（**https://docs.docker.com/compose/**）は、Dockerの開発環境を素早く立ち上げられるようにするために設計されています。基本的には、Docker Composeはコンテナ群の設定をYAMLファイルを使って保存し、開発者が間違いやすい入力を繰り返し行うことや、独自のソリューションを使わずに済むようにしてくれます。本章のアプリケーションは非常に基本的なものなので、この時点ではそれほどありがたみがありませんが、状況が複雑になってくれば、すぐに真価を感じられるようになるでしょう。Composeを使えば、コンテナの起動、リンク、更新、停止といったオーケストレーションのために独自のスクリプトをメンテナンスする必要はなくなります。

DockerをDocker Toolboxでインストールしているなら、Composeも利用できるようになっているはずです。もしComposeが使えない場合は、DockerのWebサイトの指示に従ってください（**https://docs.docker.com/compose/install/**）。本章ではバージョン1.4.0のComposeを使っていますが、使用しているのは基本的な機能だけなので、1.2以降のバージョンなら問題はないでしょう。

以下の内容で、identidockディレクトリ中にdocker-compose.ymlというファイルを作成してください。

```
identidock: ❶
  build: .  ❷
  ports:    ❸
   - "5000:5000"
  environment: ❹
    ENV: DEV
  volumes: ❺
    - ./app:/app
```

❶ 先頭行は、ビルドするコンテナの名前を宣言しています。1つのYAMLファイルで、複数のコンテナ（Composeの用語では、しばしばサービスと呼ばれます）を定義することもできます。

❷ buildというキーは、Composeに対し、このコンテナのイメージを、カレントディレクトリ（.）中にあるDockerfileから構築するということを指示しています。すべてのコンテナの定義は、buildもしくはimageキーを含まなければなりません。imageキーは、docker runのイメージの指定の引数と同じく、コンテナに使うイメージのタグもしくはIDを取ります。

❸ portsキーは、docker runの引数の-pによく似ており、ポートを公開します。ここでは、コンテナの5000番ポートをホストの5000番ポートにマッピングしています。ポートはクオートなしで指定することができますが、YAMLのパーサーが56:56を60進数として解釈してしまうような混乱を避けるために、クオートを付けておく方良いでしょう。

❹ environmentキーは、docker runの引数の-eによく似ており、コンテナ内の環境変数を設定します。ここでは、Flaskの開発用Webサーバーを動作させるために、ENVをDEVに設定しています。

❺ volumesキーは、docker runの引数の-vによく似ており、ボリュームを設定します。ここでは以前と同じく、appディレクトリをコンテナにバインドマウントして、ホストからコードを変更できるようにしています。

ComposeのYAMLファイルには、もっと多くのキーを設定できますが、それらは通常、docker runの相当する引数に直接対応づけることができます。

これで、docker-compose upを実行すれば、以前のdocker runコマンドとほとんど同じ結果が得られます。

```
$ docker-compose up
Creating identidock_identidock_1...
Attaching to identidock_identidock_1
identidock_1 | Running Development Server
identidock_1 | * Running on http://0.0.0.0:5000/
identidock_1 | * Restarting with reloader
```

他のターミナルからテストしてみましょう。

```
$ curl localhost:5000
Hello Docker!
```

アプリケーションが実行できたら、ctrl-cとするだけでコンテナを停止できます。

uWSGiサーバーに切り替えるには、YAML中のenvironmentとportsキーを変更しなければなりません。それには、既存のdocker-compose.ymlを編集するか、実働環境用のYAMLファイルを新しく作成し、docker-composeで-fフラグを使うか、環境変数のCOMPOSE_FILEを使って新しいYAMLファイルを指定します。

5.2.1 Composeのワークフロー

以下のコマンド群は、Composeで作業をする際によく使われるものです。ほとんどは見ればわかる通りで、直接対応するDockerのコマンドがあるので、それらを知っておくと良いでしょう。

up

Composeのファイルで定義されたすべてのコンテナを起動し、出力されるログを集約します。通常は、引数の-dを使い、Composeをバックグラウンドで動作させることになるでしょう。

build

Dockerfiles群から生成されるイメージを再構築します。upコマンドは、イメージが存在しない場合を除けばイメージの構築は行わないので、イメージを更新する必要がある場合には、このコマンドを使ってください。

ps

Composeが管理しているコンテナの状態に関する情報を提供します。

run

単発のコマンドを実行するためにコンテナを起動します。引数として--no-depsが指定されていない限り、リンクされたコンテナも起動します。

logs

Composeが管理しているコンテナのログを、カラー付きで集約して出力します。

stop

コンテナを停止します。コンテナの削除は行いません。

rm

停止しているコンテナを削除します。Dockerが管理しているボリュームを削除するには、-vを引数として指定しなければならないことに注意してください。

通常のワークフローは、docker-compose up -dを呼び、アプリケーションを起動することから始まります。docker compose logsとpsコマンドは、アプリケーションの状態の確認と、デバッグの支援に使われます。

コードを変更したら、docker-compose buildに続いてdocker-compose up -dを呼びます。これで、新しいイメージが構築され、動作中のコンテナが置き換えられます。注意が必要なのは、Composeは元々のコンテナのボリュームは保持したままにするので、コンテナが置き換えられてもデータベースやキャッシュは保持され続けるということです（これは混乱しがちなことなので、注意してください）。新しいイメージは必要ないものの、ComposeのYAMLは修正した場合、up -dを呼べば、コンテナが新しい設定のコンテナで置き換えられます。すべてのコンテナを強制的に停止して再生成したい場合には、--force-recreateフラグを使ってください。

アプリケーションでの作業を終えたら、docker-compose stopを呼べば、アプリケーションは停止します。コードを変更していないなら、docker-compose startあるいはupを呼べば、同じコンテナが再起動されます。コンテナ群を完全に削除したい場合は、docker-compose rmを呼んでください。

すべてのコマンドの完全な概要を知りたい場合は、Dockerのリファレンスページ（**https://docs.docker.com/compose/reference/**）を参照してください。

5.3 まとめ

これで、作業環境ができあがり、アプリケーションの開発を始められる段階にまで来ました。本章で見てきたことは、以下の通りです。

- 公式のイメージを活用して、ホストにツールを一切インストールすることなく、ポータブルで再生成可能な開発環境を素早く構築する方法。
- ボリュームを使って、コンテナ内で動作しているコードを動的に変更する方法。
- 実働環境と開発環境を、1つのコンテナでまかなう方法。
- Composeを使って開発のワークフローを自動化する方法。

Dockerは、馴染んだ開発環境を必要なすべてのツールとあわせて用意してくれると同時に、実働環境を反映した環境下で、テストをすぐに行えるようにもしてくれます。

やらなければならないことは、特にテストや継続的インテグレーション／デリバリに関してまだまだたくさんありますが、それらについてはこの後の数章で、開発を進めて行くに従って見ていきましょう。

6章
シンプルなWebアプリケーションの作成

本章では、これまでに作成した"Hello World!"のプログラムを、テキストを入力したユーザーに固有のイメージを生成する、シンプルなWebアプリケーションにします。こういったイメージは、**identicon**と呼ばれることがあり、ユーザー名やIPアドレスから生成された固有のイメージで、ユーザーを識別できるようにするために使うことができます。本章の終わりには、実際に動作する基本的なアプリケーションができあがります。このアプリケーションは、今後の数章で拡張して楽しんでいきましょう。このアプリケーションを作成することで、Dockerコンテナを合成して完全に動作するシステムを構築する方法を知ると共に、これが自然にマイクロサービスのアプローチにつながっていくことを見ていきましょう。

identicon

identiconは、ある値から自動的に生成される画像で、通常はIPアドレスのハッシュか、ユーザー名が値として使われます。identiconは、オブジェクトを画像として表現してくれるので、識別が容易になります。identiconのユースケースには、Webサイトのユーザーに対し、ユーザー名やIPアドレスのハッシュを取ることで識別用の画像を提供することや、Webサイトで自動的にfaviconを提供することがあります。

identiconを最初に開発したのはDon Parkで、2007年のはじめのことでした。彼が、自分のblogにコメントするユーザーを区別するために書いたコードは、今でも彼のGitHubのプロジェクトページ（https://github.com/donpark/identicon）から入手できます。

それ以来、さまざまなグラフィックの形式で、いくつのもの実装が成されてきました。identiconの大規模な作成者は、Stack OverflowとGitHub（**図6-1**の左）です。この両者は、いずれも自分の画像を設定していないユーザーのためにidenticonを使っています。Stack Overflowは、Gravatarサービスが生成したidenticonを使っています（**図6-1**の右）[†]。GitHubは、独自にidenticonを生成しています。

† そしてGravatarは、さまざまなidenticonの中からWP_Identicionプロジェクト（http://scott.sherrillmix.com/blog/blogger/wp_identicon/）を利用しています。

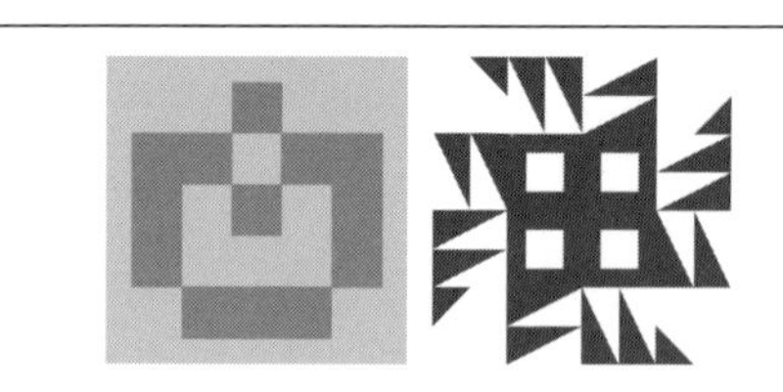

図6-1 左は典型的なGitHubのidenticon。右は典型的なGravatarのidenticion

前章を辿ってきているなら、プロジェクトの構造は以下のようになっているはずです。

```
identidock/
├── Dockerfile
├── app
│   └── identidock.py
├── cmd.sh
└── docker-compose.yml
```

辿ってきていなくても心配は要りません。ここまでのコードは、本書のGitHubのページ（https://github.com/using-docker/creating-a-simple-web-app）から入手できます。例をご覧ください。

```
$ git clone -b v0 https://github.com/using-docker/creating-a-simple-web-app/
...
```

あるいは、GitHubのプロジェクトのリリースのページにアクセスして、ファイルをダウンロードすることもできます。

v0というタグが、前章の終了時点でのコードです。それ以降のタグは、本章で作業をしていく中での更新分に対するものです。

バージョン管理

本書は、リポジトリのプッシュとクローンについて、Gitの知識があることを前提としています。この後の章では、GitHub及びBitBucketとのDocker Hubの組み合わせについても見ていきます。Gitのことをよく知らないのであれば、https://try.github.io に無料のチュートリアルがあります。

6.1 基本的なWebページの作成

さあ、最初のステップとして、アプリケーションのための非常に基本的なWebページを作成しましょう。シンプルに済ませるために、単純に文字列としてHTMLを返すことにします†。以下の

† もっと優れたソリューションは、Jinja2のようなテンプレートエンジンを使うことでしょう。Jinja2は、Flaskにバンドルされています。

内容で、identidock.pyを置き換えてください。

```
from flask import Flask

app = Flask(__name__)
default_name = 'Joe Bloggs'


@app.route('/')
def get_identicon():

    name = default_name

    header = '<html><head><title>Identidock</title></head><body>'
    body = '''<form method="POST">
              Hello <input type="text" name="name" value="{}">
              <input type="submit" value="submit">
              </form>
              <p>You look like a:
              <img src="/monster/monster.png"/>
              '''.format(name)
    footer = '</body></html>'

    return header + body + footer

if __name__ == '__main__':
    app.run(debug=True, host='0.0.0.0')
```

ここでやっていることは、実際には"Hello World!"のプログラムとそれほど差はありません。返すテキストを、ユーザーに名前を入力してもらうためのフォームを含む小さなHTMLページにしているだけです。format関数は、"{}"という部分文字列を、nameという変数の値で置き換えます。今のところ、この変数の値は"Joe Bloggs"とハードコードされています。

docker-compose up -dを実行して、ブラウザで**http://localhost:5000**にアクセスし、**図6-2**のようなページが表示されることを確認してください。

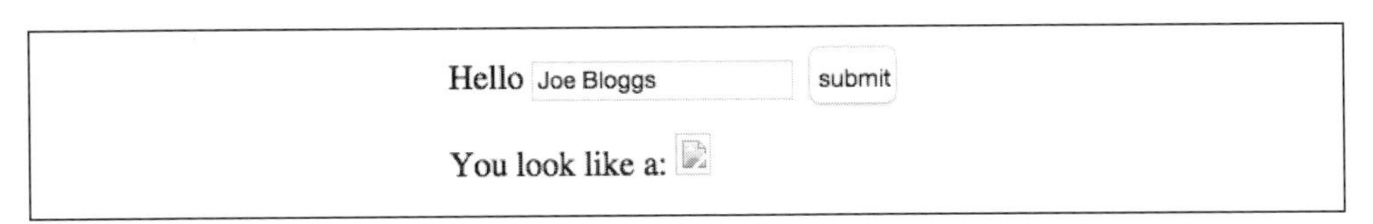

図6-2 identidockの初めての画面

画像が壊れているように見えるのは予想通りで、まだイメージ生成のためのコードを追加していないためにこうなっています。同様に、submitボタンも動作しません。

開発のこの時点で、自動化テストと、さらには継続的インテグレーション／デリバリまで導入しておくというのは、良い考えです。とはいえ、話の流れの都合上、もう少しアプリケーションの開発を進めておき、テストや継続的インテグレーションはこの先の章で導入していくことにします。

6.2 既存のイメージの利用

このプログラムに、実際に何事かをさせる時が来ました。必要なのは、文字列を受け取る、固有の画像を返す関数、もしくはサービスです。そして、それをユーザーがWebページで入力した名前を渡して呼び出し、今は壊れて表示されている画像のところを置き換えます。

ここでは、このために用意されている既存のDockerのイメージである**dnmonster**を使います。dnmonsterは、（おおまかに言えば）RESTfulなAPIを公開してくれているので、それを使います。dnmonsterを他のidenticonサービスに置き換えることも簡単です。特に、そのサービスがRESTfulなAPIを公開しており、コンテナとしてパッケージ化されていれば、さらに簡単でしょう。

既存のコードからdnmonsterを呼ぶには、いくつか変更を加えなければなりません。主な変更は、新しく`get_identicon`という関数を追加することです。

```
from flask import Flask, Response ❶
import requests ❷

app = Flask(__name__)
default_name = 'Joe Bloggs'

@app.route('/')
def mainpage():

    name = default_name

    header = '<html><head><title>Identidock</title></head><body>'
    body = '''<form method="POST">
              Hello <input type="text" name="name" value="{}">
              <input type="submit" value="submit">
              </form>
              <p>You look like a:
              <img src="/monster/monster.png"/>
              '''.format(name)
    footer = '</body></html>'

    return header + body + footer


@app.route('/monster/<name>')
def get_identicon(name):
```

```
    r = requests.get('http://dnmonster:8080/monster/' + name + '?size=80') ❸
    image = r.content

    return Response(image, mimetype='image/png') ❹

if __name__ == '__main__':
    app.run(debug=True, host='0.0.0.0')
```

❶ Responseモジュールを Flaskからインポートします。このモジュールは、画像を返すために使います。

❷ requestsライブラリ（**http://docs.python-requests.org/en/latest/**）をインポートします。このライブラリは、dnmonsterサービスとのやりとりに使います。

❸ dnmonsterサービスに対し、HTTPのGETリクエストを発行します。変数nameの値に対するidenticonを、幅80ピクセルで要求します。

❹ return文がやや複雑になっているのは、HTMLやテキストではなく、PNGの画像をFlaskに返させるために、Response関数を使わなければならないためです。

次に、Dockerfileを少し修正して、新しいコードが適切なライブラリを使えるようにします。

```
FROM python:3.4

RUN groupadd -r uwsgi && useradd -r -g uwsgi uwsgi

RUN pip install Flask==0.10.1 uWSGI==2.0.8 requests==2.5.1 ❶
WORKDIR /app
COPY app /app
COPY cmd.sh /

EXPOSE 9090 9191
USER uwsgi

CMD ["/cmd.sh"]
```

❶ 先ほどのPythonのコードで使われていたrequestライブラリを追加しました。

これで、dnmonsterコンテナを起動して、自分たちで作成したアプリケーションコンテナにリンクする準備が整いました。水面下で起きていることをはっきりさせるために、まずは普通のDockerのコマンドでこの作業を行ってみて、その後でComposeに移行しましょう。dnmonsterのイメージを使うのはこれが初めてなので、dnmonsterのイメージはDocker Hubからダウンロードされます。

```
$ docker build -t identidock .
...
$ docker run -d --name dnmonster amouat/dnmonster:1.0
Unable to find image 'amouat/dnmonster:1.0' locally
1.0: Pulling from amouat/dnmonster
...
Status: Downloaded newer image for amouat/dnmonster:1.0
e695026b14f7d0c48f9f4b110c7c06ab747188c33fc80ad407b3ead6902feb2d
```

続いて、これまでの章とほぼ同じやり方でアプリケーションコンテナを起動します。ただし、コンテナをリンクするために、引数として `--link dnmonster:dnmonster` を追加します。これが、Pythonのコードから **http://dnmonster:8080** にアクセスできるようにするための魔法です。

```
$ docker run -d -p 5000:5000 -e "ENV=DEV" --link dnmonster:dnmonster identidock
16ae698a9c705587f6316a6b53dd0268cfc3d263f2ce70eada024ddb56916e36
```

リンクについての詳しい情報については、「4.4 コンテナのリンク」を振り返ってみてください。

ブラウザを開いて **http://localhost:5000** にアクセスしなおしてみれば、**図6-3** のように表示されるはずです。

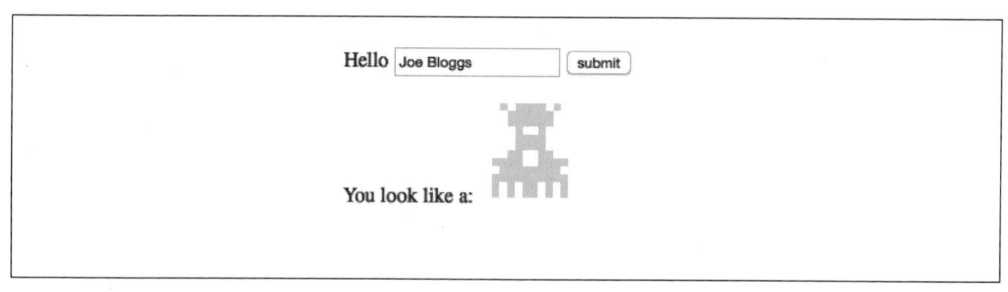

図6-3 初めてのidenticon!

大したことがないように見えるかも知れませんが、初めてのidenticonが生成できました。submitボタンはまだ動作しないので、実際にはユーザーの入力は使われていませんが、それはすぐに修正します。まずは、再びComposeを動かして、先ほどの一連の `docker run` のコマンド群を覚えておかなくてもいいようにしましょう。`docker-compose.yml` を更新してください。

```
identidock:
  build: .
  ports:
   - "5000:5000"
  environment:
    ENV: DEV
  volumes:
```

```
    - ./app:/app
  links: ❶
   - dnmonster

dnmonster: ❷
  image: amouat/dnmonster:1.0
```

❶ identidockのコンテナからdnmonsterコンテナへのリンクを宣言します。Composeは、リンクのための正しい順序でコンテナ群が起動するよう、面倒をみてくれます。

❷ 新しいdnmonsterコンテナを定義します。必要なのは、Composeに対してDocker Hubのamouat/dnmonster:1.0というイメージを使うように指示することだけです。

ここで、先ほど起動したコンテナ群を停止させ、削除しておいてから†、docker-compose up -dを実行します。これで、アプリケーションが再度実行され、コンテナを再起動しなくてもコードが更新できるようになっているはずです。

ボタンを使えるようにするには、サーバーへのPOSTリクエストを処理して、変数form（この中にはusernameがあります）を使って画像を生成しなければなりません。また、少し賢い処理をして、ユーザーからの入力のハッシュを取ります。こうすることで、メールアドレスのようなセンシティブな情報を匿名化するとともに、入力をURLに適した形式にします（空白などの文字をエスケープする必要がなくなります）。このアプリケーションで扱うのは名前だけなので、ハッシュ化は重要ではありませんが、他のシナリオでこのサービスを扱う方法がわかることに加え、センシティブな情報をうっかりユーザーが入力してしまった場合の対策にもなります。

以下のように、identicon.pyを更新してください。

```
from flask import Flask, Response, request
import requests
import hashlib   ❶

app = Flask(__name__)
salt = "UNIQUE_SALT"  ❷
default_name = 'Joe Bloggs'


@app.route('/', methods=['GET', 'POST'])  ❸
def mainpage():

    name = default_name
    if request.method == 'POST':  ❹
        name = request.form['name']
```

† docker rm $(docker stop ps -q)とすれば、動作中のコンテナを削除できます。

```
    salted_name = salt + name
    name_hash = hashlib.sha256(salted_name.encode()).hexdigest() ❺

    header = '<html><head><title>Identidock</title></head><body>'
    body = '''<form method="POST">
              Hello <input type="text" name="name" value="{0}">
              <input type="submit" value="submit">
              </form>
              <p>You look like a:
              <img src="/monster/{1}"/>
              '''.format(name, name_hash) ❻
    footer = '</body></html>'

    return header + body + footer


@app.route('/monster/<name>')
def get_identicon(name):

    r = requests.get('http://dnmonster:8080/monster/' + name + '?size=80')
    image = r.content

    return Response(image, mimetype='image/png')

if __name__ == '__main__':
    app.run(debug=True, host='0.0.0.0')
```

❶ ユーザーからの入力をハッシュ化するために使用するライブラリをインポートします。これは標準ライブラリなので、インストールのためにDockerfileを更新する必要はありません。

❷ ハッシュ関数で使用するsaltの値を定義します。この値を変えることで、同じ入力に対するidenticonをサイトごとに変えることができます。

❸ デフォルトでは、Flaskのroutesがレスポンスを返すのはHTTPのGETに対してのみです。このアプリケーションのフォームはHTTPのPOSTリクエストを送信するので、routeの宣言に名前付き引数のmethodsを加え、routeがPOSTとGETの両方を扱うよう、明示しなければなりません。

❹ request.methodが"POST"だったなら、受け取ったリクエストはsubmitボタンのクリックによるものです。そうであれば、変数nameをユーザーが入力したテキストの値に更新します。

❺ SHA256アルゴリズムを使って、入力に対するハッシュを求めます。

❻ 画像のURLを、ハッシュ化された値を取るように修正します。こうすることで、画像をロードしようとする際に、ブラウザがハッシュ化された値を使ってget_identiconのrouteを呼ぶ

ようになります。

このファイルの新バージョンを保存すると、デバッグ用のPythonのWebサーバーがその変更分に気づき、自動的に再起動します。これで、完全に動作するバージョンのWebアプリケーションを見て、自分のidenticonを知ることができます（**図6-4**）。

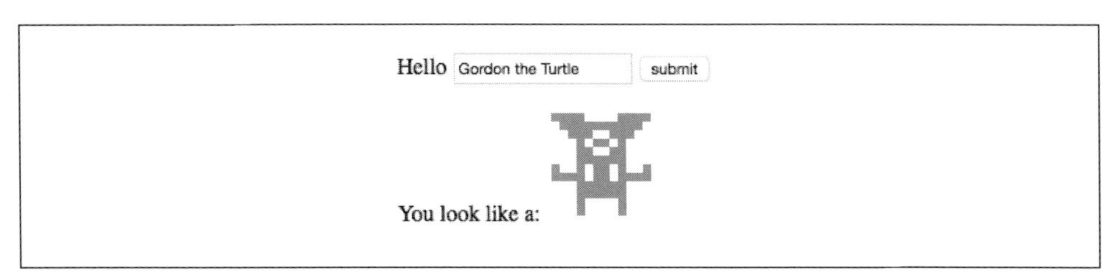

図6-4 Gordon the Turtleのidenticonです！

dnmonster

dnmonsterのイメージは、Dockderコンテナでラップされた Node.jsのアプリケーションです。このアプリケーションは、ブラウザ内で動作するJavaScriptであるKevin Guadinのmonsterid.js（https://github.com/KevinGaudin/monsterid.js）をNode.jsに移植したものです。monsterid.jsそのものは、Andreas GohrのMonsterID（http://www.splitbrain.org/projects/monsterid）を元にしています。MonsterIDは、RetroAvatar（http://retroavatar.appspot.com）の8bitコンピューティングスタイルで、怪物を生成します。dnmonsterは、GitHubにあります（https://github.com/amouat/dnmonster）。

monsterid.jsとは異なり、dnmonsterは入力のハッシュ化は行わず、呼び出し側に任せています（**図6-5**）。

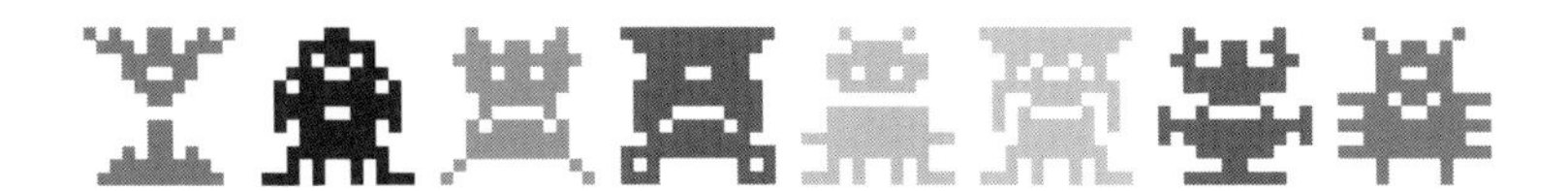

図6-5 怪物達！

6.3 キャッシュの追加

ここまではうまくいっています。しかし、このアプリケーションには現時点でひどい点が1つあります（怪物のことは除きます）。すなわち、怪物がリクエストされるたびに、演算処理の負荷がかかるdnmonsterサービスへの呼び出しを行ってしまうのです。identiconは、同じ入力に対して同じ画像が返されることがポイントなので、結果をキャッシュしてしまえば、毎回dnmonster

サービスを呼ぶ必要はありません。

キャッシュには、Redisを使うことにしましょう。Redisはインメモリのキーバリューストアです。今回の処理については、大量の情報があるわけでもなく、耐久性について心配する必要もない（エントリが失われたり削除されたとしても、画像を再生成すればいいだけです）ので、Redisがぴったりです。Redisサーバーをidentidockのコンテナに追加することもできますが、新しいコンテナを追加する方が容易であり、定型的な方法でもあります。こうすれば、Docker Hubから利用できるようになっている公式のRedisのイメージを活用でき、コンテナ内で複数のプロセスを走らせるために余計な労力をかける必要もありません。

コンテナ内での複数プロセスの実行

多くのコンテナでは、実行するプロセスは1つだけです。複数のプロセスが必要な場合は、本章のサンプルでやっているように、複数のコンテナを実行して、それらをリンクする方法が最善です。

とはいえ、場合によっては1つのコンテナ内で複数のプロセスを実行せざるをえないこともあります。そういった場合には、supervisord（http://supervisord.org）やrunit（http://smarden.org/runit/）といったプロセスマネージャを使い、プロセスの起動やモニタリングを行うのが良いでしょう。プロセスを起動するためのシンプルなスクリプトを書くこともできますが、その場合はプロセスのクリーンアップや、シグナルの送信を自分でやらなければなりません。

コンテナ内でのsupervisordの利用に関する情報は、Dockerの公式サイトのページ（https://docs.docker.com/engine/admin/using_supervisord/）を参照してください。

まず、キャッシュを使うようにPythonのコードを更新します。

```
from flask import Flask, Response, request
import requests
import hashlib
import redis ❶

app = Flask(__name__)
cache = redis.StrictRedis(host='redis', port=6379, db=0) ❷
salt = "UNIQUE_SALT"
default_name = 'Joe Bloggs'

@app.route('/', methods=['GET', 'POST'])
def mainpage():

    name = default_name
    if request.method == 'POST':
        name = request.form['name']
```

```
    salted_name = salt + name
    name_hash = hashlib.sha256(salted_name.encode()).hexdigest()
    header = '<html><head><title>Identidock</title></head><body>'
    body = '''<form method="POST">
              Hello <input type="text" name="name" value="{0}">
              <input type="submit" value="submit">
              </form>
              <p>You look like a:
              <img src="/monster/{1}"/>
              '''.format(name, name_hash)
    footer = '</body></html>'

    return header + body + footer


@app.route('/monster/<name>')
def get_identicon(name):

    image = cache.get(name) ❸
    if image is None: ❹
        print ("Cache miss", flush=True) ❺
        r = requests.get('http://dnmonster:8080/monster/' + name + '?size=80')
        image = r.content
        cache.set(name, image) ❻

    return Response(image, mimetype='image/png')

if __name__ == '__main__':
    app.run(debug=True, host='0.0.0.0')
```

❶ Redisのモジュールをインポートします。

❷ Redisのキャッシュをセットアップします。Dockerのリンクを使って、redisというホスト名が解決できるようにします。

❸ 名前がキャッシュ内にあるかを調べます。

❹ キャッシュミスの場合、RedisはNoneを返します。その場合でも、通常通りidenticonは返されることになりますが——

❺ キャッシュされたバージョンが見つからなかったことを示すデバッグ情報が出力されると共に——

❻ 返されるイメージはキャッシュに追加され、渡された名前と関連づけられます。

新しいモジュールと新しいコンテナを使うので、残念ながらDockerfileとdocker-compose.yml

の両方を更新しなければなりません。まず、Dockerfileです。

```
FROM python:3.4

RUN groupadd -r uwsgi && useradd -r -g uwsgi uwsgi
RUN pip install Flask==0.10.1 uWSGI==2.0.8 requests==2.5.1 redis==2.10.3 ❶
WORKDIR /app
COPY app /app
COPY cmd.sh /

EXPOSE 9090 9191
USER uwsgi

CMD ["/cmd.sh"]
```

❶ Python用のRedisのクライアントライブラリをインストールしなければなりません。

そして、docker-compose.ymlを更新します。

```
identidock:
  build: .
  ports:
   - "5000:5000"
  environment:
    ENV: DEV
  volumes:
    - ./app:/app
  links:
    - dnmonster
    - redis ❶

dnmonster:
  image: amouat/dnmonster:1.0

redis:
  image: redis:3.0 ❷
```

❶ Redisコンテナへのリンクをセットアップします。

❷ 公式イメージからRedisコンテナを生成します。

これで、まずidentidockをdocker-compose stopで止めておけば、docker-compose buildに続いてdocker-compose upとすることで、新しいバージョンを起動できます。機能は変更していないので、アプリケーションのバージョンが新しくなっても、違いに気づくことはないでしょう。新しいコードが動作していることを確かめたい場合は、デバッグ出力を調べてみてください。あるいは、あり余る熱意があるなら、**10 章**で紹介する Prometheus のようなモニタリングソリューションを使って、このアプリケーションに負荷をかけてみるとどうなるかを確認してみてください。

6.4 マイクロサービス

本章では、**マイクロサービス**アーキテクチャに基づいて identidock を開発しました。マイクロサービスアーキテクチャでは、複数の、独立した小さなサービス群からシステムを構成します。このスタイルは、しばしば単一の大きなサービスだけをシステムが持つような、**モノリシック**アーキテクチャと対比されます。identidock は単なるおもちゃのようなアプリケーションですが、それでもマイクロサービスのスタイルのさまざまな特徴が際立っています。

仮に、モノリシックなアーキテクチャを使っていたなら、単一の言語で dnmonster、Redis、identidock に相当するものを書き、それらをすべて単一のコンテナ内の単一の構成要素として実行させなければならなかったでしょう。うまく設計されたモノリスであれば、これらの構成要素を個別のライブラリとして分離し、可能な場合には既存のライブラリを使うでしょう。

これに対し、本章で作成した identidock アプリケーションは、3 つのコンテナとして、JavaScript のサービスと、C で書かれたキーバリューストアと、それらに対して通信をする Python の Web アプリケーションを持っています。本書では後ほど、ごくわずかな作業だけで i さらにマイクロサービス群を、identidock に接続していく方法を見ていきます。**9 章**ではリバースプロキシを、**10 章**ではモニタリングとロギングのソリューションを接続します。

このアプローチには、いくつかのメリットがあります。マイクロサービスフレームワークは、複数のマシンにスケールアウトさせることが容易です。マイクロサービスは、効率の良い相当品への交換が素早く容易に行えます。また、予想外の問題があった場合でも、システムの他の部分を落とすことなくロールバックさせることができます。それぞれのマイクロサービスで別々の言語を使うことができるので、開発者は自分のタスクに適した言語を使うことができます。

一方でデメリットもあります。主なものとしては、構成要素が分散していることによるオーバーヘッドがあります。通信は、ライブラリの呼び出しよりもネットワークを経由して行われるようになります。すべての構成要素が起動して、適切にリンクされていることを保証するために、Compose のようなツールを使わなければなりません。オーケストレーションとサービスディスカバリは大きな問題であり、対応が求められるようになってきています。

Netflix、Amazon、SoundCloud といった企業によって証明された通り、マイクロサービスが提供する、スケーラビリティが大きく、ダイナミックな選択肢は、現代的なインターネットのアプリケーションにきわめて大きなメリットをもたらします。従って、マイクロサービスは際だって重要なアーキテクチャとして前進していくことになるでしょう。とはいえ、当たり前のことですが、マイクロサービスは銀の弾丸ではありません[†]。

† マイクロサービスのメリットとデメリットについては、"Microservices"（http://martinfowler.com/articles/microservices.html）などの、マイクロサービスに関する Martin Fowler の記事を参照してみてください。

6.5 まとめ

以上で、実際に動作する基本的なアプリケーションができあがりました。このアプリケーションはとてもシンプルではありますが、複数のコンテナを使い、コンテナでの開発のさまざまな側面を強調するのに十分な機能を持っています。既存のイメージを再利用する方法を見てきましたが、Pythonのベースイメージはアプリケーションを構築する基盤として、dnmonsterのイメージはサービスを提供するブラックボックスとして利用しました。

最も重要なのは、コンテナを使うことで、小さく、はっきりと定義されたサービスが相互にやりとりすることによって、大きなシステムを自然に形成していく様子、すなわちマイクロサービスのアプローチを見たことです。

7章
イメージの配布

イメージが作成できたら、同僚や継続的インテグレーションサーバー、エンドユーザーなどが、そのイメージを利用できるようにしましょう。イメージの配布方法は、複数用意されています。Dockerfileからの再構築、レジストリからのプル、docker loadコマンドでのアーカイブファイルからのインストールなどがそうです。

本章では、これらの方法の違いを詳しく見ていくと共に、チーム内、そして外部のユーザーへのイメージの配布に最も適した方法を探っていきます。identidockのイメージを、ワークフローのこれまで以外の部分で使っていったり、他のユーザーにダウンロードしてもらったりするために、タグを付けてアップロードする方法を見ていきましょう。

本章のコードは、本書のGitHubから入手できます（http://bit.ly/1laHmJE）。v0というタグは、前章の最後の時点でのコードで、それ以降のタグは本章での進行に応じたものになっています。このバージョンのコードは、以下のようにすれば入手できます。

```
$ git clone -b v0 \
https://github.com/using-docker/image-dist/
...
```

あるいは、GitHubのプロジェクトのリリースページ（http://bit.ly/1laHitw）からも、任意のタグに対応するコードをダウンロードできます。

7.1 イメージとリポジトリのネーミング

「4.6.6 レジストリの利用」では、イメージへの適切なタグ付けと、リモートリポジトリへのイメージのアップロードの方法を見ました。イメージを配布するにあたっては、わかりやすく、正確な名前とタグを使うことが重要です。振り返っておくと、イメージ名とタグは、イメージの構築時に設定するか、docker tagコマンドを使って設定します。

```
$ cd identidock
$ docker build -t "identidock:0.1" . ❶
$ docker tag "identidock:0.1" "amouat/identidock:0.1" ❷
```

❶ リポジトリ名を identidock に、タグを 0.1 を設定します。

❷ イメージに amouat/identidock という名前を関連づけます。この名前は、Docker Hub 上の amouat というユーザー名を参照しています。

latest タグは要注意

latest タグに勘違いさせられないようにしましょう！ Docker は、タグが指定されていない場合のデフォルトとして、latest というタグを使いますが、このタグにはそれ以上の特別な意味は何もありません。多くのリポジトリは、このタグを最新の安定版イメージのエイリアスとして使いますが、これは単なる慣例であり、強制力はまったくありません。

latest というタグのついたイメージは、他のすべてのイメージと同様に、レジストリに新しいバージョンがプッシュされても、自動的に更新されるわけではありません。更新されたバージョンを取得するには、やはり明示的に docker pull しなければならないのです。docker run もしくは docker pull でタグを付けずにイメージ名を参照した場合、Docker は latest とタグづけられたイメージがあればそれを使い、なければエラーを返します。latest タグを巡っては、あまりにユーザーが混乱させられることが多いので、特に公開リポジトリの場合は、このタグをまったく使わないようにすることを検討しても良いでしょう。

タグ名は、いくつかのルールに従わなければなりません。タグには、大文字もしくは小文字、数字、記号として . 及び - が使えます。長さは 1 から 128 文字の範囲でなければならず、. 及び - は先頭の文字としては使えません。

リポジトリ名とタグは、開発のワークフローを構築する上できわめて重要です。Docker は、名前に関してほとんど制約をかけず、名前はいつでも生成や削除ができます。これはすなわち、仕事がうまくいくような命名スキームをどのようにして考え、強制するかは、開発チームに任されているということです。

7.2 Docker Hub

イメージを利用できるようにする、もっとも単純明快なソリューションは、Docker Hub を使うことです。Docker Hub は、Docker Inc. が提供しているオンラインレジストリです。Docker Hub は、公開イメージのための無料のリポジトリを提供していますが、費用を払えばユーザーがプライベートのリポジトリを持つこともできます。

Dcoker Hub 以外のプライベートホスティング

クラウド上でプライベートリポジトリを探しているなら、選択肢は Docker Hub だけではありません。本書の執筆時点で最も有力な競合は quay.io で、Docker Hub よりも機能が多く、価格競争力もあります。

identidockのイメージのアップロードは簡単です。すでにDocker Hubにアカウントを持っているなら[†]、コマンドラインから直接アップロードすることができます。

```
$ docker tag identidock:latest amouat/identidock:0.1 ❶
$ docker push amouat/identidock:0.1 ❷
The push refers to a repository [docker.io/amouat/identidock] (len: 1)
76899e56d187: Image successfully pushed
...
0.1: digest: sha256:8aecd14cb97cc4333fdffe903aec1435a1883a44ea9f25b45513d4c2...
```

❶ 最初にやらなければならないのは、イメージのエイリアスをDocker Hubのユーザーの名前空間内に作成することです。すなわちこの名前は、`<username>/<repositoryname>`という形式でなければなりません。ここで、`<username>`はDocker Hubでのユーザー名であり（筆者であれば`amouat`）、`<repositoryname>`は、Docker Hub上で使いたいリポジトリの名前です。また、このタイミングでイメージに対して`0.1`というタグも設定しています。

❷ 作成したばかりのエイリアスを使ってイメージをプッシュします。もしもリポジトリがまだなければ作成され、適切なタグを付けてイメージがアップロードされます。

この時点で、identidockは公開され、`docker pull`すれば誰でも入手できるようになっています。Docker HubのWebサイトにアクセスしてみれば、**https://registry.hub.docker.com/u/amouat/identidock/**のようなURLで、自分のリポジトリを見つけることができるはずです。ログインしているなら、リポジトリの説明の設定、他のユーザーを協力者として指定、webhookのセットアップといった、さまざまな管理タスクも行えるでしょう。

リポジトリを更新したい場合には、更新したいイメージで、タグ付けとプッシュのステップを繰り返せばいいだけです。既存のタグを使った場合には、既存のイメージは上書きされます。これはこれで良いものの、単純にコードを更新したらイメージも更新されるようにしたい場合にはどうすればいいのでしょうか？ これは、とても一般的なユースケースなので、Docker Hubには**自動化ビルド**という考え方が導入されました。

† まだ持っていないなら、https://hub.docker.comにアクセスしてサインアップしてください。

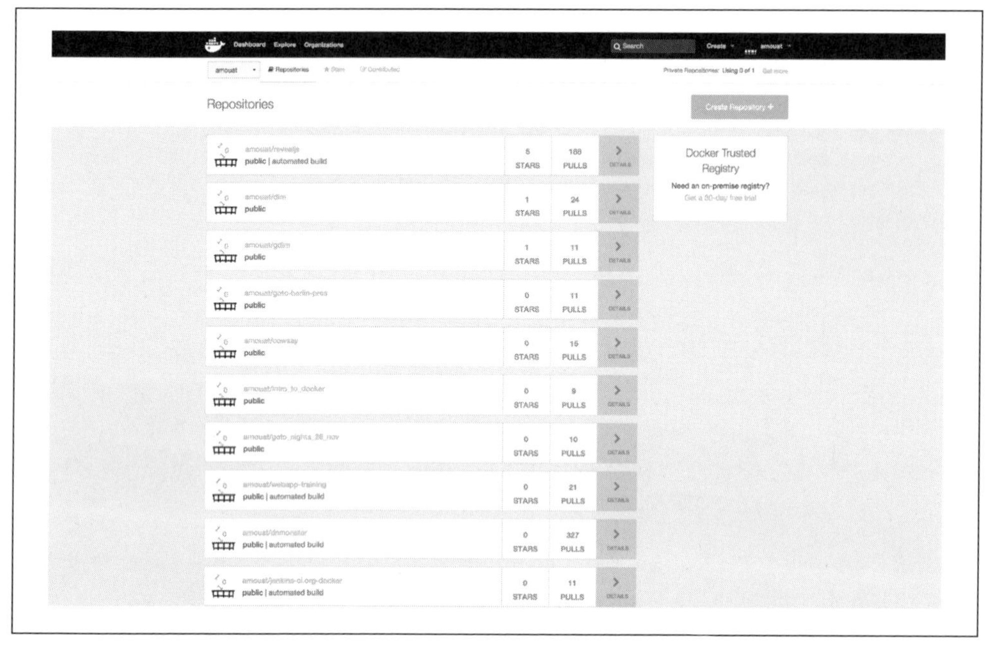

図7-1 Docker Hubのホームページ

7.3 自動化ビルド

それでは、Docker Hubでidentidockの自動化ビルドをセットアップしましょう。これができれば、ソースコードの変更をプッシュすれば、Docker Hubがidentidockのイメージをビルドして、リポジトリに保存してくれるようになります。そのためには、GitHubもしくはBitbucketにリポジトリをセットアップしなければなりません。現時点でのコードをプッシュするか、本書のGitHubのリポジトリ（**https://github.com/using-docker/image-dist**）にあるコードを「フォーク」してください。

自動化ビルドは、コマンドラインよりもDocker HubのWebサイトのインターフェイスから設定します。Docker Hubにログオンしていれば、右上に"Create"というドロップダウンメニューがあるはずです。ここから、"Create Automated Build"を選択し、identidockのコードがあるリポジトリを指定してください†。リポジトリを選択すると、自動化ビルドの設定のページが表示されます。リポジトリ名には、デフォルトでソースコードリポジトリの名前が使われますが、これは意味を持たせた`identidock_auto`というような名前に変更しておく方が良いでしょう。このリポジトリには、「identidock用の自動化ビルド」といった、短い説明を付けておきます。最初の"Tag"フィールドは`Branch`、名前は`master`のままにしておき、masterブランチからのコードを追跡します。"Dockerfile Location"は、筆者のリポジトリからフォークしたのであれば`/identidock/`

† GitHubやbitbucketのアカウントをまだリンクしていなければ、まずリンクをしなければなりません。

Dockerfileに設定してください。最後の"Push Type"フィールドは、Docker Hub上のイメージに割り当てられる名前を決定します。このフィールドはlatestのままにしておくこともできますが、もっと意味のわかりやすいautoというように変更しても良いでしょう。設定が終わったら、"Create"をクリックしてください。するとDockerは、新しく作成されたリポジトリのビルドのページを表示してくれます。"Build Setting"から"Trigger"をクリックすれば、初めてのビルドを開始できます。ビルドが完了すれば（そして成功したとして）、できあがったビルドをダウンロードできるようになります。

ビルドの自動化は、ソースコードを少し変更してみればテストできます。ここでは、Docker Hubがリポジトリに関する情報を表示するために使われる、READMEファイルを追加してみましょう。identidockのディレクトリ内にREADME.mdというファイルを作成し、以下のような短い説明を書いてください[†]。

```
identidock

==========

Kevin Gaudinのmonsteridを元にしたシンプルなidenticonサーバー。

Adrian Mouat著、オライリージャパンの「Using Docker」による。
```

このファイルをチェックインして、プッシュしてください。

```
$ git add README.md
$ git commit -m "Added README"
[master d8f3317] Added README
 1 file changed, 6 insertions(+)
 create mode 100644 identidock/README.md
$ git push
Counting objects: 4, done.
Delta compression using up to 4 threads.
Compressing objects: 100% (4/4), done.
Writing objects: 100% (4/4), 456 bytes | 0 bytes/s, done.
Total 4 (delta 2), reused 0 (delta 0)
To git@github.com:using-docker/image-dist.git
   c81ff68..d8f3317  master -> master
```

少し待ってからリポジトリのビルドページにアクセスすれば、新しいバージョンのイメージがビルドされているはずです。

何らかの理由でビルドが失敗した場合は、"Build Details"タブをクリックして、失敗したビルドの行をクリックすれば、ログを取得できます。また、"Build Settings"タブ"で"Trigger"ボタン

† 筆者のリポジトリをフォークしたなら、このファイルはすでにあります。その場合は、中身のテキストを少し変更してみてください。

をクリックすれば、いつでも新たにビルドを開始できます。

イメージのビルドと配布をする上で、必ずしもこのアプローチがすべてのプロジェクトにぴったり適しているというわけではありません。作成したイメージは、費用を払ってプライベートのリポジトリを使わない限り、公開されてしまいます。また、Docker Hubの状況には左右されることになります。つまり、Docker Hubがダウンすれば、イメージを更新することはできなくなり、ユーザーがイメージをダウンロードすることもできなくなります。また、単純な効率の問題もあります。イメージのビルドとパイプラインを通じての移動を素早く行いたい場合、ファイルをDocker Hubとの間で転送して、キューイングされたビルドを待つようなオーバーヘッドは避けたいことでしょう。オープンソースのプロジェクトや、ちょっとした小さなプロジェクトで使うなら、Docker Hubは完璧な選択肢です。しかし、もっと大きなプロジェクトや、もっと重要なプロジェクトの場合は、他のソリューションでDocker Hubを置き換えたり、拡張したほうが良いでしょう。

7.4 プライベートな配布

Docker Hub以外にも、選択肢はいくつかあります。イメージをエクスポートしてインポートしたり、単純にDockerを動作させている各ホスト上でDockerfileからイメージをビルドし直したりといったことを、手作業でやることもできるでしょう。とはいえ、これらの方法はどちらも最適とは言えません。毎回Dockerfileでビルドするには時間がかかり、ホストごとに異なるイメージが生成されてしまうかもしれません。イメージのエクスポートとインポートはやや込み入った作業であり、エラーが生じやすくなります。残る選択肢は、他のレジストリを使うことです。レジストリとしては、自分でホストしているものを使うことも、サードパーティがホストしているものを使うこともできます。

まずは、無料のソリューションである、自分でレジストリを運用する方法から見ていきましょう。その後に、商用のサービスをいくつか見てみることにします。

7.4.1 独自のレジストリの運用

Docker Registryは、Docker Hubと同じものではありません。どちらもレジストリAPIを実装しており、ユーザーがイメージをプッシュしたり、プルしたり、検索したりすることができますが、Docker Hubはクローズドソースのリモートサービスであるのに対して、Docker Registryはオープンソースのアプリケーションであり、ローカルで動作させることができます。Docker Hubにはユーザーアカウント、統計、Webインターフェイスがありますが、これらはDocker Registryにはありません。

開発進行中

Docker Registry v2は安定していますが、いくつかの重要な機能は依然として開発中です。そのため、本セクションでは主要なユースケースに焦点を当てており、高度な機能の詳細には踏み込んでいません。Docker Registryの完全な最新のドキュメンテーションは、GitHubのDocker distributionプロジェクトのページ（https://github.com/docker/distribution）にあります。

本章では、Docker Registryのバージョン2だけを見ていきます。このバージョンは、Dockerデーモンのバージョン1.6以降と共に使うことができます。もっと古いバージョンのDockerのサポートが必要な場合は、Docker Registryの以前のバージョンを動作させなければなりません（移行中の間は、Docker Registryの双方のバージョンを並行して動作させておくこともできます）。セキュリティ、信頼性、効率性の面で、Docker Registryバージョン2はバージョン1よりも大きく進歩しているので、可能な限りバージョン2を使うことを強くお勧めします。

ローカルでDocker Registryを動作させる最も簡単な方法は、公式のイメージを使うことです。以下のようにすれば、すぐに動作させることができます。

```
$ docker run -d -p 5000:5000 registry:2
...
75fafd23711482bbee7be50b304b795a40b7b0858064473b88e3ddcae3847c37
```

これでDocker Registryが動作したので、イメージに適切なタグを付けてプッシュできます。docker-machineを使っている場合でも、アドレスとしてはlocalhostをそのまま使うことができます。これは、このアドレスを解釈するのが、クライアントではなく、レジストリと同じホストで動作しているDockerエンジンだからです。

```
$ docker tag amouat/identidock:0.1 localhost:5000/identidock:0.1
$ docker push localhost:5000/identidock:0.1
The push refers to a repository [localhost:5000/identidock] (len: 1)
...
0.1: digest: sha256:d20affe522a3c6ef1f8293de69fea5a8621d695619955262f3fc2885...
```

これで、ローカルバージョンを削除したとしても、同じものをプルし直すことができます。

```
$ docker rmi localhost:5000/identidock:0.1
Untagged: localhost:5000/identidock:0.1
$ docker pull localhost:5000/identidock:0.1
0.1: Pulling from identidock
...
76899e56d187: Already exists
Digest: sha256:d20affe522a3c6ef1f8293de69fea5a8621d695619955262f3fc28852e173108
Status: Downloaded newer image for localhost:5000/identidock:0.1
```

Dockerは、同じ内容のイメージがもう存在していることを理解するので、実際に行われるのは、タグの付け直しだけです。Docker Registryが、イメージの**ダイジェスト**を生成したことに気づいたかも知れません。これは、イメージの内容とメタデータを元にしたユニークなハッシュです。以下のようにして、このハッシュをつけってイメージをプルすることもできます。

```
$ docker pull localhost:5000/identidock@sha256:\
d20affe522a3c6ef1f8293de69fea5a8621d695619955262f3fc28852e173108
```

```
sha256:d20affe522a3c6ef1f8293de69fea5a8621d695619955262f3fc28852e173108: Pul...
...
76899e56d187: Already exists
Digest: sha256:d20affe522a3c6ef1f8293de69fea5a8621d695619955262f3fc28852e173108
Status: Downloaded newer image for localhost:5000/identidock@sha256:d20affe5...
```

ダイジェストを利用することの主なメリットは、思っている通りのイメージをプルしていることが保証されることです。タグでプルする場合、そのタグが付けられたイメージは、知らないうちに別のものになっているかも知れません。また、ダイジェストを使うことによって、イメージの整合性も保証されます。転送中や、保存されている間に、そのイメージが改変されていないことが保証できるのです。イメージをセキュアに扱い、その起源を確認する方法の詳細については、「13.6 イメージの起源」を参照してください。

レジストリが必要になる主な理由は、チームや組織のための中央ストアとしての役割を果たしてもらうためです。これはすなわち、リモートのDockerデーモンで、レジストリからのプルが行えなければならないということです。しかし、起動したばかりのDocker Registryで試してみれば、以下のようなエラーが返されてしまいます。

```
$ docker pull 192.168.1.100:5000/identidock:0.1 ❶
Error response from daemon: unable to ping registry endpoint
https://192.168.99.100:5000/v0/
v2 ping attempt failed with error: Get https://192.168.99.100:5000/v2/:
tls: oversized record received with length 20527
 v1 ping attempt failed with error: Get https://192.168.99.100:5000/v1/_ping:
tls: oversized record received with length 20527
```

❶ ここでは、"localhost"をサーバーのIPアドレスで置き換えています。このエラーは、他のマシンのデーモンからプルした場合でも、Docker Registryが動作しているマシンからプルした場合でも生じます。

さあ、何が起きたのでしょうか？ Dockerデーモンは、適切なTLS証明書がないために、リモートホストへの接続を拒否しています。以前うまくいっていたのは、Dockerは"localhost"のサーバーからプルする場合だけは例外的な扱いをするためです。この問題を修正するための選択肢は、3つあります。

1. Docker Registryにアクセスする各Dockerデーモンを、`--insecure-registry 192.168.1.100:5000`という引数を付けて再起動する方法。アドレスとポートはサーバーにあわせて置き換えてください。

2. HTTPSでアクセスされるWebサイトをホストする場合と同様に、信頼されている認証局から取得した証明付き証明書をホストにインストールする。

3. 自己署名証明書をホストに、そのコピーを Docker Registry にアクセスする各 Docker デーモンにインストールする。

1つめの選択肢は最も容易ですが、セキュリティ上の懸念があるので、ここでは考慮から除外します。2つめの選択肢は最善ですが、証明書を信頼されている認証局から入手しなければならず、これには通常コストがかかります。3つめの選択肢はセキュアですが、証明書を各デーモンにコピーするという手作業のステップが必要になります。

自分で自己署名証明書を生成したい場合には、OpenSSL のツールが使えます。以下のステップは、長期間にわたってレジストリサーバーとして動作させようとしているマシン上で行ってください。この手順は、Digital Ocean 上で動作している Ubuntu 14.04 の VM でテストしました。他のオペレーティングシステムの場合は、異なる部分があるでしょう。

```
root@reginald:~# mkdir registry_certs
root@reginald:~# openssl req -newkey rsa:4096 -nodes -sha256 \
> -keyout registry_certs/domain.key -x509 -days 365 \
        -out registry_certs/domain.crt ❶
Generating a 4096 bit RSA private key
..................................................++
..................................................++
writing new private key to 'registry_certs/domain.key'
-----
You are about to be asked to enter information that will be incorporated
into your certificate request.
What you are about to enter is what is called a Distinguished Name or a DN.
There are quite a few fields but you can leave some blank
For some fields there will be a default value,
If you enter '.', the field will be left blank.
-----
Country Name (2 letter code) [AU]:
State or Province Name (full name) [Some-State]:
Locality Name (eg, city) []:
Organization Name (eg, company) [Internet Widgits Pty Ltd]:
Organizational Unit Name (eg, section) []:
Common Name (e.g. server FQDN or YOUR name) []:reginald ❷
Email Address []:
root@reginald:~# ls registry_certs/ ❸
domain.crt domain.key
```

❶ x509 自己署名証明書と、4096bit の RSA 秘密鍵を生成しています。この証明書は、SHA256 ダイジェストで署名されており、365 日間有効です。OpenSSL は情報を求めてきますが、値を指定しても、デフォルト値のままにしておいてもかまいません。

❷ コモンネームは重要です。この名前は、このサーバーにアクセスする際の名前と一致しなけれ

ばならず、IPアドレスであってはなりません（"reginald"は筆者のサーバーの名前です）。

❸ この手順が終わると、domain.crtという証明書のファイルと、domain.keyという秘密鍵ができあがります。domain.crtはクライアントと共有することになりますが、domain.keyは**安全に保管しておき、共有してはなりません。**

IPアドレスでのDocker Registryへのアクセス

Docker RegistryへのアクセスにIPアドレスを使いたい場合には、もう少し複雑なことになります。単純に、IPアドレスをコモンネームとして使うことはできません。IPアドレス（群）に対するSAN（Subject Alternative Names）を設定する必要があります。

筆者としては、概してこのアプローチはお勧めしません。サーバーの名前を決めて、その名前でアクセスできるよう、内部的に設定する方がいいでしょう（最悪でも、手作業で/etc/hostsにサーバー名を追加するという方法はいつでも使えます）。一般に、この方法の方がセットアップが容易であり、IPアドレスを変更しなければならなくなっても、すべてのイメージのタグ付けをやり直さずに済みます。

次に、Docker Registryにアクセスする各Dockerデーモンに、証明書をコピーしなければなりません[†]。証明書は、/etc/docker/certs.d/<registry_address>/ca.crtというファイルにコピーします。ここで、<registry_address>は、レジストリのサーバーのアドレスとポートです。Dockerデーモンは再起動しなければなりません。例をご覧ください。

```
root@reginald:~# sudo mkdir -p /etc/docker/certs.d/reginald:5000
root@reginald:~# sudo cp registry_certs/domain.crt \
                 /etc/docker/certs.d/reginald:5000/ca.crt  ❶
root@reginald:~# sudo service docker restart
docker stop/waiting
docker start/running, process 3906
```

❶ リモートホスト上で実行するためには、scpなどのツールを使って、CA証明書をDockerのホストに転送しなければなりません。公的な信頼されているCAを使っているなら、このステップは省くことができます。

これで、Docker Registryを起動できます[‡]。

```
root@reginald:~# docker run -d -p 5000:5000 \
            -v $(pwd)/registry_certs:/certs \  ❶
```

† 証明書が、信頼されている認証局に署名されているものであれば、このステップは不要です。
‡ すでに起動していたレジストリのインスタンスがあれば、それらは削除しておく必要があるかも知れません。

```
            -e REGISTRY_HTTP_TLS_CERTIFICATE=/certs/domain.crt \
            -e REGISTRY_HTTP_TLS_KEY=/certs/domain.key \  ❷
            --restart=always --name registry registry:2
...
b79cb734d8778c0e36934514c0a1ed13d42c342c7b8d7d4d75f84497cc6f45f4
```

❶ ボリュームのコンテナに証明書を置きます。

❷ Docker Registry が証明書を使うよう、環境変数で設定しています。

動作を確認するために、イメージをプルして、タグを付け直し、プッシュしてみましょう。

```
root@reginald:~# docker pull debian:wheezy
wheezy: Pulling from library/debian
ba249489d0b6: Pull complete
19de96c112fc: Pull complete
library/debian:wheezy: The image you are pulling has been verified.
Important: image verification is a tech preview feature and should not be
relied on to provide security.
Digest: sha256:90de9d4ecb9c954bdacd9fbcc58b431864e8023e42f8cc21782f2107054344e1
Status: Downloaded newer image for debian:wheezy
root@reginald:~# docker tag debian:wheezy reginald:5000/debian:local
root@reginald:~# docker push reginald:5000/debian:local ❶
The push refers to a repository [reginald:5000/debian] (len: 1)
19de96c112fc: Image successfully pushed
ba249489d0b6: Image successfully pushed
local: digest: sha256:3569aa2244f895ee6be52ed5339bc83e19fafd713fb1138007b987...
```

❶ "reginald" は読者のサーバーの名前で置き換えてください。

これでついに、セキュアにイメージを保持してくれる、リモートアクセス可能なレジストリが手に入ったことになります。他のマシンからテストをする場合には、証明書のファイルを Docker エンジンの /etc/docker/certs.d/<registry_address>/ca.crt にコピーすることと、Docker エンジンがレジストリのアドレスを名前解決できるようにすることを忘れないようにしてください[†]。

Docker には、多くの設定オプションがあり、特定のユースケースにあわせた Docker Registry のセットアップと調整が可能です。Docker Registry のオプションは、イメージ内の YAML ファイルで設定されており、このファイルはボリュームで置き換えることができます。以前のサンプルで REGIS TRY_HTTP_TLS_KEY と REGISTRY_HTTP_TLS_CERTIFICATE を上書きしたように、実行時に環境変数で指定することによって設定値を上書きすることもできます。本書の執筆時点では、この設定ファイルは /go/src/github.com/docker/distribution/cmd/registry/config.

† 証明書とマッチしなくなってしまうので、レジストリの名前を IP アドレスと入れ替えることはできません。そうするのではなく、名前解決ができるように、/etc/hostsを編集するか、DNS をセットアップするようにしてください。

ymlですが、これはもっと簡単なパスに変更されることになりそうです。デフォルトの設定は開発用途に合わせたものになっており、実稼働用には大きく変更する必要があるでしょう。Docker Registryの設定方法の完全な詳細と、設定ファイルのサンプルは、Docker RegistryのディストリビューションのGitHubプロジェクトにあります。

以下のセクションでは、Docker Registryをセットアップする際に考慮すべき、主な機能とカスタマイズについて説明します。

ストレージ

デフォルトでは、Docker Registryのイメージはファイルシステムドライバを使います。もちろんこれは、すべてのデータとイメージをファイルシステムに保存します。これは、開発環境用には素晴らしい選択肢であり、おそらくは多くの環境に適しているでしょう。必要なのは、定義されたルートディレクトリにボリュームを宣言し、それが信頼できるファイルストアを指すようにすることです。例えば、以下のコードをconfig.ymlに含めれば、Docker Registryはファイルシステムドライバを使い、そのデータを/var/lib/registryの下に置くように設定されます。このディレクトリは、ボリュームとして宣言しておくべきです。

```
storage:
    filesystem:
        rootdirectory: /var/lib/registry
```

データをクラウドに保存しておきたいなら、Amazon S3か、Microsoft Azure用のストレージドライバを使うことができます。

また、分散オブジェクトストアのCephや、レイヤアクセスを高速化するためのインメモリキャッシュとしてRedisを利用することもサポートされています。

認証

ここまでで、TLSでのDocker Registryへのアクセスは見てきましたが、ユーザーの認証については何もしていません。使うのが公開イメージだけであったり、レジストリへはプライベートなネットワークからしかアクセスしないのであれば、それも妥当なことです。とはいえほとんどの組織では、アクセスできるのを認証されたユーザーだけに制限することになるでしょう。

そのための方法は、2つあります。

1. Docker Registryの前にnginxのようなプロキシをセットアップし、ユーザー認証を任せる方法。この方法の例は、DockerのGitHubプロジェクトの公式ドキュメンテーションにあります（**https://docs.docker.com/registry/nginx/**）。この例では、nginxのユーザー/パスワード認証を使っています。セットアップができれば、docker loginコマンドでDocker Registryに認証してもらうことができます。

2. JSON Web Tokenを使ったトークンベースの認証。この方法を使う場合、Docker Registryは有効なトークンを提示しなかったクライアントには対応せず、それらを認証サーバーにリダイレクトさせます。トークンを認証サーバーから取得すれば、クライアントはレジストリにアクセスできるようになります。Dockerは認証サーバーを提供しておらず、本書の執筆時点では、オープンソースのソリューションとしてはCesanta Software（**https://github.com/cesanta/docker_auth**）が提供しているものが唯一のものです。現時点では、他の選択肢としては、JSON Web Tokenライブラリに基づいて独自のソリューションを動かすか、「商用レジストリ」にある商用ソリューションのいずれかを使うかしかありません。明らかに、こちらの方がセットアップが複雑で難しくなりますが、大規模な組織や、分散している組織の多くにとっては、こういった選択肢は欠かせないものになるでしょう。

HTTP

このセクションでは、Docker Registry用のHTTPインターフェイスを設定します。Docker Registryを機能させるためには、このインターフェイスを正しく設定することが欠かせません。特に、Docker Registry用のTLS証明書と鍵の場所を設定しなければなりません。先ほどの例では、この設定は環境変数の`REGISTRY_HTTP_TLS_KEY`と`REGISTRY_HTTP_TLS_CERTIFICATE`で行いました。

典型的な設定は、以下のようになるでしょう。

```
http:
    addr: reginald:5000 ❶
    secret: DD100CC4-1356-11E5-A926-33C19330F945 ❷
    tls: ❸
        certificate: /certs/domain.crt
        key: /certs/domain.key
```

❶ レジストリのアドレス。

❷ クライアントに保存される状態の情報への署名に使われるランダムな文字列。不正な書き換えを防ぐために使われます。ランダムに生成した文字列なら理想的です。

❸ 以前に見たように、証明書をセットアップします。これらのファイルは、ボリュームのマウントか、コンテナへのコピーによって、コンテナからアクセスできるようにしなければなりません。

他の設定

他にも、ミドルウェア、通知、ロギング、キャッシュなどのセットアップのためにさまざまな設定があることに注意してください。完全な情報については、Dockerのディストリビューションの GitHubプロジェクトを参照してください。

7.4.2 商用のレジストリ

Web ベースでの管理機能を持つ、さらに完全なソリューションを探しているなら、Docker Trusted Registry（**https://www.docker.com/products/docker-trusted-registry**）や Quey Enterprise（**https://tectonic.com/quay-enterprise/**）があります。これらは、自社のファイアウォールの背後に配置しておける、オンプレミスの商用ソリューションです。

どちらの製品にも、シンプルなイメージの格納以上の強力な機能が用意されています。また、細かな権限管理や、インストールや管理タスクのための GUI といった、チームで Docker のイメージ群を扱うためのツール群も用意されています。

7.5 イメージサイズの削減

ここまでで、読者のみなさんは Docker のイメージが大きくなりうることに気づいたことでしょう。多くのイメージは数百 MB ほどのサイズなので、イメージのやりとりには多くの時間がかかることになりそうです。これは、イメージが階層構造を持っていることで、かなり緩和されます。イメージの親のレイヤがすでにあるなら、新たにダウンロードしなければならないのは、子のレイヤだけです。

とはいえ、イメージサイズの削減の試みについては、語るべきことがまだまだあります。そしてそれは、意外に簡単なことではないのです。単純な回答は、イメージから不要なファイルを削除し始めることでしょう。しかし残念ながら、これはうまくいきません。イメージは複数のレイヤから構成されており、それぞれのレイヤは、対応する Dockerfile 中のコマンドと、その親の Dockerfile 群ごとに作成されているということを思い出してください。イメージの合計サイズは、そのイメージを構成するすべてのレイヤの合計です。あるレイヤでファイルを削除しても、そのファイルは依然として親のレイヤには存在したままです。しっかりと理解するために、以下の Dockerfile について考えてみましょう。

```
FROM debian:wheezy

RUN dd if=/dev/zero of=/bigfile count=1 bs=50MB ❶
RUN rm /bigfile
```

❶ これは、単に手っ取り早くファイルを作成しているだけです。

イメージをビルドして調べてみましょう。

```
$ docker build -t filetest .
...
$ docker images filetest ❶
REPOSITORY  TAG     IMAGE ID      CREATED        VIRTUAL SIZE
filetest    latest  e2a98279a101  8 seconds ago  135 MB
$ docker history filetest ❷
```

```
IMAGE          ... CREATED BY                                    SIZE     ...
e2a98279a101       /bin/sh -c rm /bigfile                        0 B
5d0f04380012       /bin/sh -c dd if=/dev/zero of=/bigfile count= 50 MB
c90d655b99b2       /bin/sh -c #(nop) CMD [/bin/bash]             0 B
30d39e59ffe2       /bin/sh -c #(nop) ADD file:3f1a40df75bc5673ce 85.01 MB
511136ea3c5a                                                     0 B
```

❶ ここでは、イメージの合計サイズは135MBになっています。これは、ベースのイメージよりもちょうど50MB大きくなっています。

❷ docker history コマンドで全体像がわかります。先頭の2つの行が、Dockerfileで作成されたレイヤを表しています。ここからは、dd コマンドが50MBのレイヤを生成し、rm コマンドは単にその上にレイヤを作成しただけであることがわかります。

これに対して、以下のようなDockerfileがあるとしましょう。

```
FROM debian:wheezy

RUN dd if=/dev/zero of=/bigfile count=1 bs=50MB && rm /bigfile
```

このDockerfileをビルドして調べてみます。

```
$ docker build -t filetest .
...
$ docker images filetest
REPOSITORY  TAG     IMAGE ID      CREATED         VIRTUAL SIZE
filetest    latest  40a9350a4fa2  34 seconds ago  85.01 MB
$ docker history filetest
IMAGE          ... CREATED BY                                    SIZE     ...
40a9350a4fa2       /bin/sh -c dd if=/dev/zero of=/bigfile count= 0 B
c90d655b99b2       /bin/sh -c #(nop) CMD [/bin/bash]             0 B
30d39e59ffe2       /bin/sh -c #(nop) ADD file:3f1a40df75bc5673ce 85.01 MB
511136ea3c5a                                                     0 B
```

ベースイメージのサイズは増えていません。ファイルを、1つのレイヤの中で作成して削除していれば、そのファイルはイメージには含まれません。そのため、1つのRUNコマンドでtarballやその他のアーカイブファイルをダウンロードし、展開し、すぐに削除しているDockerfileはよくあります。例えば、公式のMongoDBのイメージには、以下の命令が含まれています（紙面の都合で、URLは切り詰めてあります）。

```
RUN curl -SL "https://$MONGO_VERSION.tgz" -o mongo.tgz \
    && curl -SL "https://$MONGO_VERSION.tgz.sig" -o mongo.tgz.sig \
    && gpg --verify mongo.tgz.sig \
```

```
    && tar -xvf mongo.tgz -C /usr/local --strip-components=1 \
    && rm mongo.tgz*
```

同様のテクニックは、ソースコードでも使えます。ソースをダウンロードし、コンパイルしてバイナリを生成し、ソースはすべて削除してしまう、といったことをすべて1行でやっているのを見かけることもあるでしょう。

同じ理由で、以下のようにパッケージマネージャを後からクリーンアップしようとしても無意味です。

```
RUN rm -rf /var/lib/apt/lists/*
```

この場合は、このようにしましょう（これもMongoDBの公式のDockerfileの一部です）。

```
RUN apt-get update \
    && apt-get install -y curl numactl \
    && rm -rf /var/lib/apt/lists/*
```

イメージのサイズを小さくするために、うまくベースイメージを選択する方法については、「4.2.4 ベースイメージ」での議論も参照してください。

本当に追い込まれている状況であれば、イメージサイズを小さくするための別の選択肢もあります。コンテナで docker export してから、その結果を docker import すれば、1つのレイヤだけを含むイメージができます。例をご覧ください。

```
$ docker create identidock:latest
fe165be64117612c94160c6a194a0d8791f4c6cb30702a61d4b3ac1d9271e3bf
$ docker export $(docker ps -lq) | docker import -
146880a742cbd0e92cd9a79f75a281f0fed46f6b5ece0219f5e1594ff8c18302
$ docker tag 146880a identidock:import
$ docker images identidock
REPOSITORY  TAG     IMAGE ID      CREATED        VIRTUAL SIZE
identidock  import  146880a742cb  5 minutes ago  730.9 MB
identidock  0.1     76899e56d187  23 hours ago   839.5 MB
identidock  latest  1432cc6c20e5  4 days ago     839 MB
$ docker history identidock:import
IMAGE         CREATED         CREATED BY  SIZE      COMMENT
146880a742cb  11 minutes ago              730.9 MB  Imported from -
```

これでイメージサイズを切り詰めることができますが、代償もあります。

- EXPOSE、CMD、PORTSといった、ファイルシステムに反映されていないDockerfile中の命令をやり直さなければなりません。
- イメージに関連づけられたメタデータはすべて失われます。

- 同じ親を持つ他のイメージと領域を共有できなくなります。

7.6 イメージの起源

イメージを分配し、利用する際に重要なのは、イメージの**起源**、すなわちそのイメージが誰によって作られ、どこから来たのかということを、どのようにはっきりさせるかを考慮することです。イメージをダウンロードした場合、そのイメージが、そのイメージを作ったと主張している人物によって本当に作られたこと、不正に改変されていないこと、作成者がテストしたものと本当に同じイメージであることを、確認したいことでしょう。

そのためのDockerのソリューションは、Docker content trust（**https://docs.docker.com/engine/security/trust/content_trust/**）と呼ばれるもので、本書の執筆時点ではまだテスト段階であり、デフォルトでは有効になっていません。詳しくは、**13章**の「13.6 イメージの起源」を参照してください。

7.7 まとめ

効果的なイメージの配布は、あらゆるDockerのワークフローにおいて、きわめて重要な要素です。本章では、そのための主要なソリューションである、Docker Hubとプライベートリポジトリを見てきました。また、適切なイメージの命名とタグ付け、イメージサイズの削減を含む、イメージの配布にまつわるいくつかの問題も見ました。

次章では、ワークフロー中の次のステップへイメージをプッシュする方法である、継続的インテグレーションサーバーを見ていきます。

8章
Dockerを使った継続的インテグレーションとテスト

本章では、アプリケーションのビルドとテストのための継続的インテグレーション（CI）ワークフローを立ち上げるために、DockerとJenkinsを使う方法を見ていきます。また、Dockerでテストを行う際の他の側面を見ると共に、マイクロサービスアーキテクチャのテスト方法についても簡単に見ていきます。

コンテナやマイクロサービスのテストを行うにあたっては、いくつかの課題があります。マイクロサービスでは、ユニットテストは簡単になりますが、サービス数とネットワークリンクの増大に伴って、システムテストや結合テストは難しくなります。これまでのモノリシックなJavaやC#のコードベースにおけるクラスのモックよりも、ネットワークサービスのモックのほうが妥当になります。テストのコードをイメージ内に置いておけば、コンテナのポータビリティと一貫性のメリットは保たれますが、コンテナのサイズは大きくなってしまいます。

本章のコードは、本書のGitHub（https://github.com/using-docker/ci-testing）から入手できます。v0というタグは、前章の最後の時点でのidentidockのコードであり、その後のタグは、本章を進んでいく過程を表しています。v0のコードは、以下のようにすれば入手できます。

```
$ git clone -b v0 \
https://github.com/using-docker/ci-testing/
...
```

あるいは、GitHubのプロジェクトのリリースページ（https://github.com/using-docker/ci-testing/releases）から、任意のタグのコードをダウンロードすることもできます。

8.1 identidockへのユニットテストの追加

最初にすべきことは、identidockのコードベースにユニットテストを追加することです。これらは、identidockのコードのいくつかの基本機能をテストするもので、外部のサービスには依存しません[†]。

まず、以下の内容でidentidock/app/tests.pyというファイルを作成してください。

```
import unittest
import identidock

class TestCase(unittest.TestCase):

    def setUp(self):
        identidock.app.config["TESTING"] = True
        self.app = identidock.app.test_client()

    def test_get_mainpage(self):
        page = self.app.post("/", data=dict(name="Moby Dock"))
        assert page.status_code == 200
        assert 'Hello' in str(page.data)
        assert 'Moby Dock' in str(page.data)

    def test_html_escaping(self):
        page = self.app.post("/", data=dict(name='"><b>TEST</b><!--'))
        assert '<b>' not in str(page.data)


if __name__ == '__main__':
    unittest.main()
```

これは、以下の3つのメソッドを持つ、とてもシンプルなテストのファイルです。

setUp

テストバージョンのFlask Webアプリケーションを初期化します。

test_get_mainpage

このテストメソッドは、nameフィールドに"Moby Dock"を渡して/というURLを呼びます。そして、200というステータスコードが返され、返されるデータの中に"Hello"と"Moby Dock"という文字列が含まれていることを確認します。

test_html_escaping

入力中のHTMLのエンティティが適切にエスケープされているかをテストします。

† 多くの開発者が提唱するアプローチとして、テスト駆動開発（Test-Driven Development = TDD）があります。TDDは、まずテストを書いてから、そのテストをパスするコードを書いていくというものですが、本書ではこのアプローチを取っていません。これは主に、話を追いやすくするためです。

さあ、これらのテストを実行してみましょう。

```
$ docker build -t identidock .
...
$ docker run identidock python tests.py
.F
======================================================================
FAIL: test_html_escaping (__main__.TestCase)
----------------------------------------------------------------------
Traceback (most recent call last):
  File "tests.py", line 19, in test_html_escaping
    assert '<b>' not in str(page.data)
AssertionError
----------------------------------------------------------------------
Ran 2 tests in 0.010s

FAILED (failures=1)
```

うーん、これはいけません。1つめのテストはパスしましたが、ユーザーからの入力を適切にエスケープしていなかったので、2つめのテストは失敗しています。これはセキュリティ上の重大な問題であり、大規模なアプリケーションでは、データの漏洩やクロスサイトスクリプティング攻撃（XSS）につながります。このアプリケーションで何が起こせるのかを見るために、identidockを起動して、`"><b>pwned!</b><!--"`といった名前を、クオートも含めて入力してみてください。攻撃者は、悪意を持ったJavaScriptをアプリケーションに注入して、ユーザーを欺いてそれを実行させようとすることができます。

ありがたいことに、修正は簡単です。必要なのは、HTMLのエンティティとクオートをエスケープコードで置き換えることによって、ユーザーからの入力を**サニタイズ**するよう、Pythonのアプリケーションを更新することだけです。`identidock.py`を、以下のように更新してください。

```
from flask import Flask, Response, request
import requests
import hashlib
import redis
import html

app = Flask(__name__)
cache = redis.StrictRedis(host='redis', port=6379, db=0)
salt = "UNIQUE_SALT"
default_name = 'Joe Bloggs'


@app.route('/', methods=['GET', 'POST'])
def mainpage():
```

```
    name = default_name
    if request.method == 'POST':
        name = html.escape(request.form['name'], quote=True) ❶

    salted_name = salt + name
    name_hash = hashlib.sha256(salted_name.encode()).hexdigest()
    header = '<html><head><title>identidock</title></head><body>'
    body = '''<form method="POST">
            Hello <input type="text" name="name" value="{0}">
            <input type="submit" value="submit">
            </form>
            <p>You look like a:
            <img src="/monster/{1}"/>
            '''.format(name, name_hash)
    footer = '</body></html>'

    return header + body + footer


@app.route('/monster/<name>')
def get_identicon(name):

    name = html.escape(name, quote=True) ❶
    image = cache.get(name)
    if image is None:
        print ("Cache miss", flush=True)
        r = requests.get('http://dnmonster:8080/monster/' + name + '?size=80')
        image = r.content
        cache.set(name, image)

    return Response(image, mimetype='image/png')

if __name__ == '__main__':
    app.run(debug=True, host='0.0.0.0')
```

❶ html.escapeメソッドを使って、ユーザーからの入力をサニタイズします。

さあ、アプリケーションをビルドして、もう一度テストしてみましょう。

```
$ docker build -t identidock .
...
$ docker run identidock python tests.py
.. ----------------------------------------------------------------------
Ran 2 tests in 0.009s

OK
```

素晴らしいです。問題は解決されました。新しいコンテナで identidock を再起動して（docker-compose build するのを忘れないようにしてください）、悪意のある入力をしてみれば確認できます[†]。単純な文字列の結合ではなく、本物のテンプレートエンジンを使っていれば、エスケープ処理は自動的に行われ、この問題は生じなかったでしょう。

これでいくつかのテストはできたので、cmd.sh ファイルを拡張して、それらのテストの自動実行をサポートしましょう。以下の内容で、cmd.sh を置き換えてください。

```
#!/bin/bash
set -e

if [ "$ENV" = 'DEV' ]; then
  echo "Running Development Server"
  exec python "identidock.py"
elif [ "$ENV" = 'UNIT' ]; then
  echo "Running Unit Tests"
  exec python "tests.py"
else
  echo "Running Production Server"
  exec uwsgi --http 0.0.0.0:9090 --wsgi-file /app/identidock.py \
            --callable app --stats 0.0.0.0:9191
fi
```

これで、リビルドすれば、環境変数を変更するだけでテストが実行できるようになります。

```
$ docker build -t identidock .
...
$ docker run -e ENV=UNIT identidock
Running Unit Tests
..
----------------------------------------------------------------------
Ran 2 tests in 0.010s

OK
```

作成できるユニットテストは、もっとたくさんあるでしょう。特に、get_identicon メソッドにはテストがありません。このメソッドをユニットテストでテストするには、テストバージョンの dnmonster と Redis のサービスを立ち上げるか、**テストダブル**を使わなければなりません。テストダブルは本物のサービスの代役で、一般的には定型の答えを返す**スタブ**（例えば株式の価格のサービスのスタブは、常に「42」といった値を返すといった具合です）か、期待される呼び出され方（あるトランザクション内では、必ず一度だけ呼ばれるといった具合です）に応じてプログラ

† 恥ずかしいことに、筆者は本書のレビュー段階になって初めてこの問題に気づきました。筆者が改めて学んだのは、簡単に見えるコードであってもテストをすることは重要であり、可能であれば既存の、実績のあるコードやツールを使うことが最善だということです。

ミングされる**モック**です。テストダブルに関する詳しい情報については、Pythonのモックモジュールのドキュメント（**https://docs.python.org/3/library/unittest.mock.html**）や、Pact（**https://github.com/realestate-com-au/pact**）、Mountebank（**http://www.mbtest.org**）、Mirage（**https://mirage.readthedocs.org**）といった専門のHTTPのツールを参照してください。

イメージへのテストの取り込み

本章では、identidockのイメージにテストをバンドルしています。これは、開発、テスト、実働を通じて1つのイメージを使うというDockerの哲学に沿っています。これはまた、さまざまな環境で動作しているイメージでテストをしてみるのが容易になるということでもあり、デバッグの際に問題を除外するのに役立ちます。

この方法のデメリットは、イメージが大きくなってしまうことです。すなわち、テストのコードに加え、テスト用のライブラリのような依存対象も含めなければなりません。次に、これは**攻撃の余地**を大きくしてしまうということでもあります。仮になさそうだとしても、攻撃者がテストのユーティリティやコードを使って、実働環境のシステムを破る可能性ができてしまいます。

多くの場合、単一のイメージを使うことによるシンプルさや信頼性というメリットは、わずかなサイズの増大や、理論上のセキュリティリスクというデメリットを上回るでしょう。

次のステップでは、CIサーバー内で自動的にテストが実行されるようにして、コードをソース管理にチェックインした時点で自動的にコードがテストされ、その後にステージングや実働環境や移せることを見ていきましょう。

コンテナの利用による高速なテスト

すべてのテスト、中でもユニットテストは、結果が出るまでに待たされることなく、開発者が頻繁にテストを実行することを奨励するために、高速に実行できなければなりません。コンテナは、クリーンで隔離された環境を高速にブートすることができる方法なので、環境を変化させるようなテストを扱うための役に立ちます。例えば、多少のテストデータが展開されたサービスを利用するテストスイートがあるとしましょう[†]。このサービスを使うそれぞれのテストは、何らかの形でデータを変更し、追加、削除、修正などをするでしょう。こういったテストを書く方法の1つは、各テストで実行後にデータをクリーンアップしようとすることですが、これには問題があります。もしもテスト（あるいはクリーンアップの処理）が失敗した場合、それ以降のすべてのテストが使うデータが汚れてしまい、診断することが難しく、テスト対象のサービスに関する知識が必要になる（すなわちこれは、そのサービスをブラックボックスと見なすことができなくなるということです）ような障害の原因になってしまいます。代案としては、各テストごとにサービスを破棄し、フレッシュな状態で立ち上げるようにするという方法があります。この方法で使うには、VMはあまりに遅すぎますが、コンテナであれば実現できます。

テストに関して、コンテナが力を発揮するもう1つの領域として、さまざまな環境/設定でのサービスの実行があります。作成しているソフトウェアが、さまざまなデータベースがインストールされた、幅広い

† こうしたテストは、ユニットテストというよりはシステムもしくは結合テストであるか、モックを使わないテスト環境でのユニットテストです。多くのユニットテストのエキスパートは、データベースのような要素はモックで置き換えるべきだと主張しますが、その要素が安定していて信頼が置けるような状況であれば、その要素を直接使ってしまう方が容易で、妥当なことが多いのです。

Linux のディストリビューション群にわたって動作しなければならない場合、それぞれの設定でのイメージをセットアップして、テストを高速に流すことができます。ただしこのアプローチには、ディストリビューション間でのカーネルの違いが考慮に入らないという落とし穴があります。

8.2 Jenkinsコンテナの作成

Jenkins は、広く使われているオープンソースの CI サーバーです。CI サーバーには他の選択肢や、ホストされたソリューションもありますが、本書の Web アプリケーションでは単純に人気があることから、Jenkins を使います。identidock プロジェクトに変更がプッシュされたら、Jenkins が自動的に変更分をチェックアウトして、新しいイメージをビルドし、そのイメージに対し、ユニットテストと多少のシステムテストを実行するようにセットアップします。そして、テストの結果のレポートを生成させます。

このソリューションは、公式の Jenkins のリポジトリのイメージをベースにします。ここでは `1.609.3` を使いましたが、Jenkins はコンスタントに新しいリリースが出ているので、新しいバージョンを使ってみるのも良いでしょう。とはいえ、その場合は変更なしに動作するとはかぎりません。

Jenkins コンテナがイメージをビルドできるようにするために、Docker ソケット[†]をホストからコンテナにマウントします。こうすることで、Jenkins は実質的に「兄弟」コンテナを生成できるようになります。別の方法としては、Docker-in-Docker（DinD）を使う方法もあります。これは、Docker コンテナが独自の「子」コンテナを作れるようにするものです。**図 8-1** は、この 2 つのアプローチの比較です。

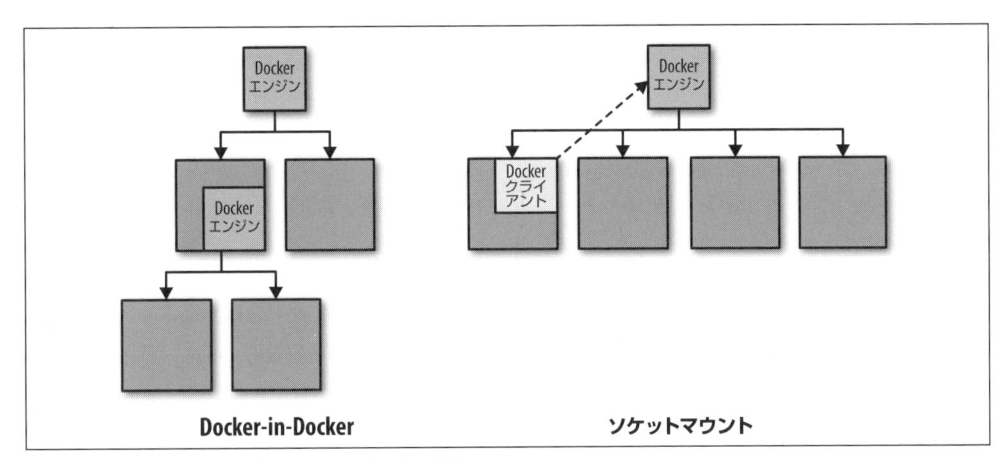

図8-1　Docker-in-Dockerとソケットマウントの比較

† Docker ソケットは、Docker のクライアントとデーモン間の通信に使われるエンドポイントです。これは、デフォルトでは、`/var/run/docker.sock`を通じてアクセスされる IPC のソケットですが、Docker はネットワークのアドレスを通じて公開される TCP ソケットや、systemd 形式のソケットもサポートしています。本章では、`/var/run/docker.sock`にあるデフォルトのソケットを使っているものとしています。このエンドポイントは、単純にコンテナにボリュームとしてマウントできます。

Docker-in-Docker

Docker-in-Docker（DinDとも呼ばれます）は、Dockerそのものを Dockerコンテナ内で実行するだけのものです。こういった動作をさせるためには、特別な設定が多少必要になります。主に必要になるのは、コンテナを特権モードで実行することと、多少のファイルシステムの問題に対処することです。これは自分自身で解決するのではなく、Jerome PetazzoniのDinDプロジェクトを使うのがもっとも簡単でしょう。このプロジェクトはhttps://github.com/jpetazzo/dindから入手可能で、必要なステップもすべて記されています。Docker HubからJeromeのDinDのイメージを使えば、すぐに始めることができます。

```
$ docker run --rm --privileged -t -i -e LOG=file jpetazzo/dind
...
root@02306db64f6a:/# docker run busybox echo "Hello New World!"
Unable to find image 'busybox:latest' locally
Pulling repository busybox
d7057cb02084: Download complete
cfa753dfea5e: Download complete
Status: Downloaded newer image for busybox:latest
Hello New World!
```

DinDとソケットマウントのアプローチとの主な違いは、DinDで作成されたコンテナは、ホストコンテナから隔離されているということです。DinDコンテナ内で`docker ps`を実行してみれば、表示されるのはDinDのDockerデーモンが作成したコンテナだけです。これに対して、ソケットマウントのアプローチを取った場合は、`docker ps`を実行してみれば、コマンドを実行した場所に関係なく、すべてのコンテナが見えることになります。

筆者は概して、ソケットマウントのアプローチのシンプルさが好みですが、環境によってはもっとはっきりしたDinDでの隔離が好ましいこともあるでしょう。DinDでの実行を選択した場合は、以下のようなことに注意が必要です。

- 独自のキャッシュを持つことになるので、最初のビルドには時間がかかります。そして、イメージはすべてプルし直すことになります。これは、ローカルレジストリやミラーを使うことで緩和できます。ホストのビルドキャッシュをマウントしようとしてはいけません。Dockerエンジンは、キャッシュへのアクセスが排他になっていることを前提としているので、2つのインスタンスでキャッシュを共有すると、問題が生じるかも知れません。

- コンテナは特権モードで動作しなければならないので、ソケットマウントの手法よりもセキュアではありません（アクセス権を取得してしまえば、攻撃者はドライブを含む任意のデバイスをマウントできるようになってしまいます）。これは、将来的にDinDがアクセスできるデバイスをユーザーが選択できるような細かな権限管理のサポートがDockerに追加されれば、改善されるはずです。

- DinDは/var/lib/dockerディレクトリにボリュームを使うので、コンテナを削除する際にボリュームの削除を忘れると、急激にディスク領域が消費されていくことになります。

DinDに注意が必要なその他の理由については、jpetazzoのGitHubの記事（http://bit.ly/1WtECmm）を参照してください。

ソケットをホストからマウントするには、コンテナ内のJenkinsユーザーが、十分なアクセス権を持っていなければなりません。identijenkという新しいディレクトリ内に、以下の内容でDockerfileを作成してください。

```
FROM jenkins:1.609.3

USER root
RUN echo "deb http://apt.dockerproject.org/repo debian-jessie main" \
          > /etc/apt/sources.list.d/docker.list \
      && apt-key adv --keyserver hkp://p80.pool.sks-keyservers.net:80 \
          --recv-keys 58118E89F3A912897C070ADBF76221572C52609D \
      && apt-get update \
      && apt-get install -y apt-transport-https \
      && apt-get install -y sudo \
      && apt-get install -y docker-engine \
      && rm -rf /var/lib/apt/lists/*
RUN echo "jenkins ALL=NOPASSWD: ALL" >> /etc/sudoers

USER jenkins
```

このDockerfileは、Jenkinsのベースイメージを使い、Dockerのバイナリをインストールし、パスワードのないsudo権限をjenkinsユーザーに与えています。Dockerのグループには意図的にjenkinsを追加していないので、すべてのDockerコマンドの前にはsudoを付けなければなりません。

dockerグループは使わないようにしましょう

sudoを使う代わりに、jenkinsユーザーをdockerグループに追加するという方法もあります。ただしその場合、CIホスト側のdockerグループのGIDを見つけ出して使わなければならず、DockerfileにはこのGIDをハードコードしなければならないという問題があります。そうなれば、ホストが異なればdockerグループのGIDも異なることから、Dockerfileはポータブルになりません。このことによる混乱と面倒を避けるために、sudoを使う方が良いのです。

イメージを構築します。

```
$ docker build -t identijenk .
...
Successfully built d0c716682562
```

テストしてみましょう。

```
$ docker run -v /var/run/docker.sock:/var/run/docker.sock \
        identijenk sudo docker ps
CONTAINER ID  IMAGE       COMMAND                   CREATED         STATUS  ...
a36b75062e06  identijenk  "/bin/tini -- /usr/lo"  1 seconds ago   Up Less tha...
```

このdocker runコマンドでは、ホストのDockerデーモンに接続するためにマウントしたのは、どちらもDockerソケットです。もっと古いバージョンのDockerでは、コンテナ内にDockerをインストールするよりも、Dockerのバイナリもマウントするのが一般的でした。この方法には、ホスト上のDockerとコンテナ内のDockerのバージョンを一致させておけるというメリットがありました。しかし、バージョン1.7.1以降のDockerは、動的ライブラリを使うようになったので、依存対象もコンテナ内でマウントしなければならなくなりました。マウントすべきライブラリを正しく調べて更新していくという問題に対処するよりは、単にDockerをイメージ中にインストールしてしまう方が容易です。

これで、コンテナ内でDockerを動作させられるようになったので、Jenkinsのビルドを動作させるのに必要な他のものもインストールできるようになりました。Dockerfileを、以下のように更新してください。

```
FROM jenkins:1.609.3

USER root
RUN echo "deb http://apt.dockerproject.org/repo debian-jessie main" \
          > /etc/apt/sources.list.d/docker.list \
      && apt-key adv --keyserver hkp://p80.pool.sks-keyservers.net:80 \
          --recv-keys 58118E89F3A912897C070ADBF76221572C52609D \
      && apt-get update \
      && apt-get install -y apt-transport-https \
      && apt-get install -y sudo \
      && apt-get install -y docker-engine \
      && rm -rf /var/lib/apt/lists/*
RUN echo "jenkins ALL=NOPASSWD: ALL" >> /etc/sudoers

RUN curl -L https://github.com/docker/compose/releases/download/1.4.1/\
docker-compose-`uname -s`-`uname -m` > /usr/local/bin/docker-compose; \
    chmod +x /usr/local/bin/docker-compose ❶

USER jenkins
COPY plugins.txt /usr/share/jenkins/plugins.txt ❷
RUN /usr/local/bin/plugins.sh /usr/share/jenkins/plugins.txt
```

❶ イメージのビルドと実行に使う、Docker Composeをインストールします。

❷ plugins.txtファイルをコピーして処理します。このファイルは、Jenkinsにインストールす

るプラグインのリストを指定します。

Dockerfile と同じディレクトリに、以下の内容で plugins.txt というファイルを作成してください。

```
scm-api:0.2
git-client:1.16.1
git:2.3.5
greenballs:1.14
```

最初の 3 つのプラグインは、Git の identidock プロジェクトへのアクセスの設定に使用できるインターフェイスをセットアップします。"greenballs" プラグインは、ビルド成功時の Jenkins のデフォルトの青いボールを、緑色のボールに置き換えます。

これで、Jenkins コンテナを起動して、ビルドの設定を開始する準備がほぼ整いましたが、まずは設定を永続化しておくためのデータコンテナを生成しておかなければなりません。

```
$ docker build -t identijenk .
...
$ docker run --name jenkins-data identijenk echo "Jenkins Data Container"
Jenkins Data Container
```

データコンテナには Jenkins のイメージを使ったので、パーミッションは適切に設定されています。このコンテナは、echo コマンドの実行後に終了しますが、削除されない限りは --volumes-from 引数で使うことができます。データコンテナの詳細については、「ボリュームとデータコンテナを使ったデータの管理」を参照してください。

これで、Jenkins のコンテナを起動する準備ができました。

```
$ docker run -d --name jenkins -p 8080:8080 \
    --volumes-from jenkins-data \
    -v /var/run/docker.sock:/var/run/docker.sock \
    identijenk
75c4b300ade6a62394a328153b918c1dd58c5f6b9ac0288d46e02d5c593929dc
```

ブラウザで http://localhost:8080 にアクセスしてみれば、Jenkins が初期化されているのがわかるでしょう。少し後に、identidock プロジェクトのビルドとテストを行うようにセットアップを行いますが、まずは identidock プロジェクト自体に少し手を加えなければなりません。現時点では、このプロジェクトの docker-compose.yml ファイルは開発バージョンの identidock を初期化しますが、ここから開発するシステムテストは、もう少し実働環境に近い環境で動作させたいところです。したがって、Jenkins 内で実働バージョンの identidock を起動するために使う、jenkins.yml という新しいファイルを作成する必要があります。

```
identidock:
  build: .
  expose:
   - "9090" ❶
  environment:
    ENV: PROD ❷
  links:
   - dnmonster
   - redis

dnmonster:
  image: amouat/dnmonster:1.0

redis:
  image: redis:3.0
```

❶ Jenkinsは兄弟コンテナで動作するので、接続のためのポートをホストに公開する必要はありません。exposeコマンドを含めているのは、主にドキュメンテーションとしてです。これがなくても、デフォルトのネットワークの設定を変更していなければ、Jenkinsからidentidockにアクセスすることはできます。

❷ 環境を実働環境に設定します。

このファイルは、Jenkinsがソースコードを取得するidentidockのリポジトリに追加しなければなりません。以前に独自のリポジトリを立てていたなら、そのリポジトリに追加してもかまいませんし、https://github.com/using-docker/identidock にあるように、既存のリポジトリに追加してもかまいません。

これで、Jenkinsでのビルドの設定を始められるようになりました。JenkinsのWebインターフェイスを開き、以下の手順を踏んでください。

1. "create new jobs"のリンクをクリックします。
2. "Item name"に"identidock"と入力し、"freestyle project"を選択し、OKをクリックします。
3. "Source Code Management"を設定します。GitHubの公開リポジトリを使っているなら、"Git"を選択して、リポジトリのURLを入力するだけです。プライベートリポジトリを使っているなら、何らかのクレデンシャルをセットアップする必要があるでしょう(BitBuketを含むいくつかのリポジトリには、こういった目的のためのリードオンリーのアクセスをセットアップする際に使える、**デプロイメントキー**があります)。あるいは、GitHubで利用できるバージョン(https://github.com/using-docker/identidock)を使ってもかまいません。

4. "Add build step" をクリックし、"Execute shell" を選択します。"Command" ボックス内に、以下のように入力してください。

```
#Default compose args
COMPOSE_ARGS=" -f jenkins.yml -p jenkins "

#Make sure old containers are gone
sudo docker-compose $COMPOSE_ARGS stop ❶
sudo docker-compose $COMPOSE_ARGS rm --force -v

#build the system
sudo docker-compose $COMPOSE_ARGS build --no-cache
sudo docker-compose $COMPOSE_ARGS up -d

#Run unit tests
sudo docker-compose $COMPOSE_ARGS run --no-deps --rm -e ENV=UNIT identidock
ERR=$?

#Run system test if unit tests passed
if[$ERR-eq0];then
  IP=$(sudo docker inspect -f {{.NetworkSettings.IPAddress}} \
          jenkins_identidock_1) ❷
  CODE=$(curl -sL -w "%{http_code}" $IP:9090/monster/bla -o /dev/null) || true ❸
  if [ $CODE -ne 200 ]; then
    echo "Site returned " $CODE
    ERR=1
  fi
fi

#Pull down the system
sudo docker-compose $COMPOSE_ARGS stop
sudo docker-compose $COMPOSE_ARGS rm --force -v

return $ERR
```

❶ Docker Compose を呼ぶのに `sudo` を使っていることに注意してください。ここでも理由は、Jenkins というユーザーが docker グループ内にはいないためです。

❷ `docker inspect` を使って、identidock コンテナの IP アドレスを取得します。

❸ `curl` を使って identidock サービスにアクセスし、正常に動作していることを示す HTTP コード 200 が返されるかをチェックします。identidock が dnmonster サービスに接続できることを確かめるために、`/monster/bla` というパスを使っていることに注意してください。

このコードは、GitHub からも入手できます（**https://github.com/using-docker/ci-testing**）。

通常は、こういったスクリプトは他のコードと一緒にソース管理システムにチェックインするものですが、ここでのサンプルとしては、Jenkinsに貼り付けてもらうだけで十分です。

これで、"Save" に続いて "Build Now" をクリックすれば、テストができるはずです。ビルドの詳細は、ビルドIDをクリックして、"Console Output" を選択すれば表示されます。表示は**図8-2**のようになるでしょう。

図8-2　成功したJenkinsのビルド

ここまではとてもうまくいっています。無事にDockerを動作させ、ユニットテストに加えて、アプリケーションのシンプルな「スモークテスト」も実行できるようになりました。これが本物のアプリケーションであれば、アプリケーションが正しく機能し、さまざまな入力を扱えることを保障する完全なテストのセットを持つことになるでしょう。しかし、これはシンプルなデモなので、これで十分です。

8.2.1 ビルドの実行

この時点では、ビルドは "Build Now" をクリックすることで、手動で始めることになります。GitHubのプロジェクトにチェックインがあるたびに自動的にビルドが走るようにできれば、大きな改善になります。そのためには、identidockの設定で "Poll SCM" メソッドを有効にして、テキストボックスに "H/5 * * * *" と入力します。こうすれば、Jenkinsはリポジトリに変化がないかを5分おきにチェックし、変化があればビルドをスケジューリングします。

これはシンプルな解決方法であり、十分にうまく行きますが、多少の無駄があり、最大で5分、ビルドは常に遅れることになります。もっといい解決方法は、更新があったときにリポジトリがJenkinsに通知するよう設定することです。これは、BitBucketやGitHubではWeb Hooksを使えば実現できますが、Jenkinsサーバーが公開のインターネットにアクセスできなければなりません。

Docker Hubのイメージの利用

ここで、「そもそもなんでイメージをビルドするんだろう？」と尋ねたい人もいるかも知れません。前セクションを辿ってきていれば、Docker Hub上で自動化され、ソースリポジトリへチェックインがあったときに実行されるビルドをセットアップしてあるでしょう。Docker HubのWebhooksの機能を使えば、この自動化ビルドを活かし、Docker Hubのリポジトリでビルドが成功した後に、自動的にJenkinsのビルドがキックされるようにすることができます。そうすれば、テストのスクリプトでは、イメージをビルドではなく、プルできることになります。この場合も、Jenkinsサーバーは公開インターネットにアクセスできなければなりません。

このソリューションは、スタンドアローンのDockerイメージを生成する小さなプロジェクトには有効ですが、大規模なプロジェクトでは、おそらくビルドのさらなる高速化や、ビルドの制御のセキュリティが求められることになるでしょう。

8.3　イメージのプッシュ

これでidentidockのイメージのテストができたので、何らかの方法でそのイメージをパイプラインの残りを通さなければなりません。そのための最初のステップは、イメージのタグ付けとレジストリへのプッシュです。パイプライン中の次のステージでは、イメージをこのレジストリから取得して、ステージング環境や実働環境へプッシュすることができます。

8.3.1　信頼できるタグ付け

イメージに正しいタグを付けることは、コンテナベースのパイプラインを通じての制御と出所の管理にとって、重要なことです。タグ付けを誤れば、実働環境で動作しているイメージをビルドに結びつけ直すことは、不可能とまでは行かなくとも、難しくなってしまいます。そしてそのために、デバッグやメンテナンスは、必要以上に難しいことになってしまいます。あらゆるイメージに対して、そのイメージを生成するのに使われたDockerfileと、ビルドコンテキストを正確に示すことができなければならないのです[†]。

タグは、いつでも上書きして変更できます。そのため、**信頼できるプロセスの下でイメージのタグ付けとバージョン管理が行われるようにする責任は、開発者が負うことになります。**

本書のサンプルアプリケーションでは、2つのタグをイメージに与えます。1つはリポジトリのgitハッシュで、もう1つは`newest`です。こうすれば、`newest`というタグは、常にテストをパスした最新のビルドを指すことになり、gitハッシュを使えば任意のイメージのビルドファイル群を戻すことができます。`latest`というタグは、「latestタグは要注意」で議論した問題があるので、

† 依存対象が変化している可能性があることから、これだけではまったく同じコンテナを再生成できることは保障されないことに注意してください。この問題の緩和方法の詳細については、「再現性と信頼性のあるDockerfile」を参照してください。

意識的に避けました。Jenkins内のビルドスクリプトは、以下のように更新してください。

```
#composeのデフォルトの引数
COMPOSE_ARGS=" -f jenkins.yml -p jenkins "

#古いコンテナがなくなっていることを確認
sudo docker-compose $COMPOSE_ARGS stop
sudo docker-compose $COMPOSE_ARGS rm --force -v

#システムのビルド
sudo docker-compose $COMPOSE_ARGS build --no-cache
sudo docker-compose $COMPOSE_ARGS up -d

#ユニットテストの実行
sudo docker-compose $COMPOSE_ARGS run --no-deps --rm -e ENV=UNIT identidock
ERR=$?

#ユニットテストをパスしたならシステムテストを実行
if[$ERR-eq0];then
  IP=$(sudo docker inspect -f {{.NetworkSettings.IPAddress}} \
         jenkins_identidock_1)
  CODE=$(curl -sL -w "%{http_code}" $IP:9090/monster/bla -o /dev/null) || true
  if [ $CODE -eq 200 ]; then
    echo "Test passed - Tagging"
    HASH=$(git rev-parse --short HEAD) ❶
    sudo docker tag -f jenkins_identidock amouat/identidock:$HASH ❷
    sudo docker tag -f jenkins_identidock amouat/identidock:newest ❷
    echo "Pushing"
    sudo docker login -e joe@bloggs.com -u jbloggs -p jbloggs123 ❸
    sudo docker push amouat/identidock:$HASH ❹
    sudo docker push amouat/identidock:newest ❹
  else
    echo "Site returned " $CODE
    ERR=1
  fi
fi

#システムを停止させる
sudo docker-compose $COMPOSE_ARGS stop
sudo docker-compose $COMPOSE_ARGS rm --force -v

return $ERR
```

❶ 短いバージョンのgitハッシュの取得。

❷ タグの追加。

❸ レジストリへのログイン。

❹ レジストリへのイメージのプッシュ。

タグは、プッシュ先のリポジトリにあわせて適切に変更しなければなりません。例えば、リポジトリがmyhost:5000で動作しているなら、myhost:5000/identidock:newestというようなタグを使わなければなりません。同様に、docker loginのクレデンシャルも環境に合わせて修正してください。

新しいビルドを開始すると、パイプライン中の次のステージに備えて、スクリプトがイメージにタグを付けて、レジストリにプッシュしてくれるようになっているでしょう。本書のサンプル程度ならこれだけで素晴らしいことですし、おそらくは多くのプロジェクトでも出発点としても十分でしょう。しかし、プロジェクトがもっと複雑になってくれば、もっとタグを増やし、名前も記述的なものにしたくなるでしょう。タグを元にして、もっとわかりやすい名前を生成するには、git describeコマンドが役に立ちます。

イメージのすべてのタグの取得

イメージのそれぞれのタグは、個別に保存されています。これはすなわち、あるイメージのすべてのタグを見つけるためには、完全なイメージのリストを、イメージIDによってフィルタリングしなければならないということです。例えば、amouat/identidock:newestというタグを持つイメージのすべてのタグを見つけるためには、以下のようにしなければなりません。

```
$ docker images --no-trunc | grep \
    $(docker inspect -f {{.Id}} amouat/identidock:newest)
amouat/identidock   51f6152  96c7b4c094c8f76ca82b6206f...
amouat/identidock   newest   96c7b4c094c8f76ca82b6206f...
jenkins_identidock  latest   96c7b4c094c8f76ca82b6206f...
```

これで、同じイメージに51f6152というタグも付けられていることがわかります。

タグは、イメージキャッシュの中にあるものだけしか見えないことに注意してください。例えばdebian:latestをプルした場合、debian:7が同じイメージIDを持っていたとしても、debian:7は（本書の執筆時点では）見えません。同様に、debian:latestとdebian:7というイメージを持っており、新しいバージョンのdebian:latestをプルしたとしても、debian:7というタグのイメージは影響されず、以前のイメージIDにリンクされたままになります。

8.3.2 ステージングと実働環境

テスト、タグ付け、レジストリへのプッシュができたイメージは、パイプライン中の次のステージへ渡さなければなりません。おそらくこれは、**ステージング環境**もしくは実働環境ということになるでしょう。その引き金としては、レジストリのWebHookの通知（**https://docs.docker.com/registry/notifications/**）や、Jenkinsによる次のステップの呼びだしなど、いくつかの方法が考えられます。

8.3.3 イメージの散乱

実働環境のシステムでは、**イメージの散乱**という問題に対処しなければなりません。Jenkinsサーバーは、定期的にイメージを削除するべきであり、開発者はレジストリ中のイメージの数をコントロールする必要があります。そうしなければ、レジストリは急速に古くて不要になったイメージで一杯になってしまうでしょう。指定した期日よりも古いすべてのイメージを削除する解決策の1つとしては、領域があるならそれらをバックアップストアに保存しておくという方法があるでしょう[†]。あるいは、CoreOS Enterprise RegistryやDocker Trusted Registryといった、もっと高度なツールを調べてみるのも良いでしょう。これらはどちらも、リポジトリの高度な管理機能を持っています。

正しい対象をテストしましょう

テストするコンテナが、間違いなく実働環境で動作させるのと同じであるようにすることは重要です。テストの際にDockerfileからイメージをビルドし、実働環境用に改めてビルドし直してはいけません。テストしたのと同じものを確実に動作させ、違いが絶対に生じないようにしなければなりません。そのため、テスト環境、ステージング環境、実働環境で共有できるような、イメージ用の何らかのレジストリやストアを運用することが欠かせないのです。

8.3.4 Dockerを使ったJenkinsのスレーブのプロビジョニング

ビルドに対する要求が膨らむにつれて、テストの実行に必要なリソースも大きくなっていきます。Jenkinsは「ビルドスレーブ」という概念を用います。基本的に、これはJenkinsがビルドをアウトソースするために使うことができる、タスクファームを形作るものです。

Dockerを使って、動的にこれらのスレーブのプロビジョニングを行いたいなら、Docker plugin for Jenkins（**https://wiki.jenkins-ci.org/display/JENKINS/Docker+Plugin**）を調べてみてください。

8.4 Jenkinsのバックアップ

ここではJenkinsのサービスにデータコンテナを使っているので、Jenkinsのバックアップは以下のようにするだけで住んでしまいます。

```
$ docker run --volumes-from jenkins-data -v $(pwd):/backup \
         debian tar -zcvf /backup/jenkins-data.tar.gz /var/jenkins_home
```

これで、バックアップデータが`$(pwd)/backup`ディレクトリ内の`jenkins-data.tar.gz`として保存されます。このコマンドを実行する前には、Jenkinsのコンテナを停止させるか、一時停止させておいた方がいいでしょう。これで、以下のようなコマンドで新しいデータコンテナを作成し、

† 本書の執筆時点では、ローカルでホストしているDockerレジストリの場合、これは言うほど簡単なことではありません。これは、ローカルのDockerレジストリにはまだ削除の機能が実装されていないためです。解決すべきいくつかの問題についてはディストリビューションのロードマップで詳しく説明されています（https://github.com/docker/distribution/blob/master/ROADMAP.md）。

バックアップの内容をそこに展開できることになります。

```
$ docker run --name jenkins-data2 identijenk echo "New Jenkins Data Container"
$ docker run --volumes-from jenkins-data2 -v $(pwd):/backup \
             debian tar -xzvf /backup/backup.tar
```

残念ながら、このアプローチを使うには、コンテナのマウントポイントを知っていなければなりません。これは、コンテナを調べれば自動化できるので、docker-backup（https://github.com/discordianfish/docker-backup）のようなツールに処理してもらうこともできます。筆者としては、将来のバージョンのDockerでは、こうしたワークフローをもっとサポートしてもらえるようになることを期待しています。

8.5 ホストされたCIソリューション

クラウド上でのJenkinsの環境を管理してくれる企業から、もっと特化したソリューションであるTravis（https://travis-ci.org）、Wercker（http://wercker.com）、CircleCI（https://circleci.com）、drone.io（https://drone.io）などまで、CI用のホストされたソリューションの選択肢も多岐にわたります。これらのソリューションの多くは、コンテナで構成されるシステムに対するテストの実行よりは、むしろ事前に決まっている言語スタックでのユニットテストの実行をターゲットとしているようです。この分野でも多少の動きがあるので、筆者としてはDockerコンテナのテストを目的としたサービスが登場することを期待しています。

8.6 テストとマイクロサービス

Dockerを使っているなら、マイクロサービスアーキテクチャを採用していることも多いでしょう。マイクロサービスアーキテクチャのテストを行う場合、実施可能なテストのレベルはさらに多くなり、テストの方法や対象を選択することになります。基本的なフレームワークは、以下のようなテスト群を含むことになるでしょう。

ユニットテスト

各サービス[†]には、包括的なユニットテスト群を割り当てるべきです。ユニットテストでテストするのは、小さい、分離された機能であるべきです。依存対象の他のサービスは、テストダブルを使って置き換えてもいいでしょう。テスト数が多くなるので、頻繁にテストを行い、開発者を待たせずにテスト結果を届けられるよう、ユニットテストはできる限り高速に実行することが重要です。ユニットテストは、システムに対するテスト群の中で、最大の割合を占めることになるべきです。

† 通常は、各サービスごとに1つのコンテナを割り当てるか、リソースの要求が大きいなら1つのサービスに複数のコンテナを割り当てることになるでしょう。

コンポーネントテスト

コンポーネントテストは、個々のサービスの外部インターフェイスのテストや、サービスのグループのサブシステムテストのレベルです。どちらの場合でも、他のサービスへの依存性があることが多いので、ユニットテストの場合と同様に、それらをテストダブルで置き換えなければならないかも知れません。また、テストの際にはサービスAPIを通じてメトリクスやログを公開すると役に立つこともありますが、そういったAPIは、機能を提供するAPIとは別の名前空間（例えばURLのプレフィックスを異なるものにするなど）に置いておくようにしてください。

エンドトゥエンドテスト

システム全体が動作していることを確認するテストです。こういったテストは、実行のコストが非常に大きく（リソースの面でも時間の面でも）なるため、それほど多くを用意するべきではありません。こういったテストの実行に数時間を要し、デプロイメントとフィックスの遅延が問題になってしまうような状況は望ましくありません（少し後に説明する、**スケジュール実行**を検討してみてください）。

システムの中には、テスト中の実行が不可能であったり、コストがかかりすぎたりするものもあるかも知れません。そういった部分は、やはりテストダブルで置き換えなければならないこともあるでしょう（テストの中で核ミサイルを発射するのは、いい考え方とは言えません）。本書のidentidockのテストは、エンドトゥエンドテストに分類されるもので、テストダブルは用いずに、システム全体をエンドトゥエンドで実行します。

加えて、以下のようなテストも検討すると良いでしょう。

コンシューマコントラクトテスト

これらのテストは、コンシューマ駆動契約テストと呼ばれることもあるもので、サービスの**利用者**（コンシューマ）によって書かれ、期待される入力及び出力データが定義されます。コンシューマコントラクトテストの対象には、副作用（状態の変化）や、パフォーマンスが期待を満たしているかも含まれます。サービスのそれぞれのコンシューマに対しては、個別のコントラクトがあるはずです。こういったテストの主な利点は、サービス開発者がコンシューマに対する互換性を破棄するリスクを冒せる時を知ることができるという点です。コントラクトテストが失敗したなら、サービスを変更するか、コンシューマ側の開発者と一緒に、コントラクトを変更しなければならないことがわかります。

結合テスト

結合テストでは、各コンポーネント間の通信チャネルが正しく動作しているかをチェックします。モノリシックなアーキテクチャに比べると、コンポーネント間の接続と協調の度合いが何桁も大きくなるマイクロアーキテクチャにおいては、この種のテストは重要になります。とはいえ、ほとんどの通信チャネルの動作は、コンポーネント及びエンドトゥエンドテストでカバーされていることでしょう。

スケジューリングされた実行

CIのビルドは高速なままにしておくことが重要なため、珍しい設定や、さまざまなプラットフォームに対するテストなど、長時間かかるテストを実行するには十分な時間がないこともよくあります。そのため、こういったテストは処理容量に余力がある夜間に実行するようにスケジューリングすることができます。

こういったテストの多くは、イメージをレジストリに追加する前に実行するものなのかどうかによって、**プレレジストリ**と**ポストレジストリ**に分類することができます。例えば、ユニットテストはプレレジストリです。ユニットテストに失敗したイメージは、レジストリにプッシュするべきではありません。これは、コンシューマコントラクトテストやコンポーネントの中にも当てはまるものがあります。一方で、エンドトゥエンドテストを行えるようになった時点では、イメージはすでにレジストリにプッシュされているはずです。ポストレジストリテストが失敗した場合には、次に何を行うべきなのかという疑問が生じます。新しいイメージを実働環境にプッシュするべきではありませんが（あるいは、それらがすでにデプロイされていたなら、ロールバックすべきです）、生じた障害は、実際には他の古いイメージや新しいイメージとのやりとりによるものかも知れません。この種の障害に対しては、さらなるレベルの調査が必要になりことがあり、適切に扱わなければなりません。

8.6.1 実働環境でのテスト

最後に、実働環境でのテストについても考えてみましょう。心配は要りません。これは、それほどおかしな話ではないのです。特に、テストすることが難しい、環境や設定がきわめて多彩な大量のユーザーに関する場合、こうすることが理にかなうこともあります。

一般的なアプローチの1つには、しばしば**ブルー / グリーンデプロイメント**と呼ばれるアプローチがあります。例えば、既存の実働サービスをアップデートしたいとしましょう。現在動いているバージョンを「ブルー」バージョンと呼び、新しいバージョンを「グリーン」バージョンと呼ぶことにします。単純にブルーバージョンをグリーンバージョンで置き換えるのではなく、一定期間この両者を並行稼働させることができます。グリーンバージョンが立ち上がったら、スイッチを切り替えてトラフィックをグリーン側に流します。そしてエラーレートやレイテンシの増加といった、予想外の動作の変化が生じていないか、システムの状況をモニタリングします。新しいバージョンがうまくいっていなかった場合には、スイッチを戻してブルーバージョンを実働環境にすればいいだけです。うまくいっていることが確認できれば、ブルーバージョンを落としてしまうことができます。

他の方法も、同じような原則に従います。すなわち、新旧のバージョンを並行稼働させるのです。**A/B**あるいは**マルチバリエーションテスト**では、2つ（以上）のバージョンのサービスをテスト期間中並行稼働させ、ユーザーをランダムにサービス間で分割します。特定の統計情報をモニタリングした上で、テスト終了時の結果に基づき、いずれかのバージョンを保持したままにします。**ランプトデプロイメント**では、新しいバージョンのテストは、一部のユーザーだけが利用できるようにします。それらのユーザーで問題が起きなければ、徐々に多くのユーザーに新バージョンを開放していきます。**シャドウイング**では、サービスの両方のバージョンをすべてのリクエストに対して動作させ、古い安定バージョンの結果だけを利用します。古いバージョンと、提案されている新しいバージョンの結果を比較すれば、新しいバージョンが古いバージョンと同じ動作をしている（あるいは予想通りに改善された動作をしている）ことを確認できます。シャドウイングは、機能的な変化がない、パフォーマンス改善のような変更が加えられた新バージョンをテストする場合に特に便利です。

8.7 まとめ

覚えておくべき大切なことは、コンテナが継続的インテグレーション / デリバリのワークフローに、自然に当てはめられるということです。覚えておくべきことはいくつかありますが、重要なのは、パイプライン中の各ステージでビルドをし直すのではなく、パイプライン中には同じイメージをプッシュしなければならないということです。とはいえ、既存のCIのツール群でコンテナを扱うようにしても、それほど問題は生じないはずであり、将来的にはもっと特化したツール群がこの領域に登場することでしょう。

大規模なマイクロサービスのアーキテクチャを採用するなら、本章で概要を見てきた手法を試してみたり、研究してみることを、時間をかけて検討してみると良いでしょう。

9章
コンテナのデプロイ

さあ、ビジネス側のことに手を付けて、Dockerを本当の実働環境で動作させることを考えるときが来ました。本書の執筆時点では、誰もがDockerについて語っており、Dockerを使ってみてもいますが、実働環境でDockerを使っている人は、比較的少数にとどまっています。批判的な人々は、しばしばこのことをDockerの失敗として指摘しますが、そういった人々はいくつか重要なことを見落としているように思われます。Dockerが比較的若いことを踏まえれば、これほどの人々が実働環境でDockerを使っていること（その中にはSpotify、Yelp、Baiduが含まれます）や、Dockerを開発やテストにのみ使っている人々もたくさんのメリットを享受しているということは、非常にポジティブなことです。

とはいえ、今日の時点でも、コンテナを実働環境で使うことは完全に可能であり、理にかなっていることでもあります。大規模なプロジェクトや組織では、小さく始めて、時間をかけて構築を行っていくことが好まれるかも知れませんが、すでにDockerは、ほとんどのプロジェクトにとって、実用可能で、単純明快なソリューションとなっています。

現時点の状況下では、コンテナをデプロイする最も一般的な方法は、まずVM群をプロビジョニングして、それらのVM上でコンテナを起動するという方法です。これは、理想的なソリューションとは言えません。大量のオーバーヘッドが生じ、スケーリングは遅くなり、ユーザーは複数のコンテナの粒度でのプロビジョニングを強いられることになります。コンテナをVM内で動作させる主な理由は、単にセキュリティのために過ぎません。ある顧客が他の顧客のデータやネットワークトラフィックにアクセスできないようにすることは必須であり、現時点ではコンテナそのものが保障する隔離は、強力とは言えません。さらに、あるコンテナがカーネルのリソースを独占したり、カーネルパニックを引き起こしたりすれば、それは同じホスト上で動作しているすべてのコンテナに影響します。Google Container Engine（GKE）やAmazon EC2 Container Service（ECS）といった専門のソリューションの多くでさえも、内部的には依然としてVMを使っています。現時点で、このルールの例外にはGiant SwarmとJoyentのTritonがあります。この両者については、後ほど議論します。

本章では、本書のシンプルなアプリケーションが、さまざまなクラウドや、Dockerのホスティングに特化したサービスにデプロイできることを見ていきます。また、クラウドやオンプレミスのリソースを使って、実働環境でコンテナを動作させる際の問題や手法についても見ていくことにしましょう。

本章のコードは、本書のGitHubのリポジトリ（https://github.com/using-docker/deploying-containers）から入手できます。この後は、これまでのPythonのコードをビルドしませんが、これまでに作成したイメージは引き続き利用します。読者のみなさんは、自分のバージョンのidentidockイメージを使うことも、あるいは単純にamouat/identidockリポジトリを使うこともできます。
本章の開始時点のコードは、v0タグでチェックアウトできます。

```
$ git clone -b v0 \
  https://github.com/using-docker/deploying-containers/
...
```

それ以降のタグは、本章の進行に合わせて付けられています。
あるいは、任意のタグを使って、本書のGitHubのリリースページからコードをダウンロードすることもできます。

9.1 Docker Machineを使ったリソースのプロビジョニング

新しいリソースをプロビジョニングする、最も速くてシンプルな方法は、**Docker Machine**によって新たなリソースをプロビジョニングし、コンテナを実行する方法です。Docker Machineは、サーバーを生成し、生成したサーバーにDockerをインストールし、ローカルのDockerクライアントからアクセスできるようにしてくれます。Docker Machineには、ほとんどの主要なクラウドプロバイダ（これにはAWS、Google Compute Engine、Microsoft Azure、Digital Oceanが含まれます）に加えて、VMWare及びVirtualBox用のドライバが付属しています。

ベータ版に注意！
本書の執筆時点では、Docker Machineはベータ版です（筆者がテストしたのはDocker Machineのバージョン0.7.0です）。これはすなわち、バグにぶつかったり、機能が欠けていたりする可能性はあるものの、利用することは可能で、それなりに安定もしているはずだということです。残念ながら、これは現時点のコマンドや構文は、多少変更されることになるだろうということでもあります。筆者としては、現時点でDocker Machineを実働環境で使うことはお勧めしませんが、テストや実験用には大いに役立ちます。
（そう、そしてこの警告は本書に登場するほとんどすべてのものに当てはまります。この辺で改めて指摘しておくべきだと思ったのです・・・）

それでは、Docker Machineを使ってクラウド上でidentidockを立ち上げるやり方を見ていきましょう。始めに、ローカルのコンピュータにDocker Machineをインストールしなければなりません。DockerをDocker Toolboxでインストールしていたなら、もうDocker Machineは使えるようになっています。もしそうではないなら、Docker MachineのバイナリをGitHubからダウンロード（**https://github.com/docker/machine/releases**）して、それをパス上（例えば`/usr/local/bin/docker-machine`）に置くこともできます。用意ができたら、コマンドを実行し始められるでしょう。

```
$ docker-machine ls
NAME       ACTIVE   DRIVER         STATE     URL                          SWARM
default             virtualbox     Running   tcp://192.168.99.100:2376
```

ホストマシンが検出されるか否かによって、出力の有無も変わります。筆者の場合、Docker Machineはローカルのboot2dockerのVMを検出しました。次にやりたいのは、クラウドのどこかにあるホストを追加することです。ここではDigital Oceanを例に取りますが、AWSや他のクラウドプロバイダの場合でもほとんど同じはずです。この後の手順を追うには、オンラインでユーザー登録をして、自分用のアクセストークンを生成しておく（そのためには、**https://cloud.digitalocean.com/settings/applications**の"Application & API"のページにアクセスしてください）必要があります。リソースの利用にはコストがかかるので、作業が終わったらホストマシンを削除するのを忘れないようにしてください。

```
$ docker-machine create --driver digitalocean \
    --digitalocean-access-token 4820... \
    identihost-do
Creating SSH key...
Creating Digital Ocean droplet...
To see how to connect Docker to this machine, run: docker-machine env identi...
```

これで、Digital Ocean上にDockerのホストが生成されました。次は、出力中のコマンドを使って、ローカルのクライアントがこのホストを指すようにします。

```
$ docker-machine env identihost-do
export DOCKER_TLS_VERIFY="1"
export DOCKER_HOST="tcp://104.236.32.178:2376"
export DOCKER_CERT_PATH="/Users/amouat/.docker/machine/machines/identihost-do" export DOCKER_MACHINE_
NAME="identihost-do"
# Run this command to configure your shell:
# eval "$(docker-machine env identihost-do)"
$ eval "$(docker-machine env identihost-do)"
$ docker info
Containers: 0
Images: 0
Storage Driver: aufs
 Root Dir: /var/lib/docker/aufs
 Backing Filesystem: extfs
 Dirs: 0
 Dirperm1 Supported: false
Execution Driver: native-0.2
Logging Driver: json-file
```

```
Kernel Version: 3.13.0-57-generic
Operating System: Ubuntu 14.04.3 LTS
CPUs: 1
Total Memory: 490 MiB
Name: identihost-do
ID: PLDY:REFM:PU5B:PRJK:L4QD:TRKG:RWL6:5T6W:AVA3:2FXF:ESRC:6DCT
Username: amouat
Registry: https://index.docker.io/v1/
WARNING: No swap limit support
Labels:
 provider=digitalocean
```

これで、Digital Ocean 上で動作している Ubuntu のホストに接続できたことがわかります。docker run hello-world を実行してみれば、このコマンドはリモートサーバー上で実行されます。

identidock を実行するには、**6** 章の最後の docker-compose.yml か、以下の docker-compose.yml を使うことができます。後者は、Docker Hub にある identidock のイメージを使います。

```
identidock:
  image: amouat/identidock:1.0
  ports:
   - "5000:5000"
   - "9000:9000"
  environment:
    ENV: DEV
  links:
    - dnmonster
    - redis
dnmonster:
  image: amouat/dnmonster:1.0
redis:
  image: redis:3
```

Compose ファイルに build 命令が含まれている場合、そのビルドはリモートサーバー上で行われることに注意してください。ボリュームのマウントがある場合、それはローカルコンピュータではなく、リモートサーバー上のディスクを指すことになってしまうため、削除しておく必要があります。

通常通りに、Compose を実行してください。

```
$ docker-compose up -d ❶
...
Creating identidock_identidock_1...
$ curl $(docker-machine ip identihost-do):5000 ❷
<html><head><title>Hello...
```

❶ この処理には多少の時間がかかります。これは、まず必要なイメージをダウンロードしてビルドしなければならないためです。

❷ docker-machine ip コマンドを使えば、Docker のホストがどこで動作しているのかがわかります。

これで、クラウド上で identidock が動作し、誰でもアクセスできるようになっています†。これほど素早く何かを立ち上げることができるのは素晴らしいことですが、適切ではないこともいくつかあります。特に、このアプリケーションは 5000 番ポートで開発用の Python の Web サーバーを動作させています。実稼働用のバージョンに切り替えるべきではありますが、リバースプロキシかロードバランサをアプリケーションの前に置いて、外部の IP アドレスを変えずに identicodk のインフラストラクチャを変更できるようにするのも良いでしょう。nginx はロードバランシングをサポートしているので、identidock のインスタンスを複数立ち上げ、トラフィックを分配することも簡単にできます。

identidock のスモークテスト

本書を通じて、identidock サービスが動作していることの確認は、curl で行っています。とはいえ、単純にフロントページを取得するだけのテストでは、良いテストだとは言えません。このテストで確認できるのは、identidock のコンテナが動作しているということだけです。identicon を取得すれば、identidock と dnmonster のコンテナがどちらも動作して、通信しあえていることが確認できるので、もっと良いテストになります。これは、以下のようなテストで実現できます。

```
$ curl localhost:5000/monster/gordon | head -c 4
?PNG
```

ここでは、Unix の head ユーティリティを使って、画像の最初の 4 バイトだけを取得しています。こうすれば、バイナリのデータがターミナルにダンプされてしまうことはありません。

9.2 プロキシの利用

まず、nginx でリバースプロキシを作成し、identidock サービスをその背後に置けるようにしましょう。そのために、identiproxy というフォルダを新しく作成し、以下の Dockerfile を作成してください。

```
FROM nginx:1.7

COPY default.conf /etc/nginx/conf.d/default.conf
```

また、以下の内容で default.conf というファイルを作成してください。

† AWS を含むいくつかのプロバイダでは、まずファイアウォールで 5000 番ポートを開けなければならないかも知れません。

```
server {
    listen       80;
    server_name  45.55.251.164;  ❶

    location / {

      proxy_pass  http://identidock:9090;  ❷
      proxy_next_upstream error timeout invalid_header http_500 http_502
                          http_503 http_504;
      proxy_redirect off;
      proxy_buffering off;
      proxy_set_header        Host            45.55.251.164;  ❶
      proxy_set_header        X-Real-IP       $remote_addr;
      proxy_set_header        X-Forwarded-For $proxy_add_x_forwarded_for;
    }
}
```

❶ この部分は、手元のDockerホストのIPアドレスもしくは、そのIPアドレスを指すドメイン名で置き換えてください。

❷ identidockコンテナへのトラフィックはすべてリダイレクトしますが、そのためにこのリンクを使います。

Docker Machineが手元で動作しており、クラウド上のサーバーを指しているなら、これでリモートサーバー上でイメージをビルドできます。

```
$ docker build --no-cache -t identiproxy:0.1 .
Sending build context to Docker daemon 3.072 kB
Sending build context to Docker daemon
Step 0 : FROM nginx:1.7
 ---> 637d3b2f5fb5
Step 1 : COPY default.conf /etc/nginx/conf.d/default.conf
 ---> 2e82d9a1f506
Removing intermediate container 5383f47e3d1e
Successfully built 2e82d9a1f506
```

リモートのDockerエンジンとやりとりしていることを簡単に忘れてしまいますが、いまやイメージはリモートサーバー上にあり、ローカルの開発マシン上にはありません。

さあ、identidockフォルダに戻り、新しいComposeの設定ファイルを作成して、テストしてみましょう。以下の内容で、prod.ymlを作成してください。

```
proxy:
  image: identiproxy:0.1 ❶
  links:
```

```
      - identidock
    ports:
     - "80:80"
  identidock:
    image: amouat/identidock:1.0
    links:
      - dnmonster
      - redis
    environment:
      ENV: PROD ❷
  dnmonster:
    image: amouat/dnmonster:1.0 ❶
  redis:
    image: redis:3 ❶
```

❶ これらのタグは、すべてのイメージに使われていることに注意してください。実働環境では、動作させるコンテナのバージョンに注意しなければなりません。特に、latest を使うのは最悪で、コンテナで実行されているアプリケーションのバージョンを知ることが、難しくなったり、不可能になったりしてしまします。

❷ identidock のコンテナでは、もうポートを公開しておらず（そうすることが必要なのはプロキシのコンテナだけです）、実稼働用の Web サーバーが起動されるように、環境変数を更新していることに注意してください。

Compose 中での extends の利用

もっと冗長な YAML ファイルの場合、extends キーワードを使い、複数の環境間で設定を共有することができます。例えば、以下のような common.yml というファイルを定義することができます。

```
identidock:
  image: amouat/identidock:1.0
  environment:
    ENV: DEV
dnmonster:
  image: amouat/dnmonster:1.0
redis:
  image: redis:3
```

そうすると、prod.yml は以下のように書き換えることができます。

```
proxy:
  image: identiproxy:0.1
```

```
    links:
      - identidock
    ports:
     - "80:80"
  identidock:
    extends:
      file: common.yml
      service: identidock
    environment:
      ENV: PROD
  dnmonster:
    extends:
      file: common.yml
      service: dnmonster
  redis:
    extends:
      file: common.yml
      service: redis
```

ここで、extends キーワードは、適切な設定を共通のファイルから引き出してきます。prod.yml 中の設定は、common.yml の設定をオーバーライドします。links や volumes-from の値は、予想外の破壊が起きないように、**継承されません**。そのためここで使った extends は、単に prod.yml ファイルを冗長にしただけにしかなっていません。とはいえ、ベースのファイルに変更が加えられれば、それが自動的に継承されるという重要なメリットはあります。本書で extends を使っていないのは、単にサンプルをそれぞれ独立したものにしておきたいためだけです。

古いバージョンを停止させて、新しいバージョンを起動しましょう。

```
$ docker-compose stop
Stopping identidock_identidock_1... done
Stopping identidock_redis_1... done
Stopping identidock_dnmonster_1... done

$ COMPOSE_FILE=prod.yml
$ docker-compose up -d
Starting identidock_dnmonster_1...
Starting identidock_redis_1...
Recreating identidock_identidock_1...
Creating identidock_proxy_1...
```

さあ、テストしてみましょう。今回からは、ポートは 9090 ではなく、デフォルトの 80 番ポートです。

```
$ curl $(docker-machine ip identihost-do)
<html><head><title>Hello...
```

素晴らしい！ これで、identidockのコンテナはプロキシの背後に置かれているので、IPアドレスを変えることなく、identidockのグループに対してロードバランスをしたり、identidockを新しいホストに移行することができるようになります（プロキシの設定の更新を、元のホストに置いたまま行う必要はあります）。加えて、アプリケーションコンテナへはプロキシをしなければアクセスできず、アプリケーションコンテナのポートが大々的にインターネットに公開されることもなくなっているので、セキュリティも向上しています。

ただし、もう少しうまいやり方もあります。プロキシのイメージに、ホストのIPとコンテナ名がハードコードされてしまっているのは面倒なことです。"identidock"以外の名前を使いたい場合や、identiproxyを他のサービスに使いたい場合には、新しいイメージを構築するか、ボリュームを使って設定を上書きしなければなりません。やりたいのは、こうしたパラメータを環境設定として設定することです。nginxから環境変数を直接使うことはできませんが、実行時に設定を生成して、その後にnginxを起動するスクリプトを書くことはできます。identiproxyフォルダに戻り、default.conファイルを更新して、ハードコードされた変数の代わりに、プレースホルダーを置いてください。

```
server {
    listen       80;
    server_name {{NGINX_HOST}};

    location / {

      proxy_pass  {{NGINX_PROXY}};
      proxy_next_upstream error timeout invalid_header http_500 http_502
                          http_503 http_504;
      proxy_redirect off;
      proxy_buffering off;
      proxy_set_header        Host            {{NGINX_HOST}};
      proxy_set_header        X-Real-IP       $remote_addr;
      proxy_set_header        X-Forwarded-For $proxy_add_x_forwarded_for;
    }
}
```

そして、以下のentrypoint.shを作成してください。このスクリプトが、置き換えを行ってくれます。

```
#!/bin/bash
set -e

sed -i "s|{{NGINX_HOST}}|$NGINX_HOST|;s|{{NGINX_PROXY}}|$NGINX_PROXY|" \
```

```
    /etc/nginx/conf.d/default.conf ❶
  cat /etc/nginx/conf.d/default.conf ❷
  exec "$@" ❸
```

❶ 置き換えには、sedユーティリティを使っています。これはややトリッキーですが、ここでやりたいことのためには合っています。URL中のスラッシュで混乱してしまわないように、/の代わりに|を使っていることに注意してください。

❷ 最終のテンプレートをログに出力します。こうしておくと、デバッグの際に便利です。

❸ 渡されたCMDを実行します。デフォルトでは、nginxのコンテナにはフォアグラウンドでnginxを実行するCMD命令が指定されていますが、実行時に別のコマンドを実行したり、必要ならシェルを起動したりするような、別のCMDを指定することもできます。

さあ、新しいスクリプトを取り込むようにDockerfileを更新しましょう。

```
FROM nginx:1.7

COPY default.conf /etc/nginx/conf.d/default.conf
COPY entrypoint.sh /entrypoint.sh

ENTRYPOINT ["/entrypoint.sh"]
CMD ["nginx", "-g", "daemon off;"] ❶
```

❶ これはプロキシを立ち上げるコマンドで、`docker run`でコマンドが指定されていなければ、`entrypoint.sh`に引数として渡されます。

このファイルを実行可能にして、ビルドをし直してください。今回は、identidockに関わる詳細は抽象化したので、単にproxyとだけ呼ぶことにしましょう。

```
$ chmod +x entrypoint.sh
$ docker build -t proxy:1.0 .
...
```

新しいイメージを使うには、`identidock`フォルダに戻り、新しいイメージを使うように`prod.yml`を更新します。

```
proxy:
  image: proxy:1.0
  links:
    - identidock
  ports:
```

```
    - "80:80"
  environment:
    - NGINX_HOST=45.55.251.164 ❶
    - NGINX_PROXY=http://identidock:9090
identidock:
  image: amouat/identidock:1.0
  links:
   - dnmonster
   - redis
  environment:
    ENV: PROD
dnmonster:
  image: amouat/dnmonster:1.0
redis:
  image: redis:3
```

❶ この変数には、ホストのIPもしくはドメイン名を設定します。

これで、古いバージョンを終了させてからアプリケーションを再起動すれば、新しい汎用的なイメージが使われるようになります。本書のシンプルなWebアプリケーションならこれで十分ですが、Dockerのリンクを使用していることから、この時点では単一ホストだけを使う構成に限定されてしまい、マルチホストのアーキテクチャには移行できません（耐障害性とスケーラビリティの観点からは、マルチホストのアーキテクチャが必要になります）。そのためには、**11章**と**12章**で見ていく、高度なネットワーキングとサービスディスカバリの機能を使うことになります。

アプリケーションを使い終えたなら、以下のようにすれば停止させることができます。

```
$ docker-compose -f prod.yml stop
...
$ docker-compose -f prod.yml rm
...
```

クラウドのリソースをシャットダウンしても良くなったなら、次のようにするだけです。

```
$ docker-machine stop identihost-do
$ docker-machine rm identihost-do
```

クラウドのリソースがきちんと解放されたことは、クラウドプロバイダのWebインターフェイスで確認しておくと良いでしょう。

次に、Composeを利用する方法以外の選択肢をいくつか見てみましょう。

COMPOSE_FILE の設定

明示的に毎回 -f prod.yml を指定するかわりに、環境変数の COMPOSE を設定しておくこともできます。例をご覧ください。

```
$ COMPOSE_FILE=prod.yml
$ docker-compose up -d
...
```

これで、デフォルトの docker-compose.yml ではなく、prod.yml が使われるようになります。

設定ファイルの生成方法の強化

テンプレートを使って Docker コンテナ用の設定ファイルを生成するのは、アプリケーションを Docker 化する際にとても広く使われている手法です。これは特に、そのアプリケーションが環境変数を直接サポートしていない場合に当てはまります。本書のサンプルのようなシンプルな例よりも先に進む場合は、Jinja2 や Go テンプレートといった適切なテンプレートプロセッサを使い、正規表現の失敗でおかしなエラーが生じることを避けると良いかも知れません。

この問題は一般的なことなので、Jason Wilder はこのプロセスを自動化するために dockernize（https://github.com/jwilder/dockerize）を作成しました。dockernize は、設定ファイルをテンプレートファイルや環境変数から生成し、その後に通常のアプリケーションを呼び出します。この場合、dockernize は CMD あるいは ENTRYPOINT 命令から呼び出されるアプリケーションの起動スクリプトをラップするために使うことができます。

しかし、Jason は docker-gen（https://github.com/jwilder/docker-gen）でもう一歩前進しています。 docker-gen は、環境変数とともに、コンテナのメタデータ（例えば IP アドレスなど）の値も使うことができます。また、docker-gen は動作をし続けて、新しいコンテナの生成といった Docker のイベントを受けて、設定ファイルを適切に更新するといったこともできます。この良い例としては、Jason の nginx プロキシコンテナがあります。このコンテナは、環境変数の VIRTUAL_HOST を使って、ロードバランスを行うグループにコンテナを自動的に追加できます。

9.3 実行オプション

これで、実稼働に備えたシステムができましたが†、サーバー上でシステムを立ち上げるにはどうすれば良いでしょうか‡？ ここまでで Compose と Machine を見てきましたが、これらのプロジェクトは比較的新しく、開発もどんどん進められているので、ちょっとした副プロジェクトでもない限り、これらを実働環境で利用するのは、十分に警戒しておく方が賢明でしょう。どちらのプロジェクトも急速に成熟してきており、実用に向けた機能の開発が進んでいます。これらのプロジェクトの方向性を知りたい場合は、GitHub のリポジトリにロードマップのドキュメントがあり

† 実際には、これは言い過ぎではあります。一般の人々を招待してアプリケーションを見てもらう前に、セキュリティへの配慮をしておくことは重要です。詳しくは **13 章**を参照してください。

‡ そう、モニタリングやロギングをどうするかも、忘れずに考えておかなければなりません。**10 章**を参照してください。

ます。実用段階にどの程度近づいているかを知る上でも大いに役立つことでしょう。

そして、Composeが選択肢にはならないのであれば、何があるのでしょうか？ 他の選択肢をいくつか見てみることにしましょう。以下のコードは、いずれもDocker Hub上にイメージがあることを前提としたもので、サーバー上でイメージを構築するようにはなっていません。これらのコードを実行してみるには、自分のイメージをレジストリにプッシュしておくか、Docker Hub上の筆者のイメージ（amouat/identidock:1.0、amouat/dnmonster:1.0、amouat/proxy:1.0）を使ってください。

9.3.1 シェルスクリプト

Composeなしで実行するための最も簡単な答えは、コンテナの起動用のDockerのコマンドを実行する、短いシェルスクリプトを書くことです。これは、シンプルなユースケースの多くでは十分にうまくいくやり方であり、多少のモニタリングを加えれば、注意を要する問題が何か起きても、それを確実に知ることができます。とはいえ長い目で見れば、これは完璧な方法とはとても言えません。最終的には、他のソリューションが持っているような機能を加えていくために、時間と共に増大していく複雑で構造化されていないスクリプトをメンテナンスすることになってしまうでしょう。

docker runで--restartという引数を使えば、想定外に終了してしまったコンテナを自動的に再起動させることができます。この引数では、再起動に関するポリシーを、no、on-failure、alwaysのいずれかで指定できます。デフォルトはnoであり、コンテナが自動的に再起動されることはありません。on-failureは、ゼロ以外の終了コードで終了したコンテナだけを再起動するポリシーで、リトライの回数の上限も指定できます（例えばdocker run --restart on-failure:5とすれば、コンテナは最大で5回再起動されます）。

以下のスクリプト（deploy.sh）は、identidockサービスを起動します。

```
#!/bin/bash
set -e

echo "Starting identidock system"

docker run -d --restart=always --name redis redis:3
docker run -d --restart=always --name dnmonster amouat/dnmonster:1.0
docker run -d --restart=always \
  --link dnmonster:dnmonster \
  --link redis:redis \
  -e ENV=PROD \
  --name identidock amouat/identidock:1.0
docker run -d --restart=always \
  --name proxy \
  --link identidock:identidock \
  -p 80:80 \
```

```
    -e NGINX_HOST=45.55.251.164 \
    -e NGINX_PROXY=http://identidock:9090 \
    amouat/proxy:1.0

echo "Started"
```

ここでは、本当に docker-compose.yml ファイルを同等のシェルコマンドに変換しただけであることに注意してください。ただし Compose とは異なり、障害の後のクリーニングや、実行中のコンテナの有無のチェックのロジックはありません。

これで、Digital Ocean の場合、以下の ssh や scp コマンドを使い、このシェルスクリプトで identidock を起動できます。

```
$ docker-machine scp deploy.sh identihost-do:~/deploy.sh
deploy.sh                                    100%  575     0.6KB/s   00:00
$ docker-machine ssh identihost-do
...
$ chmod +x deploy.sh
$ ./deploy.sh
Starting identidock system
3b390441b16eaece94df7e0e07d1edcb4c11ce7232108849d691d153330c6dfb
57459e4c0c2a75d2fbcef978aca9344d445693d2ad6d9efe70fe87bf5721a8f4
5da04a34302b400ec08e9a1d59c3baeec14e3e65473533c165203c189ad58364
d1839d8de1952fca5c41e0825ebb27384f35114574c20dd57f8ce718ed67e3f5
Started
```

また、これらのコマンドを直接シェルで実行することもできます。シェルを使う主な理由は、ドキュメンテーションとポータビリティです。identidock を新しいホストで実行したい場合、同じバージョンの identidock を立ち上げるための指示を、簡単に見つけることができます。

イメージを更新したり変更したりしなければならない場合、Machine を使ってローカルのクライアントをリモートの Docker サーバーに接続したり、リモートサーバーに直接ログインして、リモートサーバー上でクライアントを使ったりすることができます。ダウンタイムなしにコンテナを更新するには、そのコンテナの前にロードバランサかリバースプロキシを置いた上で、以下のような手順を踏む必要があります。

1. 更新されたイメージを使って、新しいコンテナを立ち上げる（イメージを実働環境内で更新したりはしないようにしてください）。

2. 一部、もしくはすべてのトラフィックを、ロードバランサから新しいイメージに流すようにします。

3. 新しいコンテナが動作していることをテストします。

4. 古いコンテナを停止させます。

また、サービスを止めずに更新をデプロイするためのさまざまな手法については、「実働環境でのテスト」も参照してください。

再起動時のリンク切れについて

古いバージョンのDockerには、コンテナの再起動時にリンクが切れてしまうという問題がありました。同様の問題が生じた場合は、最新バージョンのDockerが動作しているかを確認してください。本書の執筆時点ではDockerのバージョン1.9を使っており、このバージョンは正しく動作します。コンテナのIPアドレスが変化すれば、それは自動的にリンク先のコンテナにも伝達されます。また、更新されるのは`/etc/hosts`のみであり、**リンク先の環境変数までは更新されない**ことに注意してください。

この後、本セクションでは読者がすでになじんでいるであろう既存の技術を使って、コンテナの起動とデプロイを制御する方法を見ていきます。**12章**では、この問題へも対処している、最近のDocker専用のツールのいくつかも見ていきます。

9.3.2 プロセスマネージャの利用（もしくはsystemdでまとめて管理）

シェルスクリプトとDockerの再起動の機能に頼る代わりに、プロセスマネージャや、systemdやupstartのようなinit系のシステムを使ってコンテナを起動することもできます。これはとりわけ、コンテナ内で動作しておらず、ただし1つ以上のコンテナに依存しているようなホストサービスがある場合に便利です。この方法を使う場合には、いくつかの問題があるので注意してください。

- Dockerのコンテナの自動再起動の機能は絶対に使ってはなりません。これはすなわち、`docker run`コマンドで`--restart=always`を使ってはならないということです。
- 通常の場合、プロセスマネージャはコンテナ内のプロセスではなく、`docker client`のプロセスをモニタリングすることになります。ほとんどの場合はこれでうまくいきますが、ネットワークの接続が切れてしまったり、その何らかの問題が生じた場合に、Dockerクライアントが終了しながら、コンテナは動作したままになってしまうことがあります。これは問題になってしまうので、プロセスマネージャはコンテナ内のメインプロセスをモニタする方がはるかに良いでしょう。この状況は、将来的には変わることになるかも知れませんが、それまではsystemd-dockerプロジェクト（**https://github.com/ibuildthecloud/systemd-docker**）を見ておくと良いでしょう。このプロジェクトは、コンテナのcgroupを制御することで、この問題を回避します（この問題に関する詳しい情報は、GitHubのissue（**https://github.com/docker/docker/issues/6791**）を参照してください）。

systemdでのコンテナ方法の例としては、以下のサービスファイルを使ってidentidockサービスをsystemdのホスト上で立ち上げることができます。この例ではCentOS7を使っていますが、他のsystemdベースのディストリビューションでも、よく似たやり方ができるはずです。ここではupstartの例を挙げていませんが、これは主要なディストリビューションはすべてsystemdに移行しつつあるようだからです。これらのファイルは、すべて/etc/systemd/system/の下に置かなければなりません。

まずは、Redisコンテナ用のサービスファイルであるidentidock.redis.serviceを見てみましょう。これは、他のコンテナには依存していません。

```
[Unit]
Description=Redis Container for identidock
After=docker.service
Requires=docker.service ❶

[Service]
TimeoutStartSec=0 ❷
Restart=always
ExecStartPre=-/usr/bin/docker stop redis ❸
ExecStartPre=-/usr/bin/docker rm redis
ExecStartPre=/usr/bin/docker pull redis ❹
ExecStart=/usr/bin/docker run --rm --name redis redis

[Install]
WantedBy=multi-user.target
```

❶ コンテナを起動する前に、Dockerが動作していることを確認します。

❷ Dockerのコマンドの実行には多少時間がかかることがあります。タイムアウトを切っておくのが、最も簡単な対処方法です。

❸ コンテナを起動する前に、まず同じ名前の古いコンテナがあれば削除します。これは、再起動時にRedisのキャッシュが破棄されるということです。しかしidentidockの場合、これは問題にはなりません。コマンドの起動時に-を使っているので、コマンドがゼロ以外のリターンコードを返したとしても、systemdは処理を中断しません。

❹ プルを実行しておくことで、最新バージョンが動作することを保証します。

identidockサービスのidentidock.identidock.serviceも似ていますが、他のサービスを必要とします。

```
[Unit]
Description=identidock Container for identidock
After=docker.service
Requires=docker.service
After=identidock.redis.service ❶
Requires=identidock.redis.service
```

```
After=identidock.dnmonster.service
Requires=identidock.dnmonster.service

[Service]
TimeoutStartSec=0
Restart=always
ExecStartPre=-/usr/bin/docker stop identidock
ExecStartPre=-/usr/bin/docker rm identidock
ExecStartPre=/usr/bin/docker pull amouat/identidock
ExecStart=/usr/bin/docker run --name identidock \
  --link dnmonster:dnmonster \
  --link redis:redis \
  -e ENV=PROD \
  amouat/identidock

[Install]
WantedBy=multi-user.target
```

❶ Dockerに加えて、identidockが使っている他のコンテナへの依存性も宣言しておく必要があります。ここでは、Redisとdnmonsterコンテナが該当します。レース条件を回避するために、After及びRequiresがどちらも必要になります。

プロキシサービス（identidock.proxy.serviceという名前です）については以下のようになります。

```
[Unit]
Description=Proxy Container for identidock
After=docker.service
Requires=docker.service
Requires=identidock.identidock.service

[Service]
TimeoutStartSec=0
Restart=always
ExecStartPre=-/usr/bin/docker stop proxy
ExecStartPre=-/usr/bin/docker rm proxy
ExecStartPre=/usr/bin/docker pull amouat/proxy
ExecStart=/usr/bin/docker run --name proxy \
  --link identidock:identidock \
  -p 80:80 \
  -e NGINX_HOST=0.0.0.0 \
  -e NGINX_PROXY=http://identidock:9090 \
  amouat/proxy

[Install]
WantedBy=multi-user.target
```

最後に、dnmonsterサービス（identidock.dnmonster.serviceと呼ばれます）については、以下のようになります。

```
[Unit]
Description=dnmonster Container for identidock
After=docker.service
Requires=docker.service

[Service]
TimeoutStartSec=0
Restart=always
ExecStartPre=-/usr/bin/docker stop dnmonster
ExecStartPre=-/usr/bin/docker rm dnmonster
ExecStartPre=/usr/bin/docker pull amouat/dnmonster
ExecStart=/usr/bin/docker run --name dnmonster amouat/dnmonster

[Install]
WantedBy=multi-user.target
```

systemctl start identidock.*とすれば、identidockを起動できます。このシステムを使う場合と、Dockerの再起動の機能を使う場合との違いは、停止しているコンテナの再起動で、systemdでの一連の再起動が行われることです。Redisコンテナが停止すれば、identidockとプロキシのコンテナも再起動されます。ただし、Dockerの場合はそうはなりません。これは、Dockerはコンテナを完全に再起動することなくリンクを更新する方法を知っているためです。

先に挙げたような問題はあるものの、CoreOSとGiant Swarm PaaSがどちらもコンテナの制御にsystemdを使っているということは、触れておくべきでしょう。現時点では、Dockerとsystemdという、ホスト上で動作するサービス群のライフサイクル管理を受けもつ両者の間には、未解決の緊張関係があると言っておくのがフェアでしょう。

9.3.3 設定管理ツールの利用

組織が数十台以上のホストを受け持っているなら、何らかの設定管理（Configuration Management = CM）ツールを使っているかも知れません（もしそうでないなら、検討してみるべきです）。いかなるプロジェクトでも、Dockerホスト上のオペレーティングシステムを最新に保つ方法、なかでもセキュリティパッチの扱いについて考えなければなりません。一方で、動作させているDockerのイメージが最新であり、ソフトウェアのバージョンが複数混在したりしていないことも保障したいでしょう。Puppet、Chef、Ansible、SaltといったCMソリューションは、こうした課題の管理を支援するよう設計されています。

コンテナでこうしたCMツールを使う方法は、主に2つです。

1. コンテナをVMとして扱い、その中のソフトウェアの管理と更新をCMソフトウェアで行う。

2. CMソフトウェアではDockerのホストを管理し、コンテナが適切なバージョンのイメージを実行していることを保障する。ただしコンテナそのものは、置き換えはできても修正はできないブラックボックスとして扱う。

最初のアプローチを取ることもできますが、これはDocker的な方法ではなく、Dockerfileと「小さいコンテナで単一のプロセスを動作させる」という、Dockerがよって立つ哲学に反することになります。本セクションでは、この後は2番目の方法に焦点を当てます。こちらのアプローチの方が、Dockerの哲学やマイクロサービスのアプローチに沿っています。

このアプローチでは、コンテナそのものはVM用語で言う**ゴールデンイメージ**に似たものであり、いったん動作させたなら修正するべきではありません。コンテナを更新する必要が生じたなら、イメージ内で動作しているものを変更しようとするのではなく、コンテナそのものを新しいイメージで置き換えます。このアプローチには、コンテナ内で動作しているものが何なのかを、イメージタグを見るだけで正確に把握できるという大きな利点があります（適切な仕組みの元でタグ付けを行い、タグを再利用していないことが前提になりますが)。

それでは、この方法を行っている例を見てみましょう。

Ansible

人気があり、簡単に使い始められ、オープンソースであることから、この例ではAnsibleを使います。これは、他のツールと比べての善し悪しとは関係ありません！他の多くの設定管理のソリューションとは異なり、Ansible（**https://www.ansible.com**）ではホストにエージェントをインストールする必要がありません。その代わりに、ホストの設定には主にSSHが使われます。

AnsibleにはDockerモジュールがあり、コンテナのビルドやオーケストレーションの機能があります。AnsibleをDockerfile内で使い、ソフトウェアのインストールと設定を行うこともできますが、ここではAnsibleで、identidockのイメージとともにVMのセットアップをすることだけを考えます。実行は単一のホストで行うので、Ansibleを最大限に活用しているわけではありませんが、AnsibleとDockerとをうまく一緒に使えることはわかるでしょう。

Ansibleをインストールする代わりに、Docker HubにあるAnsibleのクライアントイメージをそのまま使ってしまいましょう。公式のイメージはありませんが、テストであれば`generik/ansible`のイメージでうまくいきます。

まず、Ansibleに管理してもらうすべてのサーバーのリストを格納する`hosts`ファイルを作成しましょう。リモートホスト、あるいはVMのIPアドレスをここに書きます。

```
$ cat hosts
[identidock]
46.101.162.242
```

さあ、identidockをインストールするための"playbook"を作成しなければなりません。以下の内容で、identidock.ymlというファイルを作成してください。イメージ名は、使いたいイメージの名前で置き換えてください。

```
---
- hosts: identidock
  sudo: yes
  tasks:
  - name: easy_install
    apt: pkg=python-setuptools
  - name: pip
    easy_install: name=pip
  - name: docker-py
    pip: name=docker-py
  - name: redis container
    docker:
      name: redis
      image: redis:3
      pull: always
      state: reloaded
      restart_policy: always
  - name: dnmonster container
    docker:
      name: dnmonster
      image: amouat/dnmonster:1.0
      pull: always
      state: reloaded
      restart_policy: always
  - name: identidock container
    docker:
      name: identidock
      image: amouat/identidock:1.0
      pull: always
      state: reloaded
      links:
        - "dnmonster:dnmonster"
        - "redis:redis"
      env:
        ENV: PROD
      restart_policy: always
  - name: proxy container
    docker:
      name: proxy
      image: amouat/proxy:1.0
      pull: always
      state: reloaded
```

```
    links:
      - "identidock:identidock"
    ports:
      - "80:80"
    env:
      NGINX_HOST: www.identidock.com
      NGINX_PROXY: http://identidock:9090
    restart_policy: always
```

設定のほとんどは、Docker Compose に非常によく似ていますが、以下の点には注意が必要です。

- Ansible の Docker モジュールを使うためには、docker-py をホストにインストールしなければなりません。そのためには、依存対象の Python のモジュールのインストールが必要になります。
- 変数の pull は Docker イメージの更新チェックのタイミングを指定します。この変数を always にすれば、Ansible はタスクの実行のたびにイメージの新バージョンがないか、チェックするようになります。
- 変数の state は、コンテナのあるべき状態を指定します。この変数を reloaded にすれば、設定が変更されると、コンテナが再起動されるようになります。

利用可能な設定オプションはもっとたくさんありますが、これで、本章で説明した他の設定に非常に近い設定になります。

後は、playbook を実行するだけです。

```
$ docker run -it \
    -v ${HOME/.ssh:/root/.ssh:ro \ } ❶
    -v $(pwd)/identidock.yml:/ansible/identidock.yml \
    -v $(pwd)/hosts:/etc/ansible/hosts \
    --rm=true generik/ansible ansible-playbook identidock.yml

PLAY [identidock] **************************************************************

GATHERING FACTS ****************************************************************
The authenticity of host '46.101.41.99 (46.101.41.99)' can't be established.
ECDSA key fingerprint is SHA256:ROLfM7Kf3OgRmQmgxINko7SonsGACOVJb27LTotGEds.
Are you sure you want to continue connecting (yes/no)? yes
Enter passphrase for key '/root/.ssh/id_rsa':
ok: [46.101.41.99]

TASK: [easy_install] ***********************************************************
changed: [46.101.41.99]
```

```
TASK: [pip] ******************************************************************
changed: [46.101.41.99]

TASK: [docker-py] ************************************************************
changed: [46.101.41.99]

TASK: [redis container] ******************************************************
changed: [46.101.41.99]

TASK: [dnmonster container] **************************************************
changed: [46.101.41.99]

TASK: [identidock container] *************************************************
changed: [46.101.41.99]

TASK: [proxy container] ******************************************************
changed: [46.101.41.99]

PLAY RECAP *******************************************************************
46.101.41.99               : ok=8    changed=7    unreachable=0    failed=0
$ curl 46.101.41.99
<html><head><title>Hello...
```

❶ この命令は、リモートサーバーへのアクセスに使われるSSHの鍵ペアのマッピングのために必要になります。

Ansibleはイメージをプルしなければならないので、これには少々時間がかかります。しかし、いったん処理が終わってしまえば、identidockのアプリケーションが動作しているはずです。

ここでは、Ansibleの持つパワーにはほとんど触れていません。Ansibleでできることはもっとたくさんあります。中でも、依存関係の破綻や、大きなダウンタイムを生じさせることなく、コンテナ群をローリングアップデートするプロセスの定義には役立つことでしょう。

9.4 ホストの設定

ここまで、本章ではコンテナがDigital Oceanが提供するそのままのDockerドロップレット（Digital Oceanでは、設定済みのVMのことをドロップレットと呼びます）上で動作させているものとしてきました（これは、執筆時点ではUbuntu 14.04が動作しています）。しかし、ホストのオペレーティングシステムやインフラストラクチャにはもっと多くの選択肢があり、それぞれにトレードオフや利点があります。特に、オンプレミスのリソースを使う場合には、選択肢を注意深く検討するべきです。

9.4.1 OSの選択

すでにこの領域でもいくつかの選択肢があり、それぞれにメリットとデメリットがあります。小規模から中規模程度のアプリケーションを動作させたいなら、おそらくはすでに知っているものを使い続けるのが最も簡単でしょう。UbuntuやFedoraを使っていて、自分や自分が所属する組織がそのOSに慣れているなら、それを使いましょう（ただし、この後すぐに議論するストレージドライバの問題は認識しておいてください）。一方で、非常に大規模なアプリケーションやクラスタ（大量のホスト上の数百、あるいは数千のコンテナ群）を動作させたいのであれば、CoreOS、Project Atomic、RancherOSなどの、もっと特化した選択肢や、**12章**で議論するオーケストレーションのソリューションを見てみると良いでしょう。

クラウド上でホストを動作させているなら、多くの場合すぐに使えるDockerのイメージが用意されていることでしょう。そういったイメージは、そのインフラストラクチャ上で何度も試行が行われ、テストされているはずです。

9.4.2 ストレージドライバの選択

現時点で、Dockerはいくつかのストレージドライバをサポートしており、さらに多くのストレージドライバが登場してくる見込みです。適切なストレージドライバを選択することは、実働環境の信頼性と効率性を保障するために、きわめて重要です。ユースケースや、運用のあり方に応じて最適なドライバは異なります。現時点での選択肢を、以下に示します。

AUFS

Dockerの最初のストレージドライバです。このドライバは、おそらく最もテストされ、使われているドライバでしょう。Overlayと共に、AUFSはコンテナ間でのメモリページの共有をサポートしているという大きな強みを持っています。すなわち、2つのコンテナが同じ下位のレイヤからライブラリやデータをロードした場合、OSは同じメモリページを両方のコンテナで使うことができるのです。AUFSの大きな問題は、メインラインのカーネルではないということですが、Debian及びUbuntuでは、ある程度の期間にわたって使われてきてはいます。また、AUFSはファイルのレベルで動作するので、大きなファイルに小さな変更を行った場合、そのファイル全体がコンテナの読み書きのレイヤにコピーされてしまうことになります。これに対し、BTRFSやDevice mapperはブロックレベルで動作するので、大きなファイルを扱う際の効率が高くなります。現時点でUbuntuもしくはDebianのホストを使っているなら、おそらくAUFSドライバを使うことになるでしょう。

Overlay

OverlayはAUFSに非常によく似ており、version 3.18のLinuxカーネルにマージされました。Overlayは、今後のメインのストレージドライバになる可能性が非常に高く、AUFSよりもややパフォーマンスが高くなっています。現時点での主な欠点は、最新のカーネルが必要になること（ほとんどのディストリビューションではパッチが必要になります）と、AUFSやその他の選択肢の一部に比べて、テストされている量が少ないことです。

BTRFS

BTRFSはコピーオンライトのファイルシステム[†]で、フォールトトレランスと非常に大きなファイルサイズやボリュームのサポートに焦点があります。BTRFSには、いくつかの落とし穴があるので（特にチャンクに関連したもの）、お勧めできるのは、組織としてBTRFSの経験がある場合や、他のドライバがサポートしていない、BTRFSに固有の機能が必要な場合のみです。コンテナが非常に大きなファイルを読み書きするなら、ブロックレベルのサポートがあるこのドライバは良い選択肢になるかも知れません。

ZFS

この、大変に愛されているファイルシステムは、元々はSum Microsystemsによって開発されたものです。ZFSは多くの点でBTRFSに似ていますが、パフォーマンスと信頼性で間違いなく勝ります。LinuxでZFSを動作させるのは、ライセンスの問題でこのファイルシステムをカーネルに含めることができないので、簡単ではありません、そのため、おそらくこのファイルシステムは、ZFSについて相当の経験を持っている組織でしか使われないでしょう。

Device mapper

Device mapperは、Red Hatのシステムではデフォルトで使われています。Device mapperはカーネルドライバであり、RAID、デバイスの暗号化、スナップショットなどを含む他のいくつかの技術の基礎として使われています。Dockerは、ファイルではなく、ブロックのレベルでコピーオンライトを行うため、Device mapperのシンプロビジョニング[‡]（thinpと呼ばれることもあります）を使います。「シンプール」は、デフォルトで100GBのスパースファイルから割り当てられます。コンテナが生成されると、そのコンテナにはこのファイルシステムをバックエンドととするファイルシステムが割り当てられます。このファイルシステムのデフォルトのサイズは100GBです（Docker 1.8の場合）。このファイルはスパースなので、実際のディスクの使用量はもっと少ないものの、このデフォルトを変更しない限り、コンテナは100GBになることはできません。Device mapperは、Dockerのストレージドライバの中では間違いなく最も複雑であり、問題やサポートリクエストの発生源になることが良くあります。可能であれば、筆者としては他のストレージドライバのいずれかを使うことをお勧めします。それでもDevice mapperを使うのであれば、パフォーマンスを向上させるためのチューニング用に提供されているオプションがたくさんあることは認識しておいてください（特に、ストレージをデフォルトの"loopback"から実際のデバイスに移しておくのは良い考えです）。

---

† BTRFSの発音は、筆者に尋ねないでください。「バターエフエス」と発音する人もいれば、「ベターエフエス」と発音する人もいます。筆者は「FSCK」と言います。

‡ シンプロビジョニングでは、クライアントが要求したリソースはすぐに割り当てられるのではなく、必要に応じて割り当てられることになります。これは、例えクライアントが実際に使うのがその一部だとしても、要求されたリソースがそのクライアントのためにすぐに取り置きされるシックプロビジョニングとは対照的です。

VFS

デフォルトのLinuxのVirtual File Systemです。これにはコピーオンライトが実装されておらず、コンテナの起動時にはイメージの完全なコピーを作成しなければなりません。そのため、コンテナの起動にかなりの時間がかかり、必要なディスクの領域も非常に大きくなります。このドライバの利点は、シンプルであり、カーネルに特別な機能を要求しないことです。他のドライバに問題があり、パフォーマンスへの影響が気にならない（例えば、少数のコンテナを長期間にわたって使うような場合）のであれば、VFSは妥当な選択肢になるかも知れません。

特に選択肢を変えなければならない理由がないのなら、カーネルの更新が必要になるとしても、筆者としてはAUFSもしくはOverlayの使用をお勧めします。

ストレージドライバの切り替え

ストレージドライバの切り替えは、必要な依存対象がインストールされているなら、とても簡単です。適切な値を`--storage-driver`（短縮形なら`-s`）に渡し、Dockerデーモンを再起動するだけです。例えば、カーネルがOverlayをサポートしているなら、`docker daemon -s overlay`とすれば、OverlayをストレージドライバとしてDockerデーモンを起動できます。また、Dockerのランタイムのルートを設定する引数の`--graph`もしくは`-g`も大切です。適切なファイルシステムを動作させるために、この引数でパーティションを指定しなければならないかも知れません（例えばBTRFSでは`docker daemon -s btrfs -g /mnt/btrfs_partition`といったように）。

変更を永続的なものにするためには、Dockerサービスの起動スクリプトか設定ファイルを編集する必要があります。Ubuntu 14.04なら、`/etc/default/docker`の変数である`DOCKER_OPTS`を書き換えることになります。

ストレージドライバ間のイメージの移動

ストレージドライバを切り替えると、古いコンテナとイメージへはまったくアクセスできなくなります。古いストレージドライバに戻せば、再びアクセスできるようになります。イメージを新しいストレージドライバに移動するには、そのイメージをTARファイルに保存し、新しいファイルシステムにするだけで済みます。例をご覧ください。

```
$ docker save -o /tmp/debian.tar debian:wheezy
$ sudo stop docker
$ docker daemon -s vfs
...
```

そして新しいターミナルから以下のようにします。

```
$ docker images
REPOSITORY TAG IMAGE ID
$ docker load -i /tmp/debian.tar
```

```
$ docker images
REPOSITORY TAG IMAGE ID
debian wheezy b3d362b23ec1 2 days ago 84.96 MB
```

9.5 専門のホスティングの選択肢

すでに、コンテナのホスティング専門の選択肢も登場しており、これらを使うならホストを直接自分で管理する必要はなくなります。

9.5.1 Trition

Joyent（**https://www.joyent.com**）のTritonは、おそらく最も面白い選択肢でしょう。というのも、Tritonは内部的にVMを使っていないのです。そのおかげで、TritonはVMベースのソリューションに比べて、パフォーマンスが大幅に優れており、コンテナ単位でのプロビジョニングが可能になっています。

TritonはDockerエンジンを使っていませんが、Linuxの仮想化技術を使っているSmartOSハイパーバイザ上で動作する独自のコンテナエンジンを持っています（これは、元を辿ればSolarisに行き着きます）。TritonにはDockerのリモートAPIが実装されているので、Tritonは通常のDockerクライアントを標準のインターフェイスとしており、動作に問題はまったくありません。Docker Hub上のイメージも、通常通りに利用できます。

Tritonはオープンソースで、Joyentのクラウド上で動作するホストされたバージョンも、オンプレミスのバージョンもあります。Joyentのパブリッククラウドを使ってidentidockを動作させることも、すぐにできます。Triton のアカウントをセットアップして、

Tritonにアクセスし、`docker info`を実行してみてください。

```
$ docker info
Containers: 0
Images: 0
Storage Driver: sdc
 SDCAccount: amouat
Execution Driver: sdc-0.3.0
Logging Driver: json-file
Kernel Version: 3.12.0-1-amd64
Operating System: SmartDataCenter
CPUs: 0
Total Memory: 0 B
Name: us-east-1
ID: 92b0cf3a-82c8-4bf2-8b74-836d1dd61003
Username: amouat
Registry: https://index.docker.io/v1/
```

OSと実行ドライバには注意してください。ここからは、通常のDockerエンジンが動作しているわけではないことがわかります。TritionはDockerエンジンのAPIの大部分をサポートしているので、Composeと以下のtriton.ymlファイルを使えばidentidockを起動できます。

```
proxy:
  image: amouat/proxy:1.0
  links:
    - identidock
  ports:
   - "80:80"
  environment:
    - NGINX_HOST=www.identidock.com
    - NGINX_PROXY=http://identidock:9090
  mem_limit: "128M"
identidock:
  image: amouat/identidock:1.0
  links:
   - dnmonster
   - redis
  environment:
    ENV: PROD
  mem_limit: "128M"
dnmonster:
  image: amouat/dnmonster:1.0
  mem_limit: "128M"
redis:
  image: redis
  mem_limit: "128M"
```

これは、先ほどのprod.ymlとほとんど同じですが、Tritionに起動するコンテナのサイズを指定しているメモリの設定が追加されています。また、イメージは独自のものをビルドするのではなく、公開されているイメージを使っています（現時点では、Tritionはdocker buildをサポートしていません）。

それでは、アプリケーションを起動しましょう。

```
$ docker-compose -f triton.yml up -d
...
Creating triton_proxy_1...
$ docker inspect -f {{.NetworkSettings.IPAddress}} triton_proxy_1
165.225.128.41
$ curl 165.225.128.41
<html><head><title>Hello...
```

Tritonは、公開されているポートがあれば、自動的にインターネットからアクセス可能な公開

IPを使います。

Tritonでコンテナを動作させた後は、そのコンテナを停止して削除するのを忘れないようにしてください。Tritonでは、停止しているコンテナも削除されるまで課金されるのです。

Dockerのネイティブのツールを使ってのTritonとやりとりは大変快適ですが、荒削りな部分もあります。すべてのAPIコールがサポートされているわけではなく、Composeでのボリュームの扱いにも多少の問題が残っています。とはいえこれらも、時間がたてば解決されることでしょう。

Linuxのカーネルによる隔離によって、セキュリティ上の懸念なしにコンテナを実行させることができるとメインストリームのクラウドプロバイダが確信できるときが来るまでは、Tritionはコンテナ化されたシステムを実行するソリューションとして、最も魅力的なものの1つでしょう。

9.5.2 Google Container Engine

Google Container Engine（GKE https://cloud.google.com/container-engine/）は、オーケストレーションのシステムであるKubernetes上に構築された、個性的なアプローチです。

Kubernetesは、Googleが構想したオープンソースのプロジェクトで、Google内でクラスタマネージャのBorg†を使ったコンテナの運用経験から学んだことが生かされています。

アプリケーションをGKEにデプロイするためには、Kubernetesの基本の理解と、Kubernetesに固有のいくつかの設定ファイルを作成しなければなりません。これらについては、「12.1.3 Kubernetes」のセクションで取り上げます。

アプリケーションの設定の手間が増える見返りとして得られるのが、自動的なレプリケーションやロードバランシングといったサービス群です。こうしたサービスを必要とするのは、大量のトラフィックを扱い、分散配置された多くの構成要素からなる大規模なシステムだけのように思えるかも知れませんが、稼働時間を保障しようとするシステムなら、そういったサービスはすぐに重要になります。

筆者としては、コンテナシステムのデプロイに関してKubernatesと、特にGKEを強くお勧めしますが、そうすることでKubernetesのモデルに強い結びつきが生じてしまい、他のプロバイダへのシステムの移行が難しくなってしまうことは認識しておいてください。

9.5.3 Amazon EC2 Container Engine

AmazonのEC2 Container Service（ECS https://aws.amazon.com/ecs/） は、AmazonのEC2のインフラストラクチャ上でのコンテナの実行を支援します。ECSは、コンテナの起動と、その下位層のEC2クラスタの管理のためのWebインターフェイスとAPIを提供します。

ECSは、クラスタ上の各ノードでコンテナエージェントを起動します。それらのエージェント群はECSサービスとやりとりをして、コンテナの起動、停止、モニタリングを受け持ちます。

identidockをECS上で動作させることは、比較的素早くできるものの、数十の設定オプションを持つ通常のAWSのインターフェイスを使うことになります。ECSに登録し、クラスタを作成し

---

† "Large-scale cluster management at Google with Borg,"（https://research.google.com/pubs/pub43438.html）という論文を読んでみてください。数十万のジョブを扱うクラスタの運用方法が、魅力的に描かれています。

たなら、identidock のための「タスク定義」をアップロードしなければなりません。以下の JSON は、identidock のための定義の例です。

```
{
  "family": "identidock",
  "containerDefinitions": [
    {
      "name": "proxy",
      "image": "amouat/proxy:1.0",
      "cpu": 100,
      "memory": 100,
      "environment": [
        {
          "name": "NGINX_HOST",
          "value": "www.identidock.com"
        },
        {
          "name": "NGINX_PROXY",
          "value": "http://identidock:9090"
        }
      ],
      "portMappings": [
        {
          "hostPort": 80,
          "containerPort": 80,
          "protocol": "tcp"
        }
      ],
      "links": [
        "identidock"
      ],
      "essential": true
    },
    {
      "name": "identidock",
      "image": "amouat/identidock:1.0",
      "cpu": 100,
      "memory": 100,
      "environment": [
        {
          "name": "ENV",
          "value": "PROD"
        }
      ],
      "links": [
        "dnmonster",
```

```
        "redis"
      ],
      "essential": true
    },
    {
      "name": "dnmonster",
      "image": "amouat/dnmonster:1.0",
      "cpu": 100,
      "memory": 100,
      "essential": true
    },
    {
      "name": "redis",
      "image": "redis:3",
      "cpu": 100,
      "memory": 100,
      "essential": false
    }
  ]
}
```

各コンテナに対しては、メモリの量（単位はMBです）と、CPU unitを指定しなければなりません。essentialというキーは、コンテナに障害があった場合にタスクを停止させるかどうかを指定します。ここでは、Redisコンテナなしでもアプリケーションは動作できることから、Redisは必須ではないと見なすことができます。他のフィールドについては、見ればわかることでしょう。

タスクが問題なく生成できたなら、クラスタ上で起動しなければなりません。identidockは、一回ごとに使われるタスクとしてではなく、**サービス**として起動ししなければなりません。サービスとして実行するということは、コンテナが動作していることをECSがモニタリングし、インスタンス間でトラフィックを分配するために、AmazonのElastic Load Balancingに接続するという選択肢ができるということです。サービスを生成する際に、ECSは名前と、動作を保証すべきタスクのインスタンス数を尋ねてきます。サービスが生成され、インスタンスの起動を待つと、EC2のインスタンスのIPアドレス経由でidentidockにアクセスできるようになっているはずです。このアドレスは、タスクインスタンスの詳細ページのProxyコンテナの詳細情報の中にあります。

サービスと、関連リソースの停止にはいくつかのステップが必要になります。まず、サービスを更新してタスク数を0にします。これで、シャットダウンの際に代わりのタスクをECSが立ち上げなくなります。この時点で、サービスは削除できるようになります。クラスタを削除するには、コンテナインスタンスの登録も解除しなければなりません。Elastic Load BalancingやEBSストレージなど、立ち上げた関連リソースがあれば、それらも忘れずに削除しておいてください。

ECSの舞台裏では、多くの技術的な作業が行われています。何回かのクリックだけで、数百あるいは数千のコンテナを簡単に立ち上げ、強力なスケーラビリティを提供することも簡単です。ホストでのコンテナのスケジューリングも非常に柔軟に設定できるので、ユーザーは効率性を最大にしたり、信頼性を最大にするといったように、自分の要求に合わせた最適化が可能です。ユーザーは、デフォルトのECSのスケジューラを独自のスケジューラや、Marathon（「12.1.4 MesosとMarathon」参照）のようなサードパーティのソリューションで置き換えることができます。

ECSは、Elastic Load BalancingやElastic Block Storeのような既存のAmazonの機能と組み合わせ、複数のインスタンスにまたがって負荷を分散させたり、ストレージを永続化したりすることができます。

9.5.4 Giant Swarm

Giant Swarm（**https://giantswarm.io**）は、「マイクロサービスアーキテクチャのための個性的なソリューション」という触れ込みです。これが実際に意味しているのは、Giant Swarmは、特別な設定のフォーマットを使ってDockerベースのシステムを立ち上げるための、高速で容易な方法だということです。Giant Swarmには、共有クラスタ上でホストされるバージョンと、占有環境（この環境は、Giant Swarmがベアメタルホストへのプロビジョニングと管理を行ってくれます）、そしてオンプレミスのソリューションがあります。本書の執筆時点では、共有環境はまだアルファバージョンですが、占有環境は実運用が可能です。

Giant Swarmが珍しいのは、VMをほとんど、あるいはまったく使わないことです。厳格なセキュリティを求めるユーザーは、独立したベアメタルのホストを使うことになりますが、共有クラスタでは個々のユーザーが動作させるコンテナが同居することになります。

それでは、Giant Swarmの共有クラスタでidentidockを実行させてみましょう。Giant Swarmにアクセスでき、swarm CLI†をインストール済みだとして、まず以下の設定ファイルを作成し、`swarm.json`としてセーブしてください。

```
{
    "name": "identidock_svc",
    "components": {
        "proxy": {
            "image": "amouat/proxy:1.0",
            "ports": [80],
            "env": {
                "NGINX_HOST": "$domain",
                "NGINX_PROXY": "http://identidock:9090"
            },
            "links": [ {
                "component": "identidock",
                "target_port": 9090
            }],
            "domains": { "80": "$domain" }
        },
        "identidock": {
```

† Dockerのクラスタリングソリューションもswarmという名前ですが、swarm CLIはこれとはまったく関係はありません。

```
            "image": "amouat/identidock:1.0",
            "ports": [9090],
            "links": [
            {
                "component": "dnmonster",
                "target_port": 8080
            },
            {
                "component": "redis",
                "target_port": 6379
            }
            ]
        },
        "redis": {
            "image": "redis:3",
            "ports": [6379]
        },
        "dnmonster": {
            "image": "amouat/dnmonster:1.0",
            "ports": [8080]
        }
    }
}
```

これでidentidockを動かすことができます。

```
$ swarm up --var=domain=identidock-$(swarm user).gigantic.io
Starting service identidock_svc...
Service identidock_svc is up.
You can see all components using this command:

    swarm status identidock_svc

$ swarm status identidock_svc
Service identidock_svc is up

component   image                  instanceid    created              status
dnmonster   amouat/dnmonster:1.0   m6eyoilfiei1  2015-09-04 09:50:40  up
identidock  amouat/identidock:1.0  r22ut7h0vx39  2015-09-04 09:50:40  up
proxy       amouat/proxy:1.0       6dr38cmrg3nx  2015-09-04 09:50:40  up
redis       redis:3                jvcf15d6lpz4  2015-09-04 09:50:40  up
$ curl identidock-amouat.gigantic.io
<html><head><title>Hello...
```

ここでは、Giant Swarmの設定ファイルがDocker Composeと異なっている点の1つを紹介しています。それはすなわち、テンプレート変数が使えることです。この例では、使いたいホスト名をコマンドラインから渡し、swarm は後で `swarm.json` 中の `$domain` をこの値で置き換えています。これ以外の `swarm.json` の機能には、スケジュールを共有するコンテナのグループである**ポッド**の定義や、実行すべきコンテナのインスタンス数の定義といったものがあります。

最後に、Giant Swarm には swarm CLI に加えて、サービスのモニタリングやログの表示を行う Web UI や、やりとりを自動化するための REST API があります。

9.6 永続化データとプロダクションコンテナ

間違いなく、データストレージの話は Docker の場合でもそれほど変化はしていません。少なくとも、大規模寄りの場合はそうです。独自のデータベースを実行する場合には、Docker コンテナ、VM、ベアメタルといった選択肢があります。大量のデータがある場合、データをあちらこちらに移動させるのは困難になるため、VM やコンテナは事実上、ホストマシンに足止めされることになります。これはすなわち、通常ならコンテナを使うことで得られるポータビリティというメリットは、この場合得られないということですが、一貫性のあるプラットフォームと、隔離というメリットを引き続き利用するために、コンテナを使いたいということがあるでしょう。パフォーマンスに関して懸念があるなら、`--net=host` 及び `--privileged` を使えば、コンテナがホストの VM やサーバーと同等の効率で動作することは保証できます。とはいえ、セキュリティ面では影響があるので注意は必要です。独自のデータベースを動作させず、Amazon RDS のようなホストされたサービスを利用するなら、これまでと同様の考え方を続けることができます。

コンテナが設定ファイルを持ち、データの量がそこそこであるような小規模寄りの場合には、ボリュームを使うと特定のホストマシンに足止めされてしまい、コンテナのスケーリングやマイグレーションが難しくなってしまうため、制約されてしまうことになるかも知れません。そういったデータは、独立したキーバリューストアやデータベースへ移すことを考えてもいいでしょう。そういったストアやデータベースもまた、コンテナで動作させることができます。面白い選択肢としては、Flocker（https://github.com/ClusterHQ/flocker）を使ってデータボリュームを管理するというアプローチもあります。マイクロサービスのアプローチを取るなら、できる限りコンテナをステートレスに保つようにすれば、物事をとてもシンプルにすることができるでしょう。

9.7 秘密情報の共有

パスワードや API キーといったセンシティブなデータを扱うこともあることでしょう。こういったデータは、コンテナ間で安全に共有しなければなりません。以下のセクションでは、そのためのさまざまなアプローチを、それぞれのメリットとデメリットと共に説明します†。

9.7.1 秘密情報のイメージへの保存

これは絶対にやってはいけません。これは悪い発想なのです。

これは最も簡単な解決方法かも知れませんが、イメージにアクセスできる人なら誰でもその秘密

† Ansible のような設定管理ソフトウェアを使ってコンテナのデプロイメントを管理する場合は、この問題に対するソリューションが付属してきたり、指定されていたりするかも知れません。

情報が利用できるようになってしまうということです。過去のレイヤに残ってしまうので、秘密情報を削除することもできません。プライベートのレジストリを使ったり、あるいはレジストリをまったく使わない場合でも、間違ってイメージを誰かと共有することはごく簡単に起こりうることであり、イメージにアクセスできる全員が秘密情報を知る必要もありません。また、イメージを特定の動作環境に結びつけることにもなってしまいます。

秘密情報を暗号化してイメージに保存することも**可能ではあります**が、それでも復号化キーを渡す方法が必要になることには変わりなく、攻撃者に糸口を不必要に与えることになってしまいます。

この発想は忘れてください。ここでこの話を取り上げたのは、この方法をとれば、とんでもない状況に陥ることを指摘するためだけです。

9.7.2 環境変数での秘密情報の受け渡し

環境変数を使って秘密情報を渡すのは、とても単純明快なソリューションであり、秘密情報をイメージに焼き込んでしまうよりもずっといい方法です。実行するのも簡単で、秘密情報を docker run の引数として渡すだけです。例をご覧ください。

```
$ docker run -d -e API_TOKEN=my_secret_token myimage
```

多くのアプリケーションや設定ファイルは、環境変数を直接的に利用できるでしょう。利用できないものについては、「プロキシの利用」で扱ったような、ちょっとしたスクリプトが必要になるかも知れません。

これは、software-as-a-service アプリケーションを構築するための方法論として広く知られ、尊重されている Twelve-Factor App の方法論（**http://12factor.net/ja/**）によって推奨されている方法です[†]。筆者としては、このドキュメントを読み、アドバイスのほとんどは実施することを強くお勧めしますが、環境に秘密情報を持たせることについては、以下の内容を含む、いくつかの重大な欠点があります。

- 環境変数は、すべての子プロセス、docker inspect、リンクされたコンテナから見えてしまいます。これらのいずれに対しても、秘密情報を見えるようにすべき理由はありません。
- 環境は、しばしばロギングやデバッグのために保存されます。環境変数には、デバッグログや、課題追跡システムに秘密情報が記録されてしまう大きなリスクがあります。
- 環境変数は削除できません。理想としては、使い終わった秘密情報は上書きしたり消去したりしたいところですが、Docker コンテナではそうすることはできません。

† Twelve-Factor App の方法論は、Docker コンテナが登場する以前に提唱されたものだということは指摘しておきましょう。そのため、項目の中には修正が必要なものもあります。

こういった理由で、筆者としてはこの方法は避けることをお勧めします。

9.7.3 ボリュームでの秘密情報の受け渡し

もう少しましな、ただし完璧にはまだほど遠いソリューションとしては、ボリュームを使って秘密情報を共有するという方法があります。例をご覧ください。

```
$ docker run -d -v $(pwd):/secret-file:/secret-file:ro myimage
```

秘密情報を含む設定ファイルそのものをマッピングするのではないなら、この方法で秘密情報を渡すときには多少のスクリプティングが必要になるでしょう。うまくやれる自信があるなら、秘密情報を含む一時ファイルを作成し、読み取った後にそのファイルを削除することもできます（ただし、オリジナルを消してしまわないように注意してください！）。

環境変数を使う設定ファイルの場合は、環境変数をセットアップするスクリプトを作成し、適切なアプリケーションを実行する前に、そのファイルを呼び出しておくこともできます。例をご覧ください。

```
$ cat /secret/env.sh
export DB_PASSWORD=s3cr3t
$ source /secret/env.sh >> run_my_app.sh
```

この方法には、変数がdocker inspectやリンク先のコンテナにも見えないという重要なメリットがあります。

このアプローチの大きな欠点は、秘密情報をファイルに保存しなければならないということです。そういったファイルは、実に簡単にバージョン管理システムにチェックインできてしまいます。また、このアプローチは通常スクリプティングを必要とする、面倒なソリューションでもあります。

9.7.4 キーバリューストアの利用

間違いなく、最も良いソリューションは、秘密情報をキーバリューストアに保存しておき、コンテナの実行時に取り出すことです。こうすることで、これまで紹介した方法では不可能だったレベルで秘密情報をコントロールできるようになりますが、キーバリューストアをセットアップし、そこに秘密情報を置くための手間は必要になります。

この分野のソリューションには、以下のようなものがあります。

KeyWhiz（https://square.github.io/keywhiz/）

暗号化された秘密情報をメモリ内に保持し、REST APIやコマンドラインインターフェイス（CLI）経由でアクセスできるようにしてくれます。Square（支払い処理の企業です）によって開発と利用が行われています。

Vault（https://hashicorp.com/blog/vault.html）

秘密情報を暗号化し、ファイルやConsulを含むさまざまなバックエンドに保存することができます。Vaultもまた、CLIとAPIを持っています。現時点ではKeyWhizが持っていない機能をいくつか持っていますが、成熟度が低いことも確かです。開発は、サービスディスカバリツールのConsulや、インフラストラクチャ設定ツールのTerraformを開発しているHashicorpです。

Crypt（https://xordataexchange.github.io/crypt/）

値を暗号化し、etcdやキーバリューストアのConsulに保存します。このアプローチの大きなメリットは、これまでは不可能だったレベルでの秘密情報のコントロールができるようになることです。秘密情報の変更や削除、一定期間後に秘密情報を有効期限切れにすることによる「リース」の適用、あるいはセキュリティ上のアラートが生じた際の秘密情報へのアクセスのロックといったことが簡単になります。

とはいえ、ここには依然として問題があります。コンテナ自身は、どのようにしてこの秘密情報のストアに認証してもらえばいいのでしょうか？ 通常は、やはりコンテナに対してボリュームを使って秘密鍵を渡すか、もしくは環境変数を通じてトークンを渡すことになります。先に挙げた環境変数を使うことの難点は、使用後すぐに無効にされる**ワンタイムトークン**を生成することで緩和できます。現在開発中のもう1つのソリューションとしては、ストア内の秘密情報をコンテナ内にファイルとしてマウントする、ストア用のボリュームプラグインを使う方法があります。このアプローチについては、KeyWhizストアとの関係で、GitHubに詳しい情報があります（**https://github.com/calavera/docker-volume-keywhiz**）。

将来的には、この種のソリューションが使われることになっていくでしょう。この種のソリューションがセンシティブなデータに対して提供するコントロールのレベルは、いかなる実装の複雑さにも勝る価値があり、ツールが改善されて行くにつれて、そういった複雑さも軽減されていくでしょう。とはいえ、決断を下す前にこの領域の真価をもう少し見守っておきたいということもあるでしょう。その間はボリュームを使って秘密情報を共有しておいてください。ただし、秘密情報をSCMにチェックインしたりしないよう、十分に注意してください。

9.8 ネットワーキング

ネットワーキングについては、**11章**で詳しく議論します。とはいえ、素のままのDockerのネットワーク機能を実働環境で利用しているなら、パフォーマンスの影響をかなり受けているということは、特筆しておくべきことです。Dockerブリッジをセットアップし、veth[†]を使うということは、ユーザー空間で大量のネットワークルーティングが生じているということです。これは、ルーティングがハードウェアやカーネルによって処理される場合に比べると、非常に低速になります。

† Virtual Ethernet、あるいはvethは、VMで使用するために開発された、独自のMACアドレスを持つ仮想ネットワークデバイスです。

9.9 プロダクションレジストリ

identidockでは、イメージの取得には単純にDocker Hubを使いました。イメージへの高速なアクセスを提供し、重要なインフラストラクチャをサードパーティに依存せずに済むよう（組織によっては、プライベートであるかどうかにかかわらず、サードパーティのリポジトリにコードを保存することを歓迎しないこともあるでしょう）、多くの実働環境にはレジストリ（あるいは複数のレジストリ）が含まれることになります。レジストリのセットアップの詳細については、「7.4.1 独自のレジストリの運用」を振り返ってみてください。

レジストリ内のイメージを最新かつ適正に保つことは重要です。 古く、脆弱性を抱えているかも知れないイメージをホストからプルしたりはしたくないはずです。そのため、定期的にレジストリに対して「13.10 監査」で議論するような監査を行うと良いでしょう。とはいえ、Dockerの各ホストはそれぞれ独自にキャッシュを管理するので、そちらもチェックする必要があることは覚えておいてください。

スケーラブルなトポロジーを実現するためのミラーリングなどのユースケースや、高可用性の実現については、Docker distribution project（**https://github.com/docker/distribution/**）で作業が進められています。

9.10 継続的デプロイメント／デリバリ

継続的デリバリは、継続的インテグレーションを実働環境にまで拡大したものです。エンジニアは、開発環境で変更を行い、それをテストに通し、デプロイできるようにすることが、ボタン一つでできるべきです。継続的デプロイメントは、これをもう一歩進めて、テストをパスした変更分を、自動的にデプロイします。

8章では、Jenkinsを使って継続的インテグレーションのシステムをセットアップする方法を見ました。イメージを実働環境用のレジストリにプッシュし、動作中のコンテナを新しいイメージにマイグレーションするようにすれば、これを継続的デプロイメントにまで拡張できることになります。ダウンタイムなしにイメージをマイグレーションできるようにするためには、新しいコンテナを立ち上げ、トラフィックをそちらに流すようにしてから、新しいコンテナを停止させなければなりません。これを安全に行う方法には、ブルー / グリーンデプロイメントやランプトデプロイメントなど、「8.6.1 実働環境でのテスト」で述べたいくつかのやり方があります。これらの手法は、組織内で作成したツールで実現されることもよくありますが、Kubernetesのようなフレームワークにはソリューションが組み込み済みであり、専門のツールが市場に登場することも期待できるでしょう。

9.11 まとめ

本章にはたくさんの内容がありました。identidockのようなシンプルなものでさえ、実働環境にコンテナをデプロイする際には多くの側面について考えなければなりませんでした。

コンテナの世界は未だに非常に日が浅いとはいえ、コンテナのホスティングに関しては、実用レベルに達している選択肢がいくつかあります。どの選択肢が最も適しているかは、システムのサイズや複雑さ、そしてデプロイとメンテナンスにかけようとしている労力と費用によります。小規模な環境なら、単にDockerエンジンをクラウドのVM上で動作させるだけで管理できますが、大規模な環境でこの方法を採れば、メンテナンスの負荷は大きくなってしまいます。これは、**12章**で議論するKubernetesやMesosのようなシステムや、Giant SwarmやTriton、ECSのような専門のホスティングサービスを使うことによって緩和できます。

本章では、コンテナの起動のような一見シンプルなタスクから、秘密情報の渡し方、データボリュームの扱い、継続的デプロイメントといった複雑なものまで、実働環境で一般的に直面する課題を見てきました。これらの課題の中には、コンテナ化されたシステムにおける新しいアプローチを必要とするものもあります。これは特に、動的なマイクロサービス群から構成されるようなシステムに当てはまります。こうした課題に対応するための新しいパターンやベストプラクティスが開発され、新しいツールやフレームワーク群が登場してくることでしょう。コンテナは、すでに実働環境で利用できるだけの信頼性を備えており、そして将来はさらに明るいものになるでしょう。

10章
ロギングとモニタリング

単純ではないシステムを動作させ続け、問題のデバッグを効率的に行おうとするなら、実行中のコンテナの効果的なモニタリングとロギングは欠かせません。マイクロサービスアーキテクチャでは、マシン数が多くなることから、ロギングとモニタリングの重要性はさらに増します。コンテナは本来的に短命なものなので、問題のデバッグを行うときにはもうそのコンテナがなくなっているかも知れないことから、集中型のログは欠かせないツールなのです。

この数ヶ月の間にも、ロギングやモニタリングのためのソリューションが急増しています。既存のモニタリングやロギングのベンダーは、コンテナ専門ののソリューションやインテグレーションを提供し始めました。本章では、利用可能なさまざまな選択肢や手法の概要を紹介します。identidock のアプリケーションを拡張して、大規模なアプリケーション用にスケールアウトすることも容易なロギングとモニタリングのソリューションを持たせる方法を見ていきましょう。

本章のコードは GitHub にあります（https://github.com/using-docker/logging）。**9章**と同じように、本章のコードは GitHub 上のイメージを使っていますが、identidock のコンテナは、自分のイメージと置き換えてみてもかまいません。
本章の開始時点のコードは、v0 タグでチェックアウトできます。

```
$ git clone -b v0 \
  https://github.com/using-docker/logging/
...
```

後のタグは、章を通じてのコードの進歩を反映しています。
あるいは、任意のタグを GitHub のプロジェクトのリリースページからダウンロードすることもできます。

10.1 ロギング

まずは、Docker でのデフォルトのロギングの動作を見ていき、続いて完全なロギングのソリューションを identidock に追加して、それから他の選択肢や、実働環境における問題について見ていくことにしましょう。

10.1.1 Dockerでのデフォルトのロギング

最初は、素のままのDockerで提供されているものから見ていくのが最も簡単でしょう。引数をまったく指定せず、ロギング用のソフトウェアのインストールもしていないなら、DockerはSTDOUTやSTDERRに送られた内容をすべてロギングします。このログは、docker logsコマンドで見ることができます。例をご覧ください。

```
$ docker run --name logtest debian sh -c 'echo "stdout"; echo "stderr" >>2'
stderr
stdout
$ docker logs logtest
stderr
stdout
```

引数の-tを使えば、タイムスタンプも得られます。

```
$ docker logs -t logtest
2015-04-27T10:30:54.002057314Z stderr
2015-04-27T10:30:54.005335068Z stdout
```

-fで、動作中のコンテナからログをストリーミングすることもできます。

```
$ docker run -d --name streamtest debian \
             sh -c 'while true; do echo "tick"; sleep 1; done;'
13aa6ee6406a998350781f994b23ce69ed6c38daa69c2c83263c863337a38ef9
$ docker logs -f streamtest
tick
tick
tick
tick
tick
tick
...
```

同じことは、DockerのRemote API[†]からも行えます。Remote APIを使えば、ログをプログラムによって転送し、処理できるようになります。Docker Machineを使っているなら、以下のようなことができるはずです。

```
$ curl -i --cacert ~/.docker/machine/certs/ca.pem \
          --cert ~/.docker/machine/certs/ca.pem \
          --key ~/.docker/machine/certs/key.pem \
          "https://$(docker-machine ip default):2376/containers/\
$(docker ps -lq)/logs?stderr=1&stdout=1"
```

† Remote APIの詳細と有効化の方法については、公式ドキュメント（http://bit.ly/1QMFApf）を参照してください。

```
tick
tick
tick
...
```

Macを使っているなら、curlの動作が少し異なっており、ca.pemとkey.pemの内容をどちらも含む単一の証明書を生成しなければならないことに注意してください。これについては、Open Solitude blog（**http://bit.ly/1IaCxjC**）に詳しい説明があります。

デフォルトのロギングには、多少の欠点があります。扱えるのはSTDOUTとSTDERRのみであり、ファイルにしかログを出力できないようなアプリケーションでは問題になります。また、ログのローテーションの機能がないので、コンテナを動作させ続けるために、yes（これはSTDOUtに"yes"と書き出し続けるだけです）のようなアプリケーションを使おうとすると、急速にディスクドライブの空き領域がコンテナによって食い尽くされてしまうことになります[†]。例をご覧ください。

```
$ docker run -d debian yes
ba054389b7266da0aa4e42300d46e9ce529e05fc4146fea2dff92cf6027ed0c7
```

他にも、docker runに引数として--log-driverを渡すことによって起動できるロギングの方法があります。デフォルトのロギングは、Dockerデーモンの起動時に--log-driverを引数として渡せば変更できます。ロガーとして渡せる値は以下の通りです。

json-file
: 先ほど見たばかりのデフォルトのロギングです。

syslog
: syslogドライバです。この後すぐに見ていきます。

journald
: systemdジャーナル用のドライバです。

gelf
: Graylog Extended Logフォーマット（GELF）ドライバです。

fluentd
: ログのメッセージをfluentd（**http://www.fluentd.org**）にフォワードします。

none
: ロギングを無効にします。

† 筆者は愚かにもひどい目に遭ってこのことに気づきました。

先ほどのyesの例のような場合は、ロギングを無効にすることが役立つこともあります。

10.1.2 ログの集約

どういったロギングドライバを使うにしても、特に複数ホストから構成されるようなシステムの場合、それが提供するのは部分的なソリューションに過ぎません。やりたいのは、潜在的には複数のホストにまたがるようなすべてのログを一カ所に集約し、集約されたログに対して分析やモニタリングのツールを走らせられるようにすることです。

この問題に対しては、基本的なアプローチが2つあります。

1. すべてのコンテナで、エージェントとして動作し、ログを集約サービスにフォワードするような、二次的なプロセスを動作させる。

2. ホスト上で、もしくは独立したスタンドアローンのコンテナにログを収集し、集約サービスにフォワードする。

最初の手法はうまくいきます。また、実際に使われることもありますが、イメージが肥大化し、動作するプロセスの数が不必要に増えてしまうので、ここでは2番目の手法だけを検討することにします。

ホストからコンテナのログにアクセスする方法は、いくつかあります。

1. Docker APIを使って、プログラム的にログにアクセスする方法。この方法は、公式にサポートされているという利点がありますが、HTTP接続を使うことによるオーバーヘッドがあります。次のセクションでは、Logspoutを使う例を紹介します。

2. syslogドライバを使うなら、「10.2 rsyslogへのログのフォワード」で紹介するように、syslogの機能を使って自動的にログをフォワードすることができます。

3. 単純に、Dockerのディレクトリから直接ログファイルにアクセスすることもできます。この方法は、「10.2.1 ファイルからのログの取得」で説明します。

使用するアプリケーションのロギングが、STDOUTやSTDERRではなく、ファイルに限られるなら、ヒント「ファイルにロギングするアプリケーションの扱い」にいくつかの回避策があります。

10.1.3 ELKを使ったロギング

identidockアプリケーションにロギングの既往を追加するために、ELKスタックとも呼ばれるものを使いましょう。ELKは、Elasticsearch、Logstash、Kibanaの短縮形です。

Elasticsearch
ほぼリアルタイムで検索が行えるテキスト検索エンジンです。Elasticsearchは、大量のデータを扱えるよう、複数のノードにわたって容易にスケールできるように設計されており、大量のログデータから検索を行うのには完璧な選択肢です。

Logstash
生のログを読み、パースし、フィルタリングした後に、インデックスやストレージといった他のサービスに転送してくれるツールです（ここでは、LogstashはElasticsearchへフォワードします）。Logstashは幅広い種類の入出力をサポートすると共に、さまざまなアプリケーションログ用のパーサーが用意されています。

Kibana
Elasticsearchに対する、JavaScriptベースのグラフィカルインターフェイスです。Kibanaは、Elasticsearchに対してクエリを実行し、その結果をさまざまなグラフとして可視化できます。ダッシュボードをセットアップして、システムの状況の概要を一目でわかるようにすることができます。

このスタックは、前章の`prod.yml`に基づいてローカルで実行します†。理想的な環境では、ELKコンテナを別のホストに移して、懸念事項をきっちり切り分けて管理できるようにするべきです。**11章**では、そうするための方法を見ていきますが、本章では話を単純にするために、すべてを1つのホストにまとめておくことにします。

最初にするべきことは、DockerのログをLogstashに送るという問題を解決することです。そのために、ここではLogspout（**https://github.com/gliderlabs/logspout**）を使いましょう。LogspoutはDocker専用のツールで、Docker APIを使って動作中のコンテナのログを指定したエンドポイント（例えばDocker用のrsyslog）に流してくれます。エンドポイントとしてはLogstashを使いたいので、DockerのログをLogstashで読みやすいフォーマットにしてくれるlogspout-logstashアダプタ（**https://github.com/looplab/logspout-logstash**）もインストールしましょう。Logspoutは、最小限のリソースで各Dockerホスト上で動作できるよう、できる限り小さく、効率的になるように設計されています。そのため、LogspoutはGoで書かれ、ごく小さなAlpine Linuxのイメージ上に構築されています。Logspoutのデフォルトのコンテナにはlogstashアダプタは含まれていないので、筆者が事前に用意しておいたものを使います。

目標とする環境は、全体として**図10-1**のようにになります。左側のコンテナのログはlogspoutによって収集され、Logstashによってパースとフィルタリングが行われた後に、Elasticsearchに投入されます。最後にKibanaによって、Elasticsearchコンテナ内のデータの可視化と調査が行われることになります。

† このスタックをクラウドで実行させたいなら、そうしてもかまいません。ただし、すべてのサービスを実行させるためには、サーバーをアップグレードしなければならないかも知れません。

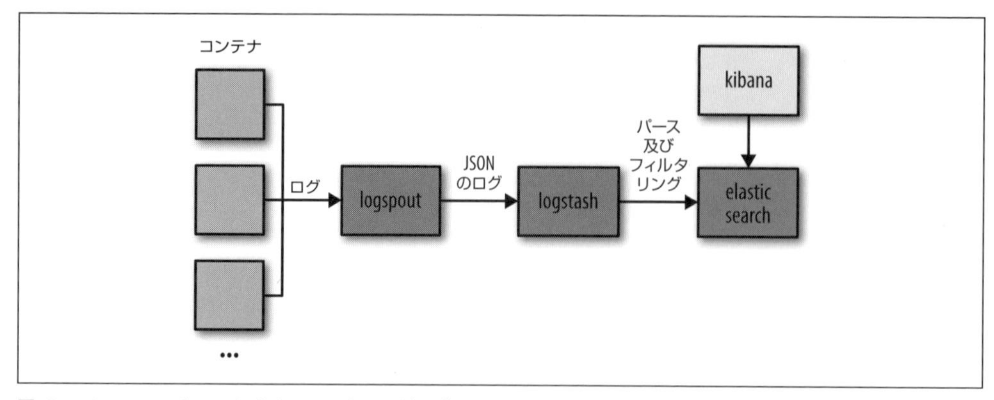

図10-1 LogspoutとELKによるコンテナのロギング

まず、prod-with-logging.yml という新しいファイルを作成しましょう。内容は以下のようになります。

```
proxy:
  image: amouat/proxy:1.0
  links:
    - identidock
  ports:
   - "80:80"
  environment:
    - NGINX_HOST=45.55.251.164 ❶
    - NGINX_PROXY=http://identidock:9090
identidock:
  image: amouat/identidock:1.0 ❷
  links:
   - dnmonster
   - redis
  environment:
    ENV: PROD
dnmonster:
  image: amouat/dnmonster
redis:
  image: redis
logspout:
  image: amouat/logspout-logstash
  volumes:
    - /var/run/docker.sock:/tmp/docker.sock ❸
  ports:
    - "8000:80" ❹
```

❶ このIPは、読者のホストのIPで置き換えてください。

❷ 筆者はGitHub上の自分のidentidockのイメージを使いましたが、読者の独自のバージョンで置き換えてもらってかまいません。

❸ Dockerソケットをマウントし、LogspoutがDocker APIに接続できるようにします。

❹ ログの閲覧用のLogspoutのHTTPインターフェイスを公開します。実働環境では、このインターフェイスを公開したままにしないようにしてください。

これで、アプリケーションを起動し直せば、LogspoutのストリーミングHTTPインターフェイスに接続できるようになっているはずです。

```
$ docker-compose -f prod-with-logging.yml up -d
...
$ curl localhost:8000/logs
```

identidockをブラウザで開けば、ターミナルにログが表示され始めるでしょう。

```
logging_proxy_1|192.168.99.1 - - [24/Sep/2015:11:36:53 +0000] "GET / HTTP/1....
logging_identidock_1|[pid: 6|app: 0|req: 1/1] 172.17.0.14 () {40 vars in 660...
logging_identidock_1|Cache miss
    logging_proxy_1|192.168.99.1 - - [24/Sep/2015:11:36:53 +0000] "GET /mon...
logging_identidock_1|[pid: 6|app: 0|req: 2/2] 172.17.0.14 () {42 vars in 788...
logging_identidock_1|[pid: 6|app: 0|req: 3/3] 172.17.0.14 () {42 vars in 649...
```

素晴らしいです。この部分はうまく動作しているように見えます。このインターフェイスは、先行き役立つことがわかるかも知れません。次に、この出力をどこか便利なところ、ここではLogstashのコンテナに送信しなければなりません。注意が必要なのは、複数ホストで構成されるシステムの場合、ホストごとにLogspoutのコンテナを動作させ、それらのLogspoutから中央のLogstashのインスタンスにログを流さなければならないということです。さあ、Logstashに接続してみましょう。まず、Composeのファイルを更新します。

```
...
logspout:
  image: amouat/logspout-logstash
  volumes:
    - /var/run/docker.sock:/tmp/docker.sock
  ports:
    - "8000:80"
  links:
    - logstash ❶
  command: logstash://logstash:5000 ❷
```

```
logstash:
  image: logstash
  volumes:
    - ./logstash.conf:/etc/logstash.conf ❸
  environment:
    LOGSPOUT: ignore ❹
  command: -f /etc/logstash.conf
```

❶ Logstashのコンテナへのリンクを追加します。

❷ Logspoutに対し、出力にLogstashモジュールを使うように指示する"logstash"プレフィックスを使います。

❸ Logstashの設定ファイルへのマッピングです。

❹ Logspoutは、環境変数としてLOGSPOUTが設定されているコンテナからはログを収集しません。これは、Logstashのコンテナからログを収集してしまうと、異常なログのエントリがLogstashにエラーを生じさせ、そのログがLogstashに送信され、またそれによって新しいログが生じて送信され・・・という循環が始まるリスクが生じるためです。

設定ファイルは、以下のような内容でlogstash.confとして保存します。

```
input {
  tcp {
    port => 5000
    codec => json ❶
  }
  udp {
    port => 5000
    codec => json ❷
  }
}

output {
  stdout { codec => rubydebug }
}
```

❶ Logspoutの出力を扱うためには、jsonコーデックを使う必要があります。

❷ テスト用に、ログをSTDOUTに出力します。

実行して、様子を見てみましょう。

```
$ docker-compose -f prod-with-logging.yml up -d
...
$ curl -s localhost > /dev/null
$ docker-compose -f prod-with-logging.yml logs logstash
...
logstash_1 | {
logstash_1 |            "message" => "2015/09/24 12:50:25 logstash: write u...
logstash_1 |        "docker.name" => "/logging_logspout_1",
logstash_1 |          "docker.id" => "d8f69d05123c43c9da7470951547b23ab32d4...
logstash_1 |       "docker.image" => "amouat/logspout-logstash",
logstash_1 |    "docker.hostname" => "d8f69d05123c",
logstash_1 |           "@version" => "1",
logstash_1 |         "@timestamp" => "2015-09-24T12:50:25.708Z",
logstash_1 |               "host" => "172.17.0.11"
logstash_1 | }
...
```

上のように、Rubyのフォーマットでいくつかのエントリが表示されるはずです。出力には、コンテナの名前やIDといった、Logspoutによって追加されたフィールドが含まれているはずです。Logstashは JSONの出力を受け取って取り込み、独自のRubyのデバッグフォーマットで出力したのです。しかし、Logstashでできることはこれだけではありません。必要に応じて、ログをフィルタリングし、変形することができるのです。例えば、ログを他の処理に渡したり、保存したりする前に、個人を特定できる情報や、センシティブな情報を取り除いておきたいとしましょう。ここでは、nginxのログメッセージをその構成要素に分解できると良いかも知れません。これは、Logstashの設定ファイルにfilterセクションを追加すれば実現できます。

```
input {
  tcp {
    port => 5000
    codec => json
  }
  udp {
    port => 5000
    codec => json
  }
}

filter {
  if [docker.image] =~ /^amouat\/proxy.*/ {
    mutate { replace => { type => "nginx" } }
    grok {
      match => { "message" => "%{COMBINEDAPACHELOG}" }
    }
  }
}
```

```
output {
  stdout { codec => rubydebug }
}
```

このフィルタは、メッセージがamouat/proxyという名前のイメージから来たものかをチェックします。もしそうなら、既存のLogstashのフィルタであるCOMBINEDAPACHELOGを使ってメッセージをパースし、出力にいくつかのフィールドを追加します。このフィルタを追加してアプリケーションを再起動すれば、以下のようなエントリがログに出力されるはずです。

```
logstash_1 | {
logstash_1 |            "message" => "87.246.78.46 - - [24/Sep/2015:13:02:...
logstash_1 |        "docker.name" => "/logging_proxy_1",
logstash_1 |          "docker.id" => "5bffa4f4a9106e7381b22673569094be20e8...
logstash_1 |       "docker.image" => "amouat/proxy:1.0",
logstash_1 |    "docker.hostname" => "5bffa4f4a910",
logstash_1 |           "@version" => "1",
logstash_1 |         "@timestamp" => "2015-09-24T13:02:59.751Z",
logstash_1 |               "host" => "172.17.0.23",
logstash_1 |               "type" => "nginx",
logstash_1 |           "clientip" => "87.246.78.46",
logstash_1 |              "ident" => "-",
logstash_1 |               "auth" => "-",
logstash_1 |          "timestamp" => "24/Sep/2015:13:02:59 +0000",
logstash_1 |               "verb" => "GET",
logstash_1 |            "request" => "/",
logstash_1 |        "httpversion" => "1.1",
logstash_1 |           "response" => "200",
logstash_1 |              "bytes" => "266",
logstash_1 |           "referrer" => "\"-\"",
logstash_1 |              "agent" => "\"curl/7.37.1\""
logstash_1 | }
```

このフィルタが、レスポンスコード、リクエストタイプ、URLといった多くの追加の情報を抽出してくれていることに注目してください。同様の手法を使って、さまざまなイメージ用のロギングのフィルタをセットアップすることができます。

次のステップは、LogstashのコンテナをElasticsearchのコンテナに接続することです。Elasticsearchへのインターフェイスを提供してくれることから、Kibanaのコンテナも同時に追加しましょう。

Composeのファイルを更新して、以下のようにします。

```
...
logspout:
  image: amouat/logspout-logstash
  volumes:
```

```
    - /var/run/docker.sock:/tmp/docker.sock
  ports:
    - "8000:80"
  links:
    - logstash
  command: logstash://logstash:5000

logstash:
  image: logstash:1.5
  volumes:
    - ./logstash.conf:/etc/logstash.conf
  environment:
    LOGSPOUT: ignore
  links:
    - elasticsearch ❶
  command: -f /etc/logstash.conf

elasticsearch: ❷
  image: elasticsearch:1.7
  environment:
    LOGSPOUT: ignore

kibana: ❸
  image: kibana:4
  environment:
    LOGSPOUT: ignore
    ELASTICSEARCH_URL: http://elasticsearch:9200
  links:
    - elasticsearch
  ports:
    - "5601:5601"
```

❶ Elasticsearch コンテナへのリンクを追加します。

❷ 公式のイメージをベースに、Elasticsearch のコンテナを生成します。

❸ Kibana 4 のコンテナを生成します。Elasticsearch のコンテナへのリンクを追加し、ポート 5601 をインターフェイス用に公開していることに注意してください。

logstash.conf ファイルの output のセクションも、Elasticsearch コンテナを指すように更新しておかなければなりません。

```
...
output {
  elasticsearch { host => "elasticsearch" } ❶
```

```
  stdout { codec => rubydebug } ❷
}
```

❶ Elasticsearchに読めるフォーマットで、データを"elasticsearch"という名前のリモートホストに出力します。

❷ この行は、もう削除してもかまいません。この行はデバッグに必要なだけで、この時点ではログを複製するだけです。

アプリケーションを再起動して、どうなったか見てみましょう。

```
$ docker-compose -f prod-with-logging.yml up -d
Recreating logging_dnmonster_1...
Recreating logging_redis_1...
Recreating logging_elasticsearch_1...
Recreating logging_kibana_1...
Recreating logging_identidock_1...
Recreating logging_proxy_1...
Recreating logging_logstash_1...
Recreating logging_logspout_1...
```

続いて、ブラウザで`localhost`にアクセスし、しばらくidentidockのアプリケーションで遊んでみて、構築したロギングスタックに分析するデータを少し蓄積してみてください。準備が整ったら、`localhost:5601`にブラウザでアクセスして、Kibanaのアプリケーションを立ち上げます。表示は**図10-2**のようになるでしょう。

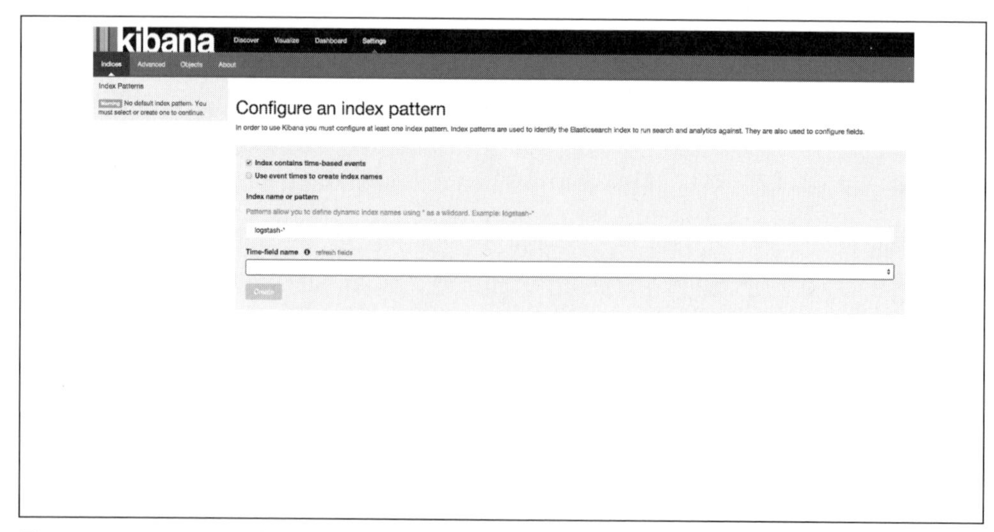

図10-2 Kibanaの設定ページ

`@timestamp` を time-field 名として選択し、"Create" をクリックしてください。すると、Elasticsearch が見つけた、nginx や Docker に関するものも含めて、すべてのフィールドがページに表示されます。

"Discover" をクリックすると、**図 10-3** のように、ログの量を示すヒストグラムと、その下に直近のログのリストがあるページが表示されるはずです。

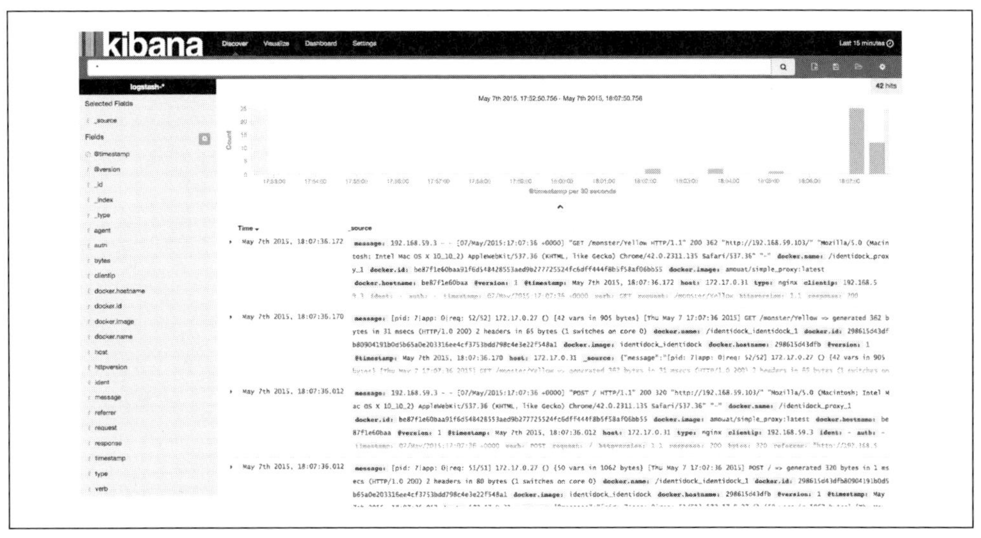

図10-3　KibanaのDiscoverページ

表示される期間は、右上にある時計のアイコンをクリックすれば、簡単に変更できます。ログは、特定のフィールド内の語句の有無によってフィルタリングできます。例えば、"message" フィールド "Cache miss" を検索して、時間の経過に伴うキャッシュミスのヒストグラムを表示させてみてください。"Visualize" タブを使えば、折れ線グラフや円グラフ、そしてデータテーブルやカスタムメトリクスを含む、さらに高度なグラフやビジュアライゼーションを生成できます。

Kibana 3 と 4

4.0 以前のバージョンの Kibana を使っているなら、ホストにポートをフォワードすることで、**ブラウザが Elasticsearch** のコンテナにアクセスできることを確認する必要があります。これは、Kibana がクライアント上で動作する JavaScript ベースのアプリケーションだからです。バージョン 4 以降では、Kibana をプロキシとして接続が行われるので、この制約はなくなっています。

本章は、高度なログの分析のすべてを紹介するわけではないので、Kibana についてはこれ以上踏み込みません。Kibana や類似のソリューションは、アプリケーションとデータについての調査を行うための、強力で高度な可視化の方法を提供するということをお伝えするだけにとどめておきます。

ログのストレージとローテーション

最終的にどういったログドライバや分析のソリューションを使うことにしたとしても、どれだけの期間のログを、どのように保存するのかは決めなければなりません。こういったことをまったく考えていなかったのなら、おそらくデフォルトのロギングを使っているコンテナが、少しずつホストのハードディスクを消費していき、最終的にはホストをクラッシュさせてしまうことでしょう。

Linuxのlogrotateユーティリティを使えば、ログファイルの増大を管理できます。通常は、いくつかの世代のログファイルを使って、定期的に世代毎のファイルを移動させることになるでしょう。例えば、現時点でのログに加えて、その前、さらにその前、さらにもう1つ前のログを置いておくといった具合です。2世代前や3世代前のログは、ストレージの節約のために圧縮されます。毎日、現在のログが1世代前のログとして移動され、1世代前だったログは圧縮されて2世代前のログとして移動され、2世代前だったログは3世代前になり、3世代前だったログは削除されます。

以下のlogrotateの設定を使えば、上記の動作を実現できます。この設定は、/etc/logrotate.d/以下の新しいファイルとして保存する（例えば/etc/logrotate.d/docker）か、/etc/logrotate.confに追加します。

```
/var/lib/docker/containers/*/*.log {
    daily ❶
    rotate 3 ❷
    compress ❸
    delaycompress ❸
    missingok ❹
    copytruncate ❺
}
```

❶ ログは毎日ローテートします。

❷ ログは3世代保存します。

❸ 圧縮は行いますが、1世代待ってからにします。

❹ ファイルがない場合でも、logrotateがエラーを報告しないようにします。

❺ 現在のログファイルは移動させるのではなく、コピーしてから切り捨てます（サイズを0にします）。こうしなければならないのは、ファイルがなくなったときにDockerが混乱しないようにするためです。コピーと切り捨ての間にアプリケーションがデータをログに出力した場合、データロスの可能性があります。

デフォルトでは、logrotateはcronジョブとして一日一度実行されているでしょう。ログをもっと頻繁に整理したいなら、これは変更しなければなりません。

もっと恒久的で頑健なログストレージが必要なら、例えばPostgreSQLのように、頑健なデータベースにログをフォワードしてください。Logstashや同等のツールなら、第2の出力としてこれを追加することも容易です。ストレージという点では、Elasticsearchのようなインデキシングソリューションだけを頼りにしてはいけません。こうしたソリューションは、PostgreSQLのように成熟したデータベースと同等の耐障害性を保障しているわけではないのです。Logstashのフィルタを使えば、必要に応じて個人を特定できるような情報はフィルタリングできることを覚えておいてください。

ファイルにロギングするアプリケーションの扱い

STDOUT/STDERRではなく、ファイルにログを出力するアプリケーションの場合でも、いくつかの選択肢があります。すでにロギングにDocker APIを使っているなら（例えばLogspoutコンテナとあわせて）、最も単純なソリューションは、ファイルをSTDOUTに出力するプロセス（通常はtail -Fを実行する）ことです。コンテナにプロセスは1つという哲学を守ったままそうするための洗練された方法としては、ログファイルを--volumes-fromでマウントする第2のコンテナを使うというやり方があります。

例えば、"tolog"というコンテナがあり、/var/logでボリュームを宣言しているとすれば、以下のようにすることができます。

```
$ docker run -d --name tolog-logger \
             --volumes-from tolog \
             debian tail -F
/dev/log/*
```

このアプローチを採りたくないのであれば、ログをホスト上の既知のディレクトリにマウントし、fluentd（http://www.fluentd.org）のようなログコレクタをそのディレクトリに対して実行するという方法もあります。

10.1.4 syslogを使ったDockerのロギング

Dockerのホストがsyslogをサポートしているなら、syslogドライバを使ってコンテナのログをホスト上のsyslogに送信できます。これは、例で説明するのが最も良いでしょう。

```
$ ID=$(docker run -d --log-driver=syslog debian \
      sh -c 'i=0; while true; do i=$((i+1)); echo "docker $i"; sleep 1; done;')
$ docker logs $ID
"logs" command is supported only for "json-file" logging driver (got: syslog)  ❶
$ tail /var/log/syslog ❷
Sep 24 10:17:45 reginald docker/181b6d654000[3594]: docker 48
Sep 24 10:17:46 reginald docker/181b6d654000[3594]: docker 49
Sep 24 10:17:47 reginald docker/181b6d654000[3594]: docker 50
Sep 24 10:17:48 reginald docker/181b6d654000[3594]: docker 51
Sep 24 10:17:49 reginald docker/181b6d654000[3594]: docker 52
Sep 24 10:17:50 reginald docker/181b6d654000[3594]: docker 53
Sep 24 10:17:51 reginald docker/181b6d654000[3594]: docker 54
Sep 24 10:17:52 reginald docker/181b6d654000[3594]: docker 55
Sep 24 10:17:53 reginald docker/181b6d654000[3594]: docker 56
Sep 24 10:17:54 reginald docker/181b6d654000[3594]: docker 57
```

❶ 本書の執筆時点では、docker logsコマンドではデフォルトのロギングしかできません。

❷ 筆者のUbuntuのホストでは、Dockerのログは/var/log/syslogに送られます。この場所は、他のLinuxのディストリビューションでは異なっているかも知れません。

コンテナのメッセージが格納されるsyslogのログファイルには、他のさまざまなサービスからのメッセージや、他のコンテナからのメッセージも格納されるでしょう。ログのメッセージにはコンテナID（短い形式）が含まれているので、grepを使えば特定のコンテナに関するメッセージを簡単に検索できます。

```
$ grep ${ID:0:12} /var/log/syslog ❶
Sep 24 10:16:58 reginald docker/181b6d654000[3594]: docker 1
Sep 24 10:16:59 reginald docker/181b6d654000[3594]: docker 2
Sep 24 10:17:00 reginald docker/181b6d654000[3594]: docker 3
Sep 24 10:17:01 reginald docker/181b6d654000[3594]: docker 4
Sep 24 10:17:02 reginald docker/181b6d654000[3594]: docker 5
Sep 24 10:17:03 reginald docker/181b6d654000[3594]: docker 6
Sep 24 10:17:04 reginald docker/181b6d654000[3594]: docker 7
...
```

❶ このログは短い形式のIDを使います。そのため、完全なIDを12文字にまで縮めなければなりません。

Dockerイベント API

コンテナのログとDockerデーモンのログに加えて、モニタリングや対応が必要となるログがもう一種類あります。それは、Dockerイベントです。イベントは、Dockerコンテナのライフサイクル中のほとんどのステージでロギングされます。そういったイベントには、create、destroy、die、export、kill、pause、attach、restart、start、stop、unpauseといったものがあります。これらのほとんどは見た通りのものですが、dieはコンテナが終了したときに、destroyはコンテナが削除されたとき（すなわちdocker rmが呼ばれたとき）に起こることを覚えておいてください。**図10-4**は、このライフサイクルを図示したものです。

untag及びdeleteイベントは、イメージに対してロギングされるものです。untagはタグが削除されたときにロギングされるもので、これはdocker rmiが呼ばれて成功したときに生じます。deleteイベントは、下位層のイメージが削除されたときに生じます（このイベントは、docker rmiを呼んでも必ず生ずるとは限りません。これは、1つのイメージに複数のタグが付けられていることがあるためです）。タイムスタンプは、RFC3339（https://www.ietf.org/rfc/rfc3339.txt）形式で表示されます。

イベントは、docker eventsコマンドで取り出せます。

```
$ docker events
2015-09-24T15:23:28.000000000+01:00 44fe57bab...: (from debian) create
2015-09-24T15:23:28.000000000+01:00 44fe57bab...: (from debian) attach
2015-09-24T15:23:28.000000000+01:00 44fe57bab...: (from debian) start
2015-09-24T15:23:28.000000000+01:00 44fe57bab...: (from debian) die
```

docker eventsコマンドはストリームを返すので、結果を見るためには他のターミナルから何らかの

Docker コマンドを実行しなければなりません。`docker events` コマンドは、結果のフィルタリングと、結果を返す期間を制御する引数も取ります。イベントは、コンテナ、イメージ、イベントでフィルタリングできます。引数で使われるタイムスタンプは、RFC3339 の形式に従う（例えば "2006-01-02T15:04:05.000000000Z07:00"）か、Unix のエポックからの経過秒数（例えば "1378216169"）として渡さなければなりません。

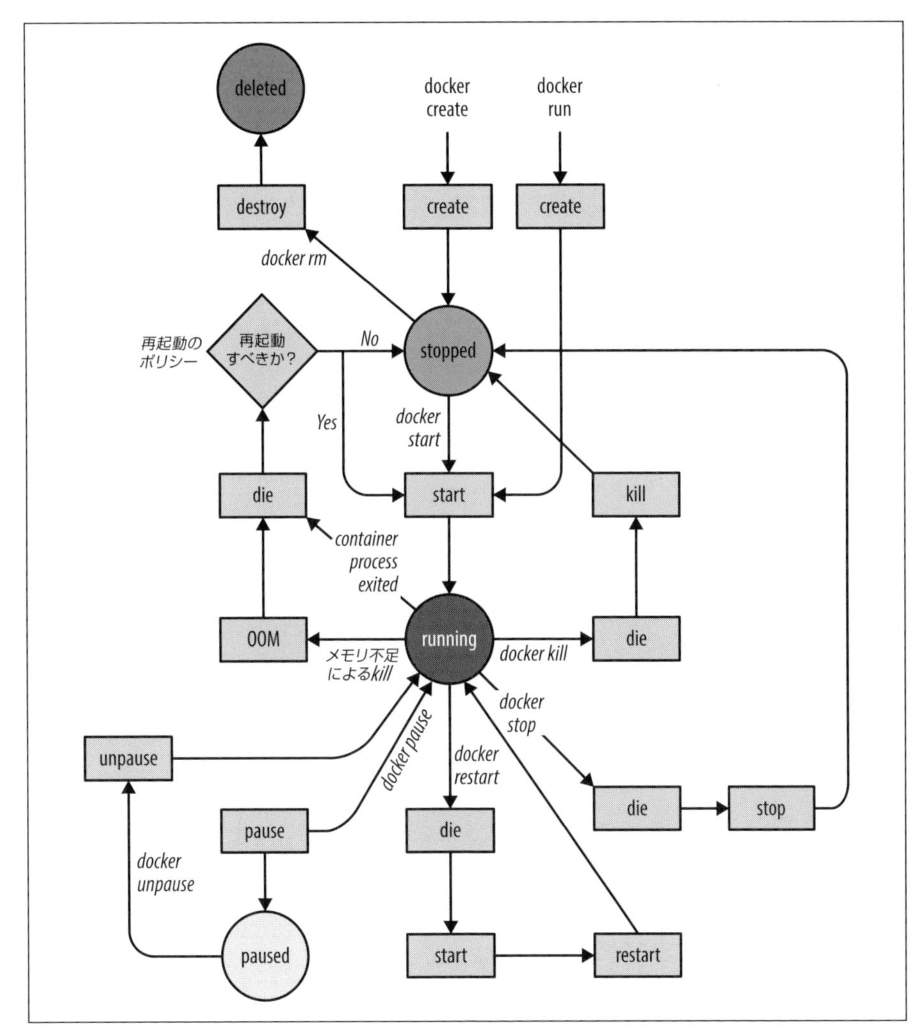

図10-4　Dockerのライフサイクル（Dockerの公式ドキュメント　http://bit.ly/1QMFApf から引用。オリジナルはGlider labsのMat Goodによるもので、CC-BY-SA 4.0（http://bit.ly/cc-by-sa-4）でライセンスされています）

Docker イベント API は、コンテナのイベントに対応して何かを自動的に行いたい場合に、非常に役立ちます。例えば、Logspout ユーティリティは、この API を使ってコンテナが起動し、ログを流し始めたことを通知します。コラム「設定ファイルの生成方法の強化」で議論した、JasonWilderによるnginx-proxyは、イベントAPIを使ってコンテナの起動時に自動的にロードバランスを行います。加えて、単純にコンテナのライフサイクルの分析を行うために、データをロギングしたいという場合もあるでしょう。

Dockerのログを個別のログファイルに保存するようにsyslogをセットアップすれば、もう少し状況は良くなります。syslogの言い回しを使えば、Dockerは"daemon"ファシリティにログを書くので、**すべての**デーモンが指定したファイルにメッセージを書くようにsyslogをセットアップするのは簡単ですが、Dockerのメッセージだけをフィルタリングするのは少し難しくなります[†]。rsyslogのバージョン7以降を使っているなら（その可能性は高いでしょう）以下のルールが使えます。

```
:syslogtag,startswith,"docker/" /var/log/containers.log
```

これで、すべてのDockerコンテナのメッセージは`/var/log/containers.log`に置かれるようになります。このルールをrsyslogの設定ファイルに保存してください。少なくともUbuntuでは、新しいファイルとして`/etc/rsyslog.d/30-docker.conf`を作成し、そこに保存できます。その後にsyslogを再起動すれば、ログが新しいファイルに出力されるようになります。

```
$ sudo service rsyslog restart
rsyslog stop/waiting
rsyslog start/running, process 15863
$ docker run -d --log-driver=syslog debian \
  sh -c 'i=0; while true; do i=$((i+1)); echo "docker $i"; sleep 1; done;'
$ cat /var/log/containers.log
Sep 24 10:30:46 reginald docker/1a1a57b885f3[3594]: docker 1
Sep 24 10:30:47 reginald docker/1a1a57b885f3[3594]: docker 2
Sep 24 10:30:48 reginald docker/1a1a57b885f3[3594]: docker 3
Sep 24 10:30:49 reginald docker/1a1a57b885f3[3594]: docker 4
Sep 24 10:30:50 reginald docker/1a1a57b885f3[3594]: docker 5
Sep 24 10:30:51 reginald docker/1a1a57b885f3[3594]: docker 6
Sep 24 10:30:52 reginald docker/1a1a57b885f3[3594]: docker 7
```

この時点で、ログは他のファイルにも送られています（例えば`/var/log/syslog`）。これを止めるには、先ほどのルールのすぐ後に`&stop`という行を追加します。例をご覧ください。

```
:syslogtag,startswith,"docker/" /var/log/containers.log
&stop
```

† こんなことは簡単にできるようになっているべきですが、syslogのそういった機能は80年代から未だに登場していないようです――。

syslog と Docker Machine の VM

本書の執筆時点では、Docker Machine によってプロビジョニングされる boot2docker の VM では、デフォルトで syslog は動作しません。テストのためであれば、VM にログインして syslogd を動作させれば、syslog を起動できます。例をご覧ください。

```
$ docker-machine ssh default
...
docker@default:~$ syslogd
```

この変更は、syslogd を boot2docker の VM の `/var/lib/boot2docker/bootsync.sh` から呼ぶようにすれば、恒久的なものにできます。このスクリプトは、Docker の起動前に VM が実行します。例をご覧ください。

```
$ docker-machine ssh default
...
docker@default:~$ cat /var/lib/boot2docker/bootsync.sh
#!/bin/sh
syslogd
```

boot2docker の VM は、busybox のデフォルトの syslog の実装を使うので、rsyslogd ほど柔軟ではないことに注意してください。

Docker コンテナのデフォルトのロギングは、`--log-driver=syslog` を Docker デーモンの初期化の際に追加すれば、rsyslog に切り替えることができます（通常は、Docker サービスの設定ファイルを書き換えることになるでしょう。例えば Ubuntu なら、`/etc/default/docker` に `DOCKER_OPTS` を追加します）。

10.2 rsyslogへのログのフォワード

rsyslog に対して、ログをローカルに保存するのではなく、他のサーバーへフォワードさせることもできます。この方法は、Logspout のようなオーバーヘッドを伴うことなく、Logstash のような集中型のサービスや、他の syslog サーバーにログを渡すために使えます。

identidock のサンプルで Logspout を rsyslog で置き換えるには、Logstash の設定ファイルを書き換えて、syslog の入力を受け取り、rsyslog の通信先のホスト上のポートを Logstash にフォワードし、rsyslog にはログをファイルではなくネットワークへ送信させなければなりません。

まず、Logstash を設定し直します。設定ファイルを以下のように更新してください。

```
input {
  syslog {
    type => syslog
      port => 5544
  }
}
```

```
filter {
  if [type] == "syslog" {
    syslog_pri { }
    date {
      match => [ "syslog_timestamp", "MMM d HH:mm:ss", "MMM dd HH:mm:ss" ]
    }
  }
}

output {
  elasticsearch { host => "elasticsearch" }
  stdout { codec => rubydebug }
}
```

さあ、rsyslogを設定しましょう。この設定はほとんど以前の設定と同じですが、ファイルとして`/var/log/containers.log`を指定するのではなく、`@@localhost:5544`という構文を使います。例をご覧ください。

```
:syslogtag,startswith,"docker/" @@localhost:5544
&stop
```

これで、rsyslogはTCPを使ってローカルホストの5544番ポートにログを送信するようになります。UDPを使いたいなら、`@`を1つだけにしてください[†]。

設定の最後のピースは、Composeファイルの書き換えです。その前に、動作中のidentidockがあれば止めておいたほうがいいでしょう。

```
$ docker-compose -f prod-with-logging.yml stop
...
```

これで、ComposeのファイルからLogspoutを取り除いて、rsyslogがLogstashに対して通信するためのポートをホストで公開しても大丈夫です。

```
...
logstash:
  image: logstash:1.5
  volumes:
    - ./logstash.conf:/etc/logstash.conf
  environment:
    LOGSPOUT: ignore
  links:
    - elasticsearch
    - "127.0.0.1:5544:5544" ❶
  command: -f /etc/logstash.conf
```

† はい、こんなことは言うまでもありませんよね？

```
elasticsearch:
  image: elasticsearch:1.7
  environment:
    LOGSPOUT: ignore

kibana:
  image: kibana:4.1
  environment:
    LOGSPOUT: ignore
    ELASTICSEARCH_URL: http://elasticsearch:9200
  links:
    - elasticsearch
  ports:
    - "5601:5601"
```

❶ 5544 番ポートを公開します。バインドするインターフェイスは 127.0.0.1 に限定し、ホストからはこのポートに接続できても、ネットワーク上の他のマシンからは接続できないようにします。

最後に、rsyslog と identidock を再起動してください。これで、ログが低速な Logspout ではなく、rsyslog 経由で Logstash に送られるようになります。Logspout から Logstash に送っていたすべての情報が得られるようにするためのフィルタリングの設定に、もう少し手はかかりますが、rsyslog を使ってログをフォワードする方法は、非常に効率が良く、頑健なソリューションです。

ログの保障

ロギングのインフラストラクチャを設計する際には、意識しているか否かにかかわらず、完全な正確性や信頼性と、効率性との要求の間でトレードオフが生じています。ログが必要な理由が、デバッグとモニタリングだけなのであれば、シンプルなソリューションのいずれかを使うだけでいいでしょう。しかし、もしも即刻アラートを発しなければならないような特定のログメッセージがある場合や、ポリシーへの準拠のために完全な検証をログで行えなければならないような場合は、ロギングのインフラストラクチャ中のさまざまなリンクの属性や保障の内容を考慮しなければなりません。

ポイントとしては、以下のような点を考慮しなければなりません。

- ログを送信するトランスポートプロトコルの選択。UDP は高速な代わりに、TCP よりも信頼性が保障されません（とはいえ、TCP も信頼できることが保障されているわけではありません）。
- ネットワークの断線時の問題。rsyslog を含む多くのツールは、リモートサーバーに到達可能になるまで、メッセージをバッファリングするように設定できます。
- メッセージの保存とバックアップの方法。ファイルシステムに比べると、データベースは高い信頼性と耐障害性を保障します。

いかなるソリューションでも問題になるのは、ログのセキュリティです。ログには、センシティブな情報が含まれることが多く、ログにアクセスできる人物をコントロールすることが重要です。公開のインターネットを流れるログはすべて暗号化されることや、保存されたログにアクセスできるのは適切な人々だけであることを、保障できるようにするべきでしょう。

10.2.1 ファイルからのログの取得

ログをフォワードするもう1つの効率的な方法は、ファイルシステム上の生のログにアクセスすることです。デフォルトの状態でロギングを行っているなら、現時点のDockerはコンテナのログファイルを`/var/lib/docker/containers/<container id>/<container id>-json.log`に置きます。

ログをこのファイルから取り出すのは、効率的ではあるものの、Dockerの公開されているAPIではなく、内部的な実装の詳細に依存することになります。そのため、この方法に基づくロギングのソリューションは、Dockerエンジンのアップデートに伴って、うまく動かなくなるかも知れません。

10.3 モニタリングとアラート

マイクロサービスのシステムでは、数十から数百あるいは数千のコンテナを動作させることもあるでしょう。動作中のコンテナの状態、あるいはシステム全体の概況をモニタリングするための支援は、あればあるほど喜ばしいでしょう。優れたモニタリングのシステムは、システムの健全性が一目でわかり、不足しつつあるリソース（ディスクの領域、CPU、メモリなど）があれば事前に警告してくれるようなものであるべきです。また、何か問題が生じた場合には、アラートを発してもらいたいでしょう（例えば、リクエストの処理に数秒以上がかかるようになった場合など）。

10.3.1 Dockerのツールでのモニタリング

Dockerには、基本的なCLIツールである`docker stats`が付属しており、リソースの使用状況のライブストリームを返してくれます。このコマンドは、1つ以上のコンテナの名前を引数として取り、Unixのアプリケーションの`top`と同じように、それらのさまざまな統計情報を出力します。例をご覧ください。

```
$ docker stats logging_logspout_1
CONTAINER            CPU %   MEM USAGE/LIMIT     MEM %   NET I/O
logging_logspout_1   0.13%   1.696 MB/2.099 GB   0.08%   4.06 kB/9.479 kB
```

この統計は、CPUとメモリの使用状況に加えて、ネットワークの利用状況も出してくれます。コンテナに対してメモリの上限を設定していないのなら、表示されるメモリの上限は、そのコンテナが利用できるメモリの量ではなく、ホストのメモリの総量になるので注意してください。

実行中の全コンテナの統計の取得

ほとんどの場合、統計の取得はホスト上で実行されているすべてのコンテナから行いたいことでしょう（筆者としては、これがデフォルトの動作であるべきだと思います）。これは、ちょっとしたシェルスクリプトで実現できます。

```
$ docker stats \
  $(docker inspect -f {{.Name}} $(docker ps -q))
CONTAINER                  CPU %   MEM USAGE/LIMIT   ...
/logging_dnmonster_1       0.00%   57.51 MB/2.099 GB
/logging_elasticsearch_1   0.60%   337.8 MB/2.099 GB
/logging_identidock_1      0.01%   29.03 MB/2.099 GB
/logging_kibana_1          0.00%   61.61 MB/2.099 GB
/logging_logspout_1        0.14%   1.7 MB/2.099 GB
/logging_logstash_1        0.57%   263.8 MB/2.099 GB
/logging_proxy_1           0.00%   1.438 MB/2.099 GB
/logging_redis_1           0.14%   7.283 MB/2.099 GB
```

ここでは、`docker ps -q`で実行中の全コンテナのIDが得られるので、それを`docker inspect -f {{.Name}}`への入力として使い、IDに対応する名前を返させて、それを`docker stats`に渡しています。

これはこれで役立ちますが、こうしたデータをプログラム的に取得できるDocker APIがあることも示唆していそうです。このAPIは実際に存在しており、`/containers/<id>/stats`というエンドポイントを呼べば、CLIで得られる以上に詳細な、指定したコンテナに関するさまざまな統計情報のストリームが得られます。このAPIはやや柔軟性に欠けており、1秒ごとにすべての値の更新を流したり、すべての統計を一度に取得することはできますが、頻度やフィルタリングを制御するためのオプションはありません。これはすなわち、継続的なモニタリングを行うためにこの統計APIを使うと、オーバーヘッドが大きくなりすぎる可能性が高いということですが、それでもこのAPIは、アドホックなクエリや調査の役には立ちます。

Dockerが公開しているさまざまなメトリクスの多くは、CGroups及びnamespecesの機能を使って、直接Linuxカーネルから得ることもできます。これには、Dockerのrunc（**https://github.com/opencontainers/runc**）を含むさまざまなライブラリやツールからアクセスできます。特定のメトリックをモニタリングしたいなら、runcを使うか、カーネルコールを直接行って、効率の良いソリューションを書くことができます。この場合、低レベルのカーネルコールを行える、GoやCのような言語を使う必要があるでしょう。また、メトリクスの更新時に新しいプロセスをフォークしないようにするといった、注意すべき落とし穴もいくつかあります。Dockerに関するRuntime Metricsという記事（**https://docs.docker.com/v1.8/articles/runmetrics/**）では、この方法と、カーネルから取得できるさまざまなメトリクスの詳細について説明しています。必要な値を得ることができたなら、メトリクスの集計と計算を行うためのstatsd（**https://github.com/etsy/statsd**）や、ストレージのためのinfluxDB（**https://influxdata.com**）やOpenTSDB（**http://opentsdb.net**）、結果の表示のためのGraphite（**http://graphite.readthedocs.org/en/**

latest/）や Grafana（https://github.com/grafana/grafana）といったツールを見てみると良いでしょう。

Logstash でのモニタリングとアラート

Logstash はほぼロギングのためのツールですが、Logstash でもある程度のモニタリングは可能であり、ログそのものが、モニタリングすべき重要なメトリックであることは、指摘しておきましょう。

例えば、nginx のステータスコードをチェックして、リターンコードの 500 が大量に生じているなら、アラートをメールやメッセージで送ることができるでしょう。Logstash には、Nagios、Ganglia、Graphite を含む、一般的なモニタリングソリューションの多くに対する出力モジュールがあります。

多くの場合、メトリクスの収集と集計、そしてビジュアライゼーションの生成には、既存のツールを使う方が良いでしょう。そのための商用ソリューションも数多く存在しますが、ここではオープンソースでコンテナ専用の主要なソリューションを見ていくことにします。

10.3.2 cAdvisor

Google の cAdvisor（Container Advisor の短縮形）は、最も広く使われている Docker のモニタリングツールです。cAdvisor は、リソースの使用状況と、ホスト上で動作しているコンテナ群のパフォーマンスメトリクスの概要をグラフィカルに表示してくれます。

cAdvisor そのものもコンテナとして提供されているので、すぐに立ち上げることができます。以下のような引数を与えるだけで、cAdvisor コンテナが起動されます。

```
$ docker run -d \
  --name cadvisor \
  -v /:/rootfs:ro \
  -v /var/run:/var/run:rw \ -v /sys:/sys:ro \
  -v /var/lib/docker/:/var/lib/docker:ro \
  -p 8080:8080 \
  google/cadvisor:latest
```

ホストに Red Hat（もしくは CentOS）を使っているなら、`--volume=/cgroup:/cgroup` で cgroups フォルダをマウントする必要もあります。

cAdvisor のコンテナが立ち上がったら、ブラウザで http://localhost:8080 にアクセスしてください。図 10-5 のような、大量のグラフを含むページが表示されるはずです。"Docker Containers" のリンクをクリックし、続いて調べたいコンテナの名前をクリックすれば、特定のコンテナにドリルダウンしていくことができます。

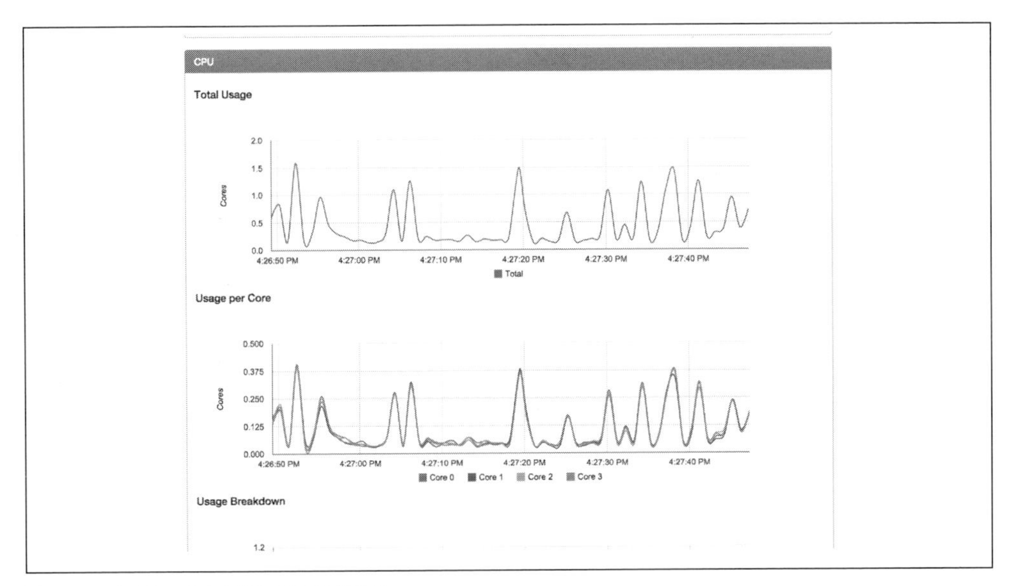

図10-5　cAdvisorのCPU利用状況のグラフ

cAdvisorは、さまざまな統計情報の集計と処理を行い、それらをREST APIを通じてそれ以降の処理やストレージに渡すことができます。このデータは、メトリクスやや分析のための時系列データの保存とクエリ用に設計されたデータベースである、Influxdbにエクスポートすることもできます。cAdvisorのロードマップには、コンテナのパフォーマンスの改善やチューニングのためのヒントや、クラスタのオーケストレーションやスケジューリングツールのための利用予測情報が含まれています。

10.3.3　クラスタのソリューション

cAdvisorは素晴らしいツールですが、ホスト単位のソリューションです。大規模なシステムを運用しているなら、ホストそのものに加えて、全ホストにまたがってすべてのコンテナの統計情報が欲しいでしょう。また、サブシステムと共に、インスタンス群にまたがる機能の断片をも表現してくれるような、コンテナのグループの動作状況の統計情報も欲しいでしょう。例えば、すべてのnginxのコンテナのメモリの使用状況や、データ分析のタスクを実行している一連のコンテナのCPU使用状況を見たいということもあるでしょう。必要なメトリクスはアプリケーションや問題固有であることが多いものの、良いソリューションは、新しいメトリクスやビジュアライゼーションを構築するのに利用できるクエリ言語を提供してくれるでしょう。

Googleは、cAdvisor上にHeapsterと呼ばれるクラスタモニタリングソリューションを開発しましたが、本書の執筆時点では、これがサポートしているのはKubernetesとCoreOSのみなので、ここでは取り上げないことにします。

その代わりに、ここではSoundCloudのオープンソースのクラスタモニタリングソリューションであるPrometheusを見てみましょう。Prometheusは、cAdvisorを含むさまざまなソースから入力を受け付けます。Prometheusは大規模なマイクロサービスアーキテクチャをサポートするように設計されており、SoundCloudとDocker incの両者で使われています。

Prometheus

Prometheus（**https://prometheus.io**）は、**プル**ベースのモデルで動作するという点でユニークです。アプリケーションは、自分自身でメトリクスを公開することが求められます。そして、公開されたメトリクスは、Prometheusに直接送信されるのではなく、Prometheusサーバーによってプルされるのです。PrometheusのUIを使えば、データに対してインタラクティブにクエリを実行し、グラフ化できます。そして、独立している**PromDash**を使ってグラフやチャート、ゲージをダッシュボードに保存できます。Prometheusには、アラートの集計や抑制、そしてメールや、PageDuty（**https://www.pagerduty.com**）やPushover（**https://pushover.net**）といった専門のものも含め、通知サービスへの転送に使える**Alertmanager**というコンポーネントもあります。

それでは、identidockと共にPrometheusを使ってみましょう。特別なメトリクスは追加しませんが、そうしたい場合には、自分たちのPythonのコードの呼び出しを、PrometheusのPythonのクライアントライブラリを使ってデコレートすればいいだけです。

その代わりに、PrometheusはcAdvisorのコンテナに接続しましょう。また、container-exporterプロジェクト（**http://bit.ly/1HzVqSo**）を使うこともできます。このプロジェクトも、Dockerのlibcontainerライブラリを利用しています。cAdvisorのコンテナを動作させているなら、その`/metrics`エンドポイントからPrometheusに公開されたメトリクスを見ることができます。

```
$ curl localhost:8080/metrics
# HELP container_cpu_system_seconds_total Cumulative system cpu time consume...
# TYPE container_cpu_system_seconds_total counter
container_cpu_system_seconds_total{id="/",name="/"} 97.89
container_cpu_system_seconds_total{id="/docker",name="/docker"} 40.66
container_cpu_system_seconds_total{id="/docker/071c24557187c14fb7a2504612d4c...
container_cpu_system_seconds_total{id="/docker/1a1a57b885f33d2e16e85cee7f138...
...
```

Prometheusコンテナの起動は単純明快ですが、設定ファイルを作る必要はあります。以下のファイルを、`prometheus.conf`として保存してください。

```
global:
  scrape_interval: 1m ❶
  scrape_timeout: 10s
  evaluation_interval: 1m

scrape_configs:
```

```
- job_name: prometheus
  scheme: http ❷
  target_groups:
  - targets:
    - 'cadvisor:8080'
    - 'localhost:9090' ❸
```

❶ Prometheusに対して、5秒ごとに統計情報を取得するように指示します。これは間違いなく高頻度です。実働環境では、抽出のコストと、メトリクスが古くなってしまうことのコストとを比較して、この間隔を選択する必要があります。

❷ Prometheusに対して、cAdvisorから情報を取り出すURLを指定します（ホスト名のセットアップにはリンクを使います）。

❸ Prometheus自身のメトリクスのエンドポイントの9090番ポートからも情報を取り出します。

Prometheusコンテナを、以下のようにして起動します。

```
$ docker run -d --name prometheus -p 9090:9090 \
            -v $(pwd)/prometheus.conf:/prometheus.conf \
            --link cadvisor:cadvisor \
            prom/prometheus -config.file=/prometheus.conf
```

これで、**http://localhost:9090**にアクセスすれば、Prometheusのアプリケーションを開くことができます。このホームページには、Prometheusの設定情報と、Prometheusが読み取っているエンドポイントの状態に関する情報があります。"Graph"タブに進めば、Prometheus内部のデータを調べ始められます。Prometheusには独自のクエリ言語があり、フィルタリング、正規表現、さまざまな演算子をサポートしています。シンプルな例として、以下の式を入力してみてください。

```
sum(container_cpu_usage_seconds_total {name=~"logging*"}) by (name)
```

これで、時間の経過に伴うidentidockの各コンテナのCPUの使用状況がわかるでしょう。`{name=~"logging*"}`という式は、Composeで作成した本書のアプリケーションの一部ではないコンテナ（例えばcAdvisorやPrometheusそのもの）をフィルタリングします。"logging"の部分は、読者のComposeのプロジェクトもしくはフォルダの名前で置き換える必要があります。`sum`関数は、CPUの使用量をCPUごとに報告させるために必要です。表示は、**図10-6**のようになることでしょう。

PromDashコンテナを使えば、さらに先へ進んでダッシュボードをセットアップできます。これは十分に簡単なので、読者への課題としておきましょう。**図10-7**は、上記のCPUのメトリックとメモリの使用量のグラフを含むダッシュボードです。PromDashは、複数の分散配置された

Prometheusのインスタンスからのグラフ表示もサポートしているので、地域ごとや、部署をまたいでのグラフ表示にも役立つでしょう。

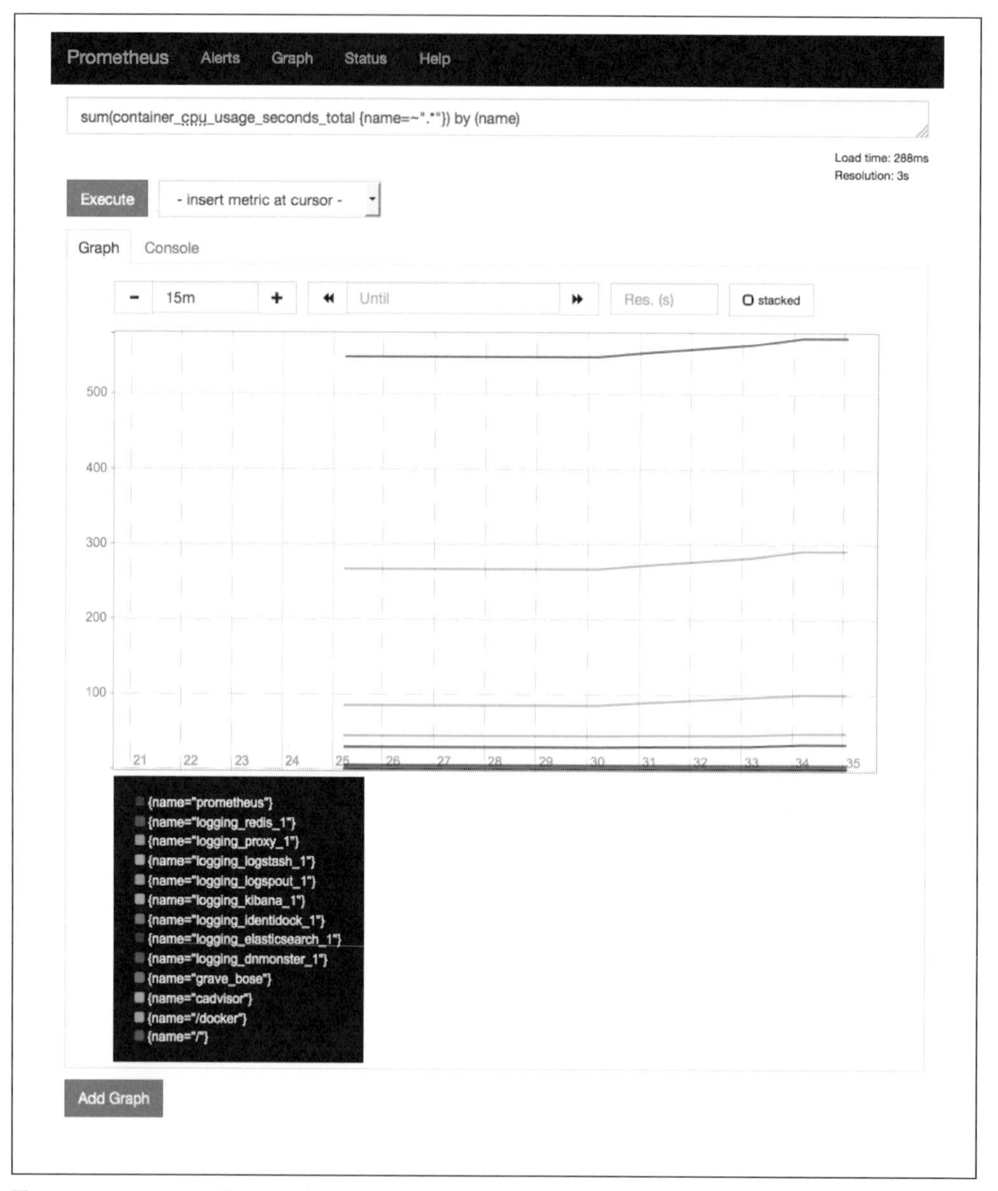

図10-6 コンテナのCPU使用量を示すPrometheusのグラフ

これはもちろん、Prometheusの非常に基本的な使い方に過ぎません。実用環境では、分散配置されたホストのはるかに多数のエンドポイントからの取得や、PromDashによるダッシュボードやより詳細なビジュアライゼーションのセットアップ、Alertmanagerによる調整が必要になります。

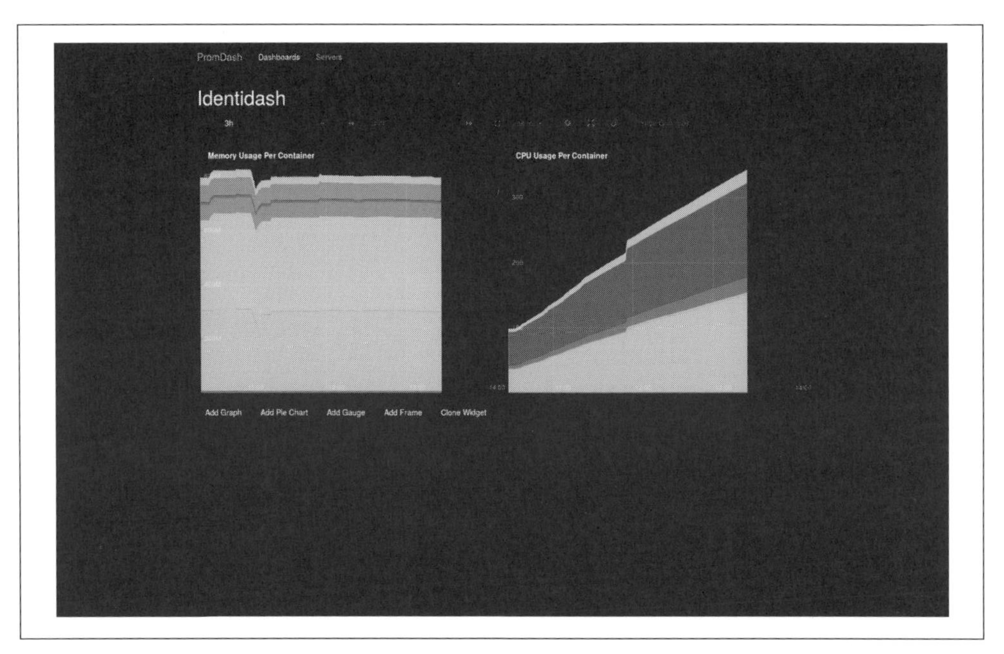

図10-7 identidock用のPromDashによるダッシュボード

10.4 モニタリング及びロギングの商用ソリューション

本章では、意識的にオープンソースでオンプレミスのソリューションだけを深く見てきましたが、しっかりとした開発とサポートが行われている商用のソリューションも数多く存在します。この領域では、激しく競争が行われているので、筆者としては進化の激しいこの分野の特定のソリューションを取り上げることはせず、特に成熟度が高いソリューションや、ホストされているソリューションを探しているのであれば、間違いなく調べてみる価値があると言うにだけにとどめておきます。

10.5 まとめ

効率的なロギングとモニタリングは、マイクロサービスベースのアプリケーションの運用に欠かせません。本章では、ELKスタックをcAdvisorとPrometheusと共に使い、効率的なロギングとモニタリングをidentidockに追加できることを紹介しました。このソリューションは、identidockそのものよりもはるかに重い（ロギングやメトリクスの処理そのものがメトリクス中で支配的になる程度に）とはいえ、効率的なソリューションの配置が、実に素早くシンプルに行えるかはわかったことでしょう。

将来的には、Dockerそのもののロギングのサポートや選択肢が充実することでしょう。商用の製品は、ロギング、モニタリング、アラートといった面にわたって非常に強力なので、Dockerやマイクロサービスに特化した製品があらゆるベンダーから登場することが期待できます。

Ⅲ部
ツールとテクニック

Ⅲ部では、Dockerコンテナからなるクラスタを、安全かつ高い信頼性の下で運用するために必要となる、ツールや手法についての高度な詳細に進みます。

最初に、ネットワークとサービスディスカバリを見ていきましょう。これは、複数のホストでコンテナを扱う場合には、すぐに欠かせないタスクになります。言い換えれば、コンテナは他のコンテナをどのように探せば良いのでしょうか？ そしてそれらを接続するにはどうすればよいのでしょうか？

続いて、コンテナのオーケストレーションとクラスタリングを支援するために設計されたソフトウェアソリューションを見ていきます。これらのツールは、開発者がロードバランシング、スケーリング、フェイルオーバーといった課題に対処するのを支援し、運用担当者がコンテナのスケジューリングを行い、リソースを最大限に活用できるようにします。長時間にわたって動作し続けるアプリケーションは、意外に早くこれらの問題にぶつかるものです。問題と、考えられるソリューションを先立って知っておくことには、大きなメリットがあります。

最後の章は、コンテナとマイクロサービスの動作環境のセキュリティを保つ方法を採り上げます。コンテナを使うことで、セキュリティ上の新たな課題が生じますが、新たなツールや手法も提供されます。本書の最後の章になっているとはいえ、これはコンテナを扱うすべての人がなじんでおかなければならない、重要なトピックなのです。

11章
ネットワーキングとサービスディスカバリ

コンテナという観点から見た場合、サービスディスカバリとネットワーキングとの境界線は、驚くほど曖昧になってきています。サービスディスカバリは、サービスのクライアント[†]に対し、適切[‡]なサービスのインスタンスの接続情報（通常はIPアドレスとポート）を自動的に提供するプロセスです。すべてがちょうどの1つのインスタンスでまかなわれるような、単一のホストの静的なシステムであれば、この問題は簡単です。しかし、サービスのインスタンスが複数あり、それらのインスタンスに変動があるような分散システムでは、この問題ははるかに複雑になります。ディスカバリに対するアプローチの1つは、クライアントが単純に名前（dbやapiなど）でサービスへのリクエストを行い、バックエンドが何らかの魔法を使ってこの名前を適切な場所に解決することです。この「魔法」は、シンプルなアンバサダー（大使）コンテナだったり、Consulのようなサービスディスカバリのソリューションであったり、Weave（これはサービスディスカバリの機能も持ちます）のようなネットワーキングソリューションであったり、あるいは何らかの形でこれらを組み合わせたものであったりします。

本書の例では、ネットワーキングはコンテナ同士を接続するプロセスと見なすことができます。このプロセスには、物理的にイーサネットのケーブルを接続することは含まれませんが、vethのような、ケーブルの接続に相当するソフトウェアがしばしば含まれます。コンテナのネットワーキングは、ホスト間で利用できるルートがあるという前提から始まります。この場合、このルートには、公開されたインターネットを経由することもあれば、高速なローカルのスイッチを経由するだけのこともあります。

従って、サービスディスカバリによって、クライアントはインスタンスを見つけることができ、ネットワーキングは接続を提供します。サービスディスカバリのソリューションはネットワーク間での指定を行うことがあり、ネットワーキングソリューションにはしばしばサービスディスカバリの機能が含まれる（Weaveがそうです）ので、ネットワーキングとサービスディスカバリのソ

† ここは「クライアント」という言葉を広い意味で使っています。主には、バックエンドに依存して動作するアプリケーションやその他のサービスを指していますが、ピア（協調動作するインスタンス群からなるクラスタという観点での）や、ブラウザのようなエンドユーザーのクライアントも含みます。

‡ ここでいう「適切」という言葉の意味は、状況に強く依存します。おそらくは「どれでも良い」、「最も高速な」、「データに最も近い」といった意味になることがあるでしょう。

リューションは機能的に重複する傾向があります。Consulのような純粋なサービスディスカバリのソリューションは、ヘルスチェック、フェイルオーバー、ロードバランスといった機能が豊富な場合が多いでしょう。ネットワーキングのソリューションは、コンテナ間の接続やルーティングについてさまざまな機能を提供する†のに加え、トラフィックの暗号化や、コンテナのグループの隔離といった機能も提供します。

サービスディスカバリのソリューションと、ネットワーキングのソリューションとは、非常に頻繁に両方を使うことになります（そして、何らかのネットワーキングは常に必要になります）。厳密に必要なものが何なのかは状況により、ベストプラクティスは進歩し続けています。ネットワーキングは、開発、テスト、実働環境ごとに異なりますが、通常サービスディスカバリはアプリケーションレベルで決まることになるので、環境が変わっても同じままになるでしょう。

本章では、ネットワーキングとサービスディスカバリの領域を、複雑さという観点で見ていきます。そのため、まずは最もシンプルなホスト間ソリューションであるアンバサダーコンテナを見て、その後にetcdやConsulを含むサービスディスカバリのソリューションを見ていきましょう。そして、Dockerのネットワーキングの詳細と、Weave、Flannel、Project Calicoといったソリューションを見ていきます。

11.1 アンバサダー

ホスト間でコンテナを接続する方法の1つは、**アンバサダー**を利用することです。アンバサダーは、本物のコンテナ（もしくはサービス）の代理になるプロキシコンテナで、トラフィックを実際のサービスにフォワードしてくれます。アンバサダーは、課題を分離してくれるので、ホスト間でのサービスの接続だけでなく、多くのシナリオで役に立ちます。

アンバサダーコンテナの主要な利点は、コードを変更することなく、実働環境のネットワークアーキテクチャと、開発環境のアーキテクチャを異なったものにできることです。運用者がコードを書き換えることなく、アプリケーションを実働環境のクラスタ化されたサービスやリモートのリソースに接続しなおせることがわかっているので、開発者は安心してローカルバージョンのデータベースなどのリソースを使うことができます。アンバサダーは、さまざまなバックエンドのサービスを動的に接続しなおすためにも使えます。これに対し、サービスに直接接続するリンクを使用している場合は、クライアントコンテナの再起動が必要になります。

アンバサダーコンテナの欠点は、追加の設定が必要なこと、オーバーヘッドが生ずること、そして単一障害点になり得ることです。複数の接続が必要な場合、アンバサダーコンテナ群は急激に複雑になり、管理上の負担になることがあります。

図11-1は、開発者がアプリケーションをDockerリンクを使って直接データベースコンテナにリンクしている、通常の開発環境です。これらのコンテナは、共に開発者のノートPC上で動作しています。これは、開発の過程において、素早く変更を行い、環境を破棄してやり直せるようにす

† サービスディスカバリを「単独で」使う場合でも、ポートをホストに公開するDockerのデフォルトの「ブリッジ」ネットワークであれ、「ホスト」ネットワークであれ、何らかのネットワーキング機能は利用することになり、どちらの方法でもポートの管理は必要になります。

る上では、素晴らしい構成です。

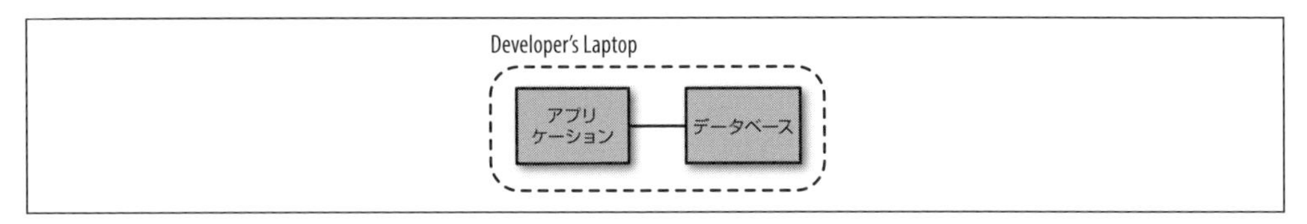

図11-1　アンバサダーを使っていない開発環境

図 11-2 は、運用者が、実働環境のサービスへのアプリケーションのリンクにアンバサダーを使っている、一般的な実働環境です。リンク先のサービスは、独立したサーバー上で動作しています。運用者がやらなければならないことは、トラフィックをサービスに渡すようにアンバサダーを設定し、リンクを使ってアプリケーションをアンバサダーにつなぐことだけです。コードはこれまでと同じホスト名とポートを使い続けることができ、新しい設定はアンバサダー内で扱われています。

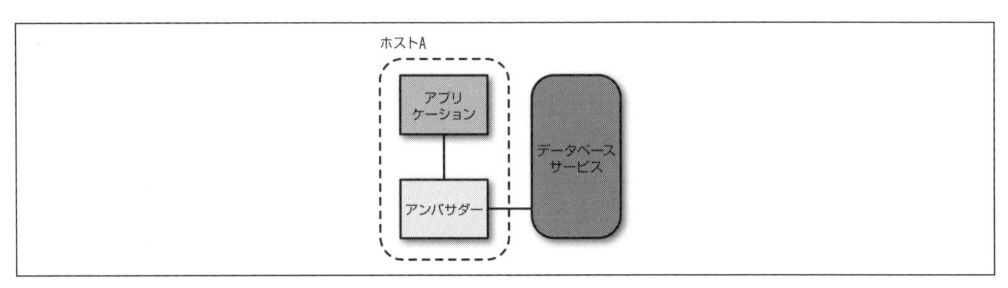

図11-2　アンバサダーを使った実働環境のサービスへの接続

図 11-3 は、アプリケーションがリモートホスト上のコンテナに通信しており、通信先のコンテナは、アンバサダーの背後にあるような動作環境です。この環境では、リモートホストはアンバサダーを更新するだけで、トラフィックを新しいアドレス上の新しいコンテナに流すことができます。やはりこの場合も、新しい環境にするためにコードを変更する必要はありません。

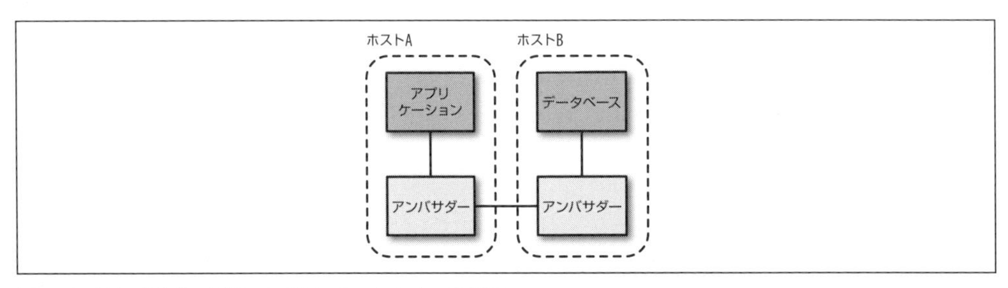

図11-3　アンバサダーを使ったリモートコンテナへの接続

アンバサダーそのものは、非常にシンプルなコンテナです。アンバサダーの仕事は、アプリケーションとサービス間の接続をセットアップすることだけです。アンバサダーを生成するための公式のイメージは存在しないので、独自に作成するか、Docker Hub上の他のユーザーのイメージから選ばなければなりません。

amouat/ambassadorイメージ

本章では、amouat/ambassadorというイメージを使用します。このイメージは、Sven Dowideitのアンバサダー（https://hub.docker.com/r/svendowideit/ambassador/）のシンプルな移植版で、ベースイメージとしてalpineを使い、Docker Hub上で自動ビルドされるように修正してあります。

このイメージは、socat（http://www.dest-unreach.org/socat/）ツールを使い、アンバサダーと通信先との間のリレーをセットアップします。リレーの接続先の指定は、Dockerリンクが生成するものと同じ形式の環境変数（例えばREDIS_PORT_6379_TCP=tcp://172.17.0.1:6379）で行います。これはすなわち、ローカルでリンクされたコンテナへのリレー（例えば**図11-3**のホストBのような場合）は、ごくわずかな設定だけでセットアップできるということです。

このイメージは、最小限のディストリビューションであるAlpine Linux上にビルドされており、7MB強しかないので、すぐにダウンロードでき、システムに加えるオーバーヘッドもわずかです。

図11-3のように、identidockのアプリケーションを、別のホスト上で動作しているRedisコンテナに、アンバサダーでリンクできることを見ていきましょう。そのために、Docker Machineを使ってVirtualBoxのVMを2つプロビジョニングします（「9.1 Docker Machineを使ったリソースのプロビジョニング」参照）が、このサンプルはクラウド上のDockerホストを使っても簡単に実行できます。それではホストの準備をしましょう。

```
$ docker-machine create -d virtualbox redis-host
...
$ docker-machine create -d virtualbox identidock-host
...
```

さあ、Redisのコンテナ（real-redisと呼びます）とアンバサダー（real-redis-ambassadorと呼びます）をredis-host上にセットアップしましょう。

```
$ eval $(docker-machine env redis-host)
$ docker run -d --name real-redis redis:3
Unable to find image 'redis:3' locally
3: Pulling from redis
...
60bb8d255b950b1b34443c04b6a9e5feec5047709e4e44e58a43285123e5c26b
$ docker run -d --name real-redis-ambassador \
```

```
           -p 6379:6379 \ ❶
           --link real-redis:real-redis \ ❷
           amouat/ambassador
be613f5d1b49173b6b78b889290fd1d39dbb0fda4fbd74ee0ed26ab95ed7832c
```

❶ リモート接続できるように、ホストの6379番ポートを公開する必要があります。

❷ アンバサダーは、リンクされたreal-redisコンテナから渡ってくる環境変数を使ってリレーをセットアップします。このリレーは、6379番ポートで受信するリクエストを、real-redisコンテナに流します。

さあ、アンバサダーをidentidock-host上にセットアップしましょう。

```
$ eval $(docker-machine env identidock-host)
$ docker run -d --name redis_ambassador --expose 6379 \
        -e REDIS_PORT_6379_TCP=tcp://$(docker-machine ip redis-host):6379 \ ❶
        amouat/ambassador
Unable to find image 'amouat/ambassador:latest' locally
latest: Pulling from amouat/ambassador
31f630c65071: Pull complete
cb9fe39636e8: Pull complete
3931d220729b: Pull complete
154bc6b29ef7: Already exists
Digest: sha256:647c29203b9c9aba8e304fabfd194429a4138cfd3d306d2becc1a10e646fcc23
Status: Downloaded newer image for amouat/ambassador:latest
26d74433d44f5b63c173ea7d1cfebd6428b7227272bd52252f2820cdd513f164
```

❶ 環境は手作業でセットアップして、アンバサダーにリモートホストに接続するように指示しなければなりません。リモートホストのIPアドレスは、docker-machine ipコマンドで取得できます。

最後に、identidockとdnmonsterを起動し、identidockはアンバサダーにリンクします。

```
$ docker run -d --name dnmonster amouat/dnmonster:1.0
Unable to find image 'amouat/dnmonster:1.0' locally
1.0: Pulling from amouat/dnmonster
...
c7619143087f6d80b103a0b26e4034bc173c64b5fd0448ab704206b4ccd63fa
$ docker run -d --link dnmonster:dnmonster \
            --link redis_ambassador:redis \
            -p 80:9090 \
            amouat/identidock:1.0
Unable to find image 'amouat/identidock:1.0' locally
1.0: Pulling from amouat/identidock
```

```
...
5e53476ee3c0c982754f9e2c42c82681aa567cdfb0b55b48ebc7eea2d586eeac
```

動かしてみましょう。

```
$ curl $(docker-machine ip identidock-host)
<html><head>
...
```

いい感じです！ これで、コードをまったく変更することなく、2つの小さなアンバサダーコンテナを使うだけで、複数のホストにまたがってidentidockを動作させることができました。このアプローチは少々面倒で、追加でコンテナが必要になることがありますが、とてもシンプルで柔軟でもあります。以下のように、もっと洗練されたアンバサダーを利用するシナリオは、簡単に思いつくことでしょう。

- 信頼できないリンクを経由するトラフィックの暗号化
- Dockerのイベントストリームをモニタリングすることによって、コンテナの起動時に自動的にコンテナを接続する
- 読み取りリクエストをリードオンリーのサーバーに中継し、書き込みのリクエストは別のサーバーに中継する

いずれの場合も、クライアントはアンバサダーが行っている賢い処理については知る必要はありません。

とはいえ、アンバサダーコンテナが役に立つことがあると言っても、リモートのサービスやコンテナを見つけて接続するには、ネットワーキングやサービスディスカバリのソリューションを利用する方が、多くの場合は容易であり、スケーラブルです。

11.2 サービスディスカバリ

本章の始めに、サービスディスカバリを**サービスのクライアントに対し、適切なサービスのインスタンスの接続情報（通常はIPアドレスとポート）を自動的に提供するプロセス**と定義しました。

そういったクライアントアプリケーションから見れば、これは何らかの方法でサービスのアドレスを要求するか、渡してもらわなければならないということです。この後見ていくソリューション群では、クライアントは明示的にAPIを呼び出して、サービスのアドレスを求めなければなりません。また、既存のアプリケーションと簡単に結合できる、DNSベースのソリューションも見ていきましょう。

本セクションでは、現時点でDockerと共に使われている主要なサービスディスカバリのソリューションを取り上げます。etcd、Consul、SkyDNSを詳しく取り上げた後、触れておくべき

他のソリューションを簡単に見ていきます。これらはいずれも特にコンテナ用に書かれたものではありませんが、大規模な分散システムで使うために設計されています。

11.2.1 etcd

etcdは、分散キーバリューストアです。etcdは、Goで書かれた合意アルゴリズムのRaft（https://raft.github.io）の実装の1つで、効率的で、耐障害性を持つように設計されています。**合意**は、複数のメンバーが値について一致するプロセスであり、障害やエラーがあると、急速に複雑なプロセスになります。Raftアルゴリズムは、値に一貫性があり、メンバーの過半数が生存していれば新しい値を追加できます。

etcdクラスタの各メンバーは、etcdバイナリのインスタンスを実行します。このインスタンス群は、他のメンバーと通信を行います。クライアントは、etcdに対してRESTインターフェイスを通じてアクセスし、etcdのメンバーはいずれもこのRESTインターフェイスを動作させます。

耐障害性を持たせるためには、etcdのクラスタのサイズは最小でも3であることが推奨されます。とはいえ以下の例では、etcdの動作を紹介するために、2つのメンバーだけを使うことにします。

クラスタの最適なサイズ

耐障害性とパフォーマンスのバランスを取れるクラスタのサイズとして、etcdとConsulでは、どちらも3、5、7が推奨されています。

もしもメンバーが1つだけなら、障害発生時にデータは失われてしまいます。2つのメンバーがあり、1つが障害を起こしたなら、残りのメンバーはクオラム†に達することができなくなり、2番目のメンバーが戻ってくるまで、それ以降の書き込みは失敗することになります。

表11-1　クラスタのサイズの影響

サーバー数	過半数に必要な数	耐えられる障害数
1	1	0
2	2	0
3	2	1
4	3	1
5	3	2
6	4	2
7	4	3

表11-1にある通り、メンバーを追加していけば、耐障害性は高まります。とはいえ、メンバーを増やすということは、書き込みに際して合意と通信を取らなければならないノード数が増えるということなの

† 簡単に言えば「過半数」ということです。

で、システムの速度は低下していきます。クラスタのサイズが7を超えれば、システムをダウンさせるだけの数のノードに障害が起こる可能性は十分に低くなるので、それ以上のノードの追加は、パフォーマンスとのトレードオフに見合わなくなります。また、一般的にノード数を偶数にするのは避けるべきです。これは、クラスタのサイズが増える（従ってパフォーマンスが下がる）のに対して、耐障害性は改善されないためです。

もちろん、多くの分散システムでは、7つをはるかに超えるホストが動作します。こうした場合には、5もしくは7つのホストを使ってクラスタを構成し、残りのノードはシステムに対してクエリを発行できるものの、合意のためのレプリケーションには参加しないクライアントを実行させます。これには、etcdでは**プロキシ**、Consulでは**クライアントモード**を使います。

まず、Docker Machineで新しいホストを作成しましょう。

```
$ docker-machine create -d virtualbox etcd-1
...
$ docker-machine create -d virtualbox etcd-2
...
```

これで、etcdのコンテナを起動できるようになります。etcdのクラスタのメンバーは事前にわかっているので、コンテナ群を起動する際には明示的に列挙しておきます。また、アドレスが事前にはわからない場合には、URLもしくはDNSベースのディスカバリの仕組みを使うこともできます。etcdを起動する際に設置しなければならないフラグはたくさんあるので、少しシンプルになるように、ここではVMのIPアドレスは環境変数に持たせています。

```
$ HOSTA=$(docker-machine ip etcd-1)
$ HOSTB=$(docker-machine ip etcd-2)
$ eval $(docker-machine env etcd-1)
$ docker run -d -p 2379:2379 -p 2380:2380 -p 4001:4001 \
  --name etcd quay.io/coreos/etcd \  ❶
  -name etcd-1 -initial-advertise-peer-urls http://${HOSTA}:2380 \  ❷
  -listen-peer-urls http://0.0.0.0:2380 \
  -listen-client-urls http://0.0.0.0:2379,http://0.0.0.0:4001 \
  -advertise-client-urls http://${HOSTA}:2379 \
  -initial-cluster-token etcd-cluster-1 \
  -initial-cluster \
    etcd-1=http://${HOSTA}:2380,etcd-2=http://${HOSTB}:2380 \  ❸
  -initial-cluster-state new
..
d4c12bbb16042b11252c5512ab595403fefcb2f46abb6441b0981103eb596eed
```

❶ etcdの公式イメージをquay.ioのレジストリから取得します。

❷ etcdにアクセスするためのさまざまなURLのセットアップ。リモート及びローカルからの接続をetcdが受け付けられるようにするため、etcdが0.0.0.0というIPで待ち受けるように

しなければなりませんが、他のクライアントやピアに対しては、ホストのIPアドレス経由で接続するように指示します。現実の環境では、etcdのノード群は内部的なネットワークで通信を行い、外部からはアクセスできないようにするべきです（すなわち、アドレスの取得にdocker-machine ipは使いません）。

❸ 起動するノードも含め、クラスタ内のすべてのノードを明示的に列挙します。この部分は、他のディスカバリの方法で置き換えることもできます。

この設定は、2番目のVMでもほとんど同じですが、外部のクライアントに公開するのはetcd-2のIPにしなければなりません。

```
$ eval $(docker-machine env etcd-2)
$ docker run -d -p 2379:2379 -p 2380:2380 -p 4001:4001 \
  --name etcd quay.io/coreos/etcd \ ❶
  -name etcd-2 -initial-advertise-peer-urls http://${HOSTB}:2380 \ ❷
  -listen-peer-urls http://0.0.0.0:2380 \
  -listen-client-urls http://0.0.0.0:2379,http://0.0.0.0:4001 \
  -advertise-client-urls http://${HOSTB}:2379 \
  -initial-cluster-token etcd-cluster-1 \
  -initial-cluster \
     etcd-1=http://${HOSTA}:2380,etcd-2=http://${HOSTB}:2380 \ ❸
  -initial-cluster-state new
..
2aa2d8fee10aec4284b9b85a579d96ae92ba0f1e210fb36da2249f31e556a65e
```

これで、etcdのクラスタが立ち上がりました。HTTP APIに簡単なクエリをcurlで投げれば、etcdにメンバーのリストを返してもらうことができます。

```
$ curl -s http://$HOSTA:2379/v2/members | jq '.'
{
  "members": [
    {
      "clientURLs": [
        "http://192.168.99.100:2379"
      ],
      "peerURLs": [
        "http://192.168.99.100:2380"
      ],
      "name": "etcd-1",
      "id": "30650851266557bc"
    },
    {
      "clientURLs": [
        "http://192.168.99.101:2379"
```

```
      ],
      "peerURLs": [
        "http://192.168.99.101:2380"
      ],
      "name": "etcd-2",
      "id": "9636be876f777946"
    }
  ]
}
```

ここではツールとしてjqを使い、出力を整形しています。同じエンドポイントにHTTPのPOSTやDELETEリクエストを送信すれば、クラスタでのメンバーの追加や削除を動的に行えます。

次のステップとして、多少のデータを追加してみて、それをどちらのホストからも読み取れることを確認しましょう。データはetcdに辞書として保存され、JSONで返されます。以下のサンプルでは、HTTPのPUTリクエストを使ってservice_addressという値をservice_nameというディレクトリに保存しています。

```
$ curl -s http://$HOSTA:2379/v2/keys/service_name \
          -XPUT -d value="service_address" | jq '.'
{
  "node": {
    "createdIndex": 17,
    "modifiedIndex": 17,
    "value": "service_address",
    "key": "/service_name"
  },
  "action": "set"
}
```

同じディレクトリに対してGETを行うだけで、保存したデータを取得し直すことができます。

```
$ curl -s http://$HOSTA:2379/v2/keys/service_name | jq '.'
{
  "node": {
    "createdIndex": 17,
    "modifiedIndex": 17,
    "value": "service_address",
    "key": "/service_name"
  },
  "action": "get"
}
```

デフォルトでは、etcdはキーの値と共に、多少のメタデータも返します。etcd-1に設定したデータが、etcd-2から読み取れていることに注意してください。これらは同じクラスタの一部なので、どのホストに対して操作を行ってもかまわないのです。どちらのホストからも、返ってくる答えは同じです。

また、etcdctlというコマンドラインクライアントもあり、これを使ってetcdクラスタとやりとりすることができます。これはインストールしなくても、コンテナで使うことができます。

```
$ docker run binocarlos/etcdctl -C ${HOSTB}:2379 get service_name
service_address
```

etcdコンテナのログを見てみれば、etcdの動作の様子がもっとつかめることでしょう。このログを見れば、中でもメンバーが協力してリーダーを選出していることがわかります。基盤となっているRaftアルゴリズムの完全な説明と仕様は、**https://raftconsensus.github.io/** にあります。

これで、etcdを直接サービスディスカバリに使うアプリケーションの書き方はわかったはずです。identidockの場合、シンプルなHTTPリクエストを発行するPythonのコードを書いて、Redisやdnmonsterサービスのアドレスを知ることができます。dnmonsterとRedisのコンテナも変更して、起動時にそれぞれのアドレスをetcdに登録するようにして、完全にシステムを自動化することもできるでしょう。

次のSkyDNSのセクションでは、identidockのコードを修正するのではなく、まったくコードの変更を要しないディスカバリのソリューションを、etcd上に構築できることを見ていきます。

11.2.2 SkyDNS

SkyDNSユーティリティ（**https://github.com/skynetservices/skydns**）は、etcd上でDNSベースのサービスディスカバリを提供します。特記すべきは、SkyDNSがGoogle Container EngineにおけるKubernetesでのサービスディスカバリの提供に使われていることです（「12.1.3 Kubetnetes」参照）。

SkyDNSを使うことで、etcdのソリューションを完結させ、コードを変更することなく、identidockを2つのホストにまたがって動作させることができます。この前のサンプルを追ってきていれば、$HOSTAというIPアドレスを持つetcd-1と、$HOSTBというIPアドレスを持つetcd-2という2つのサーバーで、1つのetcdクラスタを動作させているはずです。完成時には、システムは**図11-4**のようになり、identidockのコンテナはSkyDNSを使ってdnmonsterとRedisのコンテナを見つけるようになります。

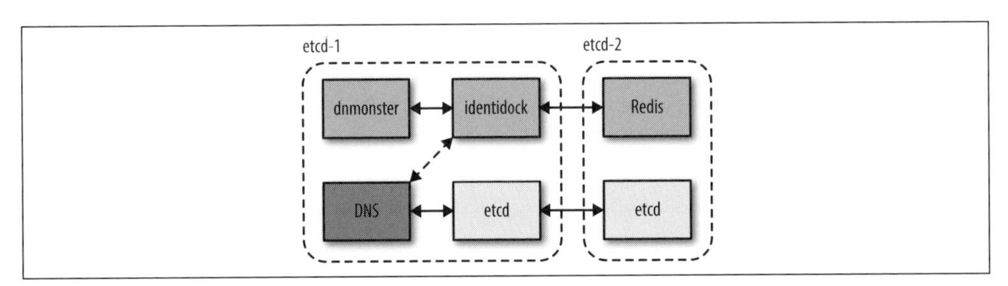

図11-4 SkyDNSとetcdを使うクロスホスト構成のidentidock

最初に、etcd に SkyDNS の設定をいくつか追加して、起動時に行う処理を知らせます。

```
$ curl -XPUT http://${HOSTA}:2379/v2/keys/skydns/config \
       -d value='{"dns_addr":"0.0.0.0:53", "domain":"identidock.local."}' | jq .
{
  "action": "set",
  "node": {
    "key": "/skydns/config",
    "value": "{\"dns_addr\":\"0.0.0.0:53\", \"domain\":\"identidock.local.\"}",
    "modifiedIndex": 6,
    "createdIndex": 6
  }
}
```

これで、SkyDNS はすべてのインターフェイスの 53 番ポートで待ち受けるようになり、identidock.local というドメインを受け持つようになります。

コンテナで SkyDNS を動かすのは理にかなっていますが、SkyDNS はホストのプロセスとして動作させることもできます。ここでは、SkyDNS の開発者達が作成したイメージである skynetservices/skydns を使いましょう[†]。それでは、このイメージを etcd-1 で立ち上げてみましょう。

```
$ eval $(docker-machine env etcd-1)
$ docker run -d -e ETCD_MACHINES="http://${HOSTA}:2379,http://${HOSTB}:2379" \
           --name dns skynetservices/skydns:2.5.2a
...
f95a871247163dfa69cf0a974be6703fe1dbf6d07daad3d2fa49e6678fa17bd9
```

SkyDNS に対して、バックエンドの etcd の場所を指定するための設定も必要になりますが、これで DNS サーバーは動作させることができました。ただし、その DNS に対してまだサービスについて何も伝えていません。まず、etcd-2 で Redis サーバーを起動し、それを SkyDNS に追加しましょう。

```
$ eval $(docker-machine env etcd-2)
$ docker run -d -p 6379:6379 --name redis redis:3
...
d9c72d30c6cbf1e48d3a69bc6b0464d16232e45f32ec00dcebf5a7c6969b6aad
$ curl -XPUT http://${HOSTA}:2379/v2/keys/skydns/local/identidock/redis \
       -d value='{"host":"'$HOSTB'","port":6379}' | jq .
{
  "action": "set",
  "node": {
```

† 本書の執筆時点では、SkyDNS のイメージは自動的にビルドされていないので、ある種のブラックボックスになっています。中身をはっきりさせておきたいなら、SkyDNS のコンテナを独自にビルドする方が良いかも知れません。そのために使える Dockerfile が、SkyDNS の GitHub プロジェクト（https://github.com/skynetservices/skydns）に用意されています。

```
      "key": "/skydns/local/identidock/redis",
      "value": "{\"host\":\"192.168.99.101\",\"port\":6379}",
      "modifiedIndex": 7,
      "createdIndex": 7
    }
  }
```

curlのリクエストでは/local/identidock/redisで終わるパスを使いました。このパスは、redis.identidock.localというドメインに対応します。このJSONデータは、名前解決後のIPアドレスとポート番号を指定しています。使用しているIPアドレスは、Redisコンテナのアドレスではなく、ホストのアドレスですが、これはコンテナのIPがetcd-2に対してローカルだからです。

この時点で、いろいろ動作を試してみることができます。--dnsフラグを使ってルックアップするDNSコンテナを指定し、新しいコンテナを立ち上げましょう。

```
$ eval $(docker-machine env etcd-1)
$ docker run --dns $(docker inspect -f {{.NetworkSettings.IPAddress}} dns) \
             -it redis:3 bash
...
root@3baff51314d6:/data# ping redis.identidock.local
PING redis.identidock.local (192.168.99.101): 48 data bytes
56 bytes from 192.168.99.101: icmp_seq=0 ttl=64 time=0.102 ms
56 bytes from 192.168.99.101: icmp_seq=1 ttl=64 time=0.090 ms
56 bytes from 192.168.99.101: icmp_seq=2 ttl=64 time=0.096 ms
^C--- redis.identidock.local ping statistics ---
3 packets transmitted, 3 packets received, 0% packet loss
round-trip min/avg/max/stddev = 0.090/0.096/0.102/0.000 ms
root@3baff51314d6:/data# redis-cli -h redis.identidock.local ping
PONG
```

とてもうまくいっています。唯一の問題は、redis.identidock.localが少し長いことです。単にredisとできればもっといいのですが、これはうまくいきません。

```
root@3baff51314d6:/data# ping redis
ping: unknown host
```

新しいコンテナを起動し、identidock.localを検索ドメインとして追加すれば、redisが名前解決できなければ、OSは自動的にredis.identidock.localを名前解決してくれるようになります。

```
root@3baff51314d6:/data# exit
$ docker run --dns $(docker inspect -f {{.NetworkSettings.IPAddress}} dns) \
             --dns-search identidock.local \
             -it redis:3 redis-cli -h redis ping
PONG
```

素晴らしい。まさにこれこそが求めていたものですが、コンテナを動作させるたびに --dns や --dns-search フラグを指定したくはありません。その代わりに、これらを Docker デーモンのオプションとして指定できるといいのですが、DNS サーバー自身がコンテナになっている場合[†]、これはちょっとした鶏と卵の問題になってしまうので、ここでは別の選択肢を採りましょう。ホストの /etc/resolv.conf ファイルに OS が探すドメイン名を指定する値を追加して[‡]、それが自動的にコンテナにも伝わるようにします。

```
$ docker-machine ssh etcd-1
...
docker@etcd-1:~$ echo -e "domain identidock.local \nnameserver " \
  $(docker inspect -f {{.NetworkSettings.IPAddress}} dns) > /etc/resolv.conf
docker@etcd-1:~$ cat /etc/resolv.conf
domain identidock.local
nameserver 172.17.0.3
docker@etcd-1:~$ exit
```

動かしてみましょう。

```
$ docker run redis:3 redis-cli -h redis ping
PONG
```

それでは、dnmonster を起動して、DNS に追加しましょう。

```
$ docker run -d --name dnmonster amouat/dnmonster:1.0
$ DNM_IP=$(docker inspect -f {{.NetworkSettings.IPAddress}} dnmonster)
$ curl -XPUT http://$HOSTA:2379/v2/keys/skydns/local/identidock/dnmonster \
       -d value='{"host": "'$DNM_IP'","port":8080'}
...
```

ここでは、dnmonster 用に内部的なコンテナの IP を使っているので、アクセスできるのは ectd-1 からだけです。複数のホストで複数の SkyDNS サーバーを運用するなら、このレコードを**ホストローカル**にして、他のサーバーが混乱しないようにした方がいいかもしれません。これは、SkyDNS の起動時にホストローカルのドメインを定義すれば実現できます。

最後に identidock を起動して、リンクなしで動作していることを確かめます。

```
$ docker run -d -p 80:9090 amouat/identidock:1.0
$ curl $HOSTA
<html><head><title>...
```

† こうしたい場合には、DNS コンテナの 53 番ポートをホストに公開し、Docker ブリッジのアドレスを DNS サーバーとして使います。

‡ 実際には、VirtualBox の VM は再起動時にこのファイルを再生成するので、この変更は失われてしまいます。ここでの手順は、あくまでサンプルです。実働環境のホストで resolve.conf を変更するためには、resolvconf ユーティリティといった別の方法もあるかも知れません。

これで、実装の変更を一切必要とせず、耐障害性のある分散 etcd ストア上で動作するサービスディスカバリのインターフェイスができあがりました。

SkyDNS の詳細

SkyDNS の動作の詳細を理解したいなら、SkyDNS のイメージに含まれている dig ユーティリティが利用できます。例をご覧ください。

```
$ docker exec -it dns sh
/ # dig @localhost SRV redis.identidock.local
dig @localhost SRV redis.identidock.local
; <<>> DiG 9.10.1-P2 <<>> @localhost SRV redis.identidock.local
; (2 servers found)
;; global options: +cmd
;; Got answer:
;; ->>HEADER<<- opcode: QUERY, status: NOERROR, id: 51805
;; flags: qr aa rd ra; QUERY: 1, ANSWER: 1, AUTHORITY: 0, ADDITIONAL: 1
;; QUESTION SECTION:
;redis.identidock.local.      IN  SRV
;; ANSWER SECTION:
redis.identidock.local. 3600  IN  SRV  10 100 6379 redis.identidock.local.
;; ADDITIONAL SECTION:
redis.identidock.local. 3600  IN  A    192.168.99.101
;; Query time: 4 msec
;; SERVER: ::1#53(::1)
;; WHEN: Sat Jul 25 17:18:39 UTC 2015
;; MSG SIZE  rcvd: 98
```

ここで、DNS サーバーは `redis.identidock.local` に対する SRV レコードを返しています。返された情報には、IP アドレスとポート番号に加えて、優先度、重み、TTL が含まれています。

SkyDNS は、SRV、すなわちサービスレコードに加えて、通常の A レコード（これは IPv4 の名前解決に使われます）も使います。フィールドの中でも、SRV レコードにはサービスのポート番号、time-to-live（TTL）、優先度、重みが含まれます。TTL を設定すれば、クライアントやエージェントがレコードの値を定期的に更新しない限り、そのレコードは自動的に削除されます。この仕組みは、フェイルオーバーや、通常のタイムアウトよりも丁寧なエラー処理の実装に利用できます。

他の機能の中には、複数のホストのアドレスプールへのグループ化や、Prometheus や Graphite といったサービスへのメトリクスや統計情報の公開のサポートがあります。前者は、ロードバランス機能の構成に利用できます。

11.2.3 Consul

Consul（**https://www.consul.io**）は、サービスディスカバリの問題に対するHashicorpの回答です。高可用性を持つ分散キーバリューストアであることに加えて、デフォルトでヘルスチェック機能とDNSサーバーを持つことを誇ります。

CAP定理

キーバリューストアとサービスディスカバリを見ていくと、すぐにCAP定理（https://ja.wikipedia.org/wiki/CAP定理）にぶつかることになります。おおまかに言って、CAP定理が述べているのは、分散システムは**一貫性、可用性、分断耐性を同時に提供することはできない**、ということです[†]。

APシステムは、一貫性よりも可用性を優先させるので、読み書きはほぼ常にできるはずです（そして通常は高速です）が、情報が常に最新であるとは限りません（古いデータが返される場合があります）。CPシステムは一貫性を優先するので、書き込みに失敗することがありますが、返されたデータは、必ず正しくて最新です。

実際には、特にConsulに関しては、もう少し話はややこしくなります。etcdとConsulはどちらもCPのソリューションを提供するRaftアルゴリズムを基盤としています。しかし、Consulには複数の動作モード（"default"、"consistent"、"stale"）があり、さまざまなレベルでの一貫性と可用性のトレードオフを提供できます。

すべてのホストは、サーバーモードもしくはクライアントモードのConsulのエージェントのインスタンスを動作させます。このエージェントは、さまざまなサービスの状況と共に、メモリの使用量のような一般的な統計情報をチェックし、クライアントアプリケーションが複雑にならないようにしてくれます。いくつかのホストでは（通常は3、5、7台です。コラム「クラスタの最適なサイズ」参照）、エージェントをサーバーモードで動作させます。サーバーモードのエージェントは、データの書き込みと保存を受け持ち、他のサーバーエージェントと協力し合います。クライアントモードのエージェントは、リクエストをサーバーモードのエージェントにフォワードします。

立ち上げは簡単で、Dockerコンテナを使えばなおさらです。ここでは、GliderLabs（**http://gliderlabs.com**）のコンテナを使いましょう。今回も、まずはこのためのVMを2つ作成しましょう。

```
$ docker-machine create -d virtualbox consul-1
...
$ docker-machine create -d virtualbox consul-2
...
```

さあ、Consulのコンテナを立ち上げましょう。ここでも、手間を減らすために、VMのIPは変数に保存しておきます。

† これらの用語の正確な定義については、"Brewer's Conjecture and the Feasibility of Consistent, Available, Partition-Tolerant Web Services"（https://www.comp.nus.edu.sg/~gilbert/pubs/BrewersConjecture-SigAct.pdf）を参照してください。

```
$ HOSTA=$(docker-machine ip consul-1)
$ HOSTB=$(docker-machine ip consul-2)
$ eval $(docker-machine env consul-1)
$ docker run -d --name consul -h consul-1 \
        -p 8300:8300 -p 8301:8301 -p 8301:8301/udp \
        -p 8302:8302/udp -p 8400:8400 -p 8500:8500 \
        -p 172.17.42.1:53:8600/udp \
        gliderlabs/consul agent -data-dir /data -server \ ❶
                -client 0.0.0.0 \ ❷
                -advertise $HOSTA -bootstrap-expect 2 ❸
...
ff226b3114541298d19a37b0751ca495d11fabdb652c3f19798f49db9cfea0dc
```

❶ Consulのエージェントをサーバーモードで起動し、データを/dataに保存します。

❷ クライアントAPIのリクエストを待ち受けるアドレスを指定します。デフォルトは127.0.0.1で、アクセスできるのはコンテナの中からだけになります。

❸ -advertiseフラグは、他のホストからこのサーバーにコンタクトする際のアドレスを指定します。ここでは、ホストのIPアドレスを指定しています。また、-bootstrap-expectフラグもセットし、2番目のサーバーがクラスタに参加してくるのをConsulが待つようにします。

ここでは、ホストとのリンクにはDocker Machineが返す公開IPを使っています。実働環境では、インターネットから自由に到達することは不可能な、プライベートアドレスを使うことになるでしょう。

第2のサーバーを立ち上げましょう。今回は、-joinコマンドを使って、最初のサーバーにリンクさせます。

```
$ eval $(docker-machine env consul-2)
$ docker run -d --name consul -h consul-2 \
            -p 8300:8300 -p 8301:8301 -p 8301:8301/udp \
            -p 8302:8302/udp -p 8400:8400 -p 8500:8500 \
            -p 172.17.42.1:53:8600/udp \
            gliderlabs/consul agent -data-dir /data -server \
                  -client 0.0.0.0 \
                  -advertise $HOSTB -join $HOSTA
...
```

Consul CLIを使って、どちらもクラスタに加わったことを確認しましょう。

```
$ docker exec consul consul members
Node      Address             Status  Type    Build  Protocol  DC
consul-1  192.168.99.100:8301  alive   server  0.5.2  2         dc1
consul-2  192.168.99.101:8301  alive   server  0.5.2  2         dc1
```

いくつかのデータを設定して取得してみれば、キーバリューストアの動作の様子がつかめるでしょう。

```
$ curl -XPUT http://$HOSTA:8500/v1/kv/foo -d bar
true
$ curl http://$HOSTA:8500/v1/kv/foo | jq .
[
  {
    "Value": "YmFy",
    "Flags": 0,
    "Key": "foo",
    "LockIndex": 0,
    "ModifyIndex": 39,
    "CreateIndex": 16
  }
]
```

ううむ、何か返ってはきましたが、"Value":"YmFy"というのは何でしょうか？ これは、Consulがデータを実行時にbase64でエンコードしているのです。jqとbase64のツール[†]を使えば、元のデータが得られます。

```
$ curl -s http://$HOSTA:8500/v1/kv/foo | jq -r '.[].Value' | base64 -d
bar
```

少々手間はかかりましたが、ここまで来ました。

Consulにサービスするには、個別のAPIが用意されています。これはConsulのサービスディスカバリやヘルスチェックの機能と結びつけられています。概して、キーバリューストアは、設定の詳細と、少量のメタデータを保存するのに使われているだけです。

それでは、Consulのサービスを使って複数のホスト上でidentidockを動作させましょう。以前と同様に、Redisをconsul-2で、identidockとdnmonsterをconsul-1で動作させます。まずRedsiを立ち上げましょう。

```
$ eval $(docker-machine env consul-2)
$ docker run -d -p 6379:6379 --name redis redis:3
...
2f79ea13628c446003ebe2ec4f20c550574c626b752b6ffa3b70770ad3e1ee6c
```

そして、エンドポイントの/service/registerから、Redisサービスのことを Consulに知らせます。

† ここでは、GNU Linuxバージョンのbase64を使っています。MacOS用のバージョンの場合は、-dではなく -Dを使ってください。

```
$ curl -XPUT http://$HOSTA:8500/v1/agent/service/register \
       -d '{"name": "redis", "address":"'$HOSTB'","port": 6379}'
$ docker run amouat/network-utils dig @172.17.42.1 +short redis.service.consul
...
192.168.99.101
```

次に、consul-1がDNSの名前解決をConsulを使って行うように設定しなければなりません。先のetcdの例とは異なるアプローチを取り、ホストの/etc/resolve.confファイルではなく、Dockerデーモンを設定しましょう。そのためには、/var/lib/boot2docker/profileを編集して、--dns及び--dns-searchフラグを追加します。

```
$ docker-machine ssh consul-1
...
docker@consul-1:~$ sudo vi /var/lib/boot2docker/profile
...
docker@consul-1:~$ cat /var/lib/boot2docker/profile

EXTRA_ARGS='
--label provider=virtualbox
--dns 172.17.42.1
--dns-search service.consul ❶
'
CACERT=/var/lib/boot2docker/ca.pem
DOCKER_HOST='-H tcp://0.0.0.0:2376'
DOCKER_STORAGE=aufs
DOCKER_TLS=auto
SERVERKEY=/var/lib/boot2docker/server-key.pem
SERVERCERT=/var/lib/boot2docker/server.pem
```

❶ この引数によって、"redis.service.consul"のような完全な名前だけではなく、"redis"といった短縮名も使えるようになります。

デーモンを再起動して、Consulを立ち上げ直します。VMを再起動するのが一番簡単です。

```
docker@consul-1:~$ exit
$ eval $(docker-machine env consul-1)
$ docker start consul
consul
```

簡単にテストしてみます。

```
$ docker run redis:3 redis-cli -h redis ping
PONG
```

consul-1でdnmonsterを起動し、Consulに追加します。

```
$ docker run -d --name dnmonster amouat/dnmonster:1.0
...
41c8a78989803737f65460d75f8bed1a3683ee5a25c958382a1ca87f27034338
$ DNM_IP=$(docker inspect -f {{.NetworkSettings.IPAddress}} dnmonster)
$ curl -XPUT http://$HOSTA:8500/v1/agent/service/register \
       -d '{"name": "dnmonster", "address":"'$DNM_IP'","port": 8080'}
```

最後に、identidockを動作させます。

```
$ docker run -d -p 80:9090 amouat/identidock:1.0
...
22cfd97bfba83dc31732886a4f0aec51e637b8c7834c9763e943e80225f990ec
$ curl $HOSTA
<html><head><title>...
```

やはり今回も、リンクなしでidentidockを動作させることができました。

Consulの最も興味深い機能の一つは、システムのさまざまな部分が機能していることを確認する**ヘルスチェック**をサポートしていることです。ホストノード自身のためのテスト（例えばディスクの領域やメモリのチェック）や、特定のサービスのためのテストを書くことができます。以下のコードは、dnmonsterサービスのためのシンプルなHTTPのテストを定義しています。

```
$ curl -XPUT http://$HOSTA:8500/v1/agent/service/register \
       -d '{"name": "dnmonster", "address":"'$DNM_IP'","port": 8080,
           "check": {"http": "http://'$DNM_IP':8080/monster/foo",
                     "interval": "10s"}
          }'
```

このチェックでは、コンテナが指定されたURLへのHTTPのリクエストに対し、2xxのステータスコードで反応を返すことを確認しています。このテストが成功するためには、チェックの実行をconsul-1上で行わなければならないことに注意してください。テストの状況は、エンドポイントの/health/checks/dnmonster/にアクセスすればわかります。

```
$ curl -s $HOSTA:8500/v1/health/checks/dnmonster | jq '.[].Status'
"passing"
```

テストは、成功時に0を返すようなスクリプトとして書くこともできます。そうすれば、任意の複雑なチェックが可能になります。Consulがサポートしている**ウォッチ**（これはデータの更新をモニタリングします）とヘルスチェックを組み合わせれば、フェイルオーバーや、障害発生時の管理者への自動通知を比較的簡単に実装できます。

注目すべき他の機能としては、複数のデータセンターや、ネットワークトラフィックの暗号化のサポートがあります。

11.2.4 登録

先ほどの例では、サービスディスカバリの最後のステップである**登録**を手作業で行いました。Redisやdnmonsterのサービスを SkyDNS や Consul に登録するためには、curl のリクエストを書かなければなりませんでした。その代わりに、Redis や dnmonster のコンテナにロジックを追加して、起動時にこの処理を自動的に行わせることもできますが†、Docker のイベントをモニタリングすることによって、コンテナを起動時に自動的に登録するようなサービスを書くこともできます。

GliderLabs の Registrator（https://github.com/gliderlabs/registrator）は、まさにこれを目的とするものです。Registrator は、Consul、etcd、SkyDNS などと共に動作し、コンテナの自動登録機能を提供します。Registrator は、Docker のイベントストリームでコンテナの生成をモニタリングし、コンテナのメタデータに基づいて、下位層のフレームワークに関連するエントリを追加します。

DNS ベースのサービスディスカバリの長所と短所

本章で紹介しているソリューションの多くは、サービスディスカバリのための DNS インターフェイスを提供しています。中には、これが主要な、もしくは唯一のインターフェイスという場合もあります。あるいは、他の API に加えて利便性のために追加されたものであることもあります。

サービスディスカバリに DNS が好まれるのは、いくつかの重要な理由があります。

- DNS は、旧来のアプリケーションをそのままでサポートできます。これは、アンバサダーコンテナを追加すれば、他のサービスディスカバリの仕組みでも対応可能なことですが、そのためには開発と運用の両面で、追加の作業が必要になります。
- 開発者は、何か特別なことをしたり、新しい API を学んだりする必要がありません。DNS を使うアプリケーションは、幅広いプラットフォーム上で、修正なしに動作します。
- DNS はよく知られている、信頼できるプロトコルであり、複数の実装が存在し、広くサポートされています。

DNS ベースのディスカバリにはいくつかの欠点もあります。これはすなわち、ある種のシナリオの下では、他の仕組みを検討した方がいいかもしれないということです。DNS は遅いという批判は、重要視しません。サービスディスカバリのシナリオで取り上げるのは、低速なリモートの DNS ではなく、高速なローカルの DNS です。それ以外には、以下のような問題があります。

- ポートの情報は、通常の DNS のルックアップでは返されないので、推測するか、他のチャネルを通じてルックアップしなければなりません（DNS SRV レコードはポート情報を返しますが、アプリケーションやフレームワークは、ほぼ間違いなくホスト名しか使いません）。
- アプリケーション（及びオペレーティングシステム）も DNS のレスポンスをキャッシュすることがあ

† そうしたくない場合、あるいはそうすることができない場合には、コンテナ内のサービスを変更してください。それには、ラッパースクリプトを使ったり、「サイドキック」プロセスを使ったりします。

るので、サービスが移動したときに、クライアントの更新が遅れることがあります。

- 多くのDNSのサービスは、ヘルスチェックやロードバランスを限定的にしかサポートしません。一般的には、ロードバランスはラウンドロビンかランダム選択に限られるので、これで十分なユーザーは一部に限定されるでしょう。ヘルスチェックはTTLを使って構築できますが、もっと高度で深いチェックをしようとすれば、通常は追加のサービスが必要になります。
- クライアントは、利用可能なAPIや容量などの属性に基づいてサービスを選択するロジックを、自由に実装できてしまいます。

11.2.5 その他のソリューション

サービスディスカバリの選択肢として検討できるものは、他にもあります。

ZooKeeper

集中化され、信頼性がある、すぐに利用可能なストアであり、Mesos や Hadoop の協調サービスとして使われています。ZooKeeper は Java で書かれており、Java の API からアクセスできますが、いくつかの言語でバインディングが提供されています。クライアントは、ZooKeeper サーバーへのアクティブな接続を管理し、keep-alive を実行しなければなりません。これには、かなりのコーディングが必要になります（とはいえ、Curator **https://curator.apache.org** のようなライブラリを使うことで、この負荷は緩和できます）。

ZooKeeper の主な利点は、成熟度、安定度、現場での活用例の多さです。ZooKeeper を使っているインフラストラクチャがすでにあるなら、ZooKeeper の利用は十分良い選択肢になり得るでしょう。そうではないなら、特に Java を使っていない場合、ZooKeeper との結合や、ZooKeeper 上での構築作業にかかる手間は、見合わないものになってしまうでしょう。

SmartStack

SmartStack は、Airbnb のサービスディスカバリのソリューションです。SmartStack は、ヘルスチェックと登録のための Nerve（**https://github.com/airbnb/nerve**）と、ディスカバリのための Synapse（**https://github.com/airbnb/synapse**）という 2 つの要素から構成されます。

Synapse は、サービスを利用する各ホスト上で動作し、それぞれのサービスをポートに割り当てます。そして、そのサービスが実際のサービスへのプロキシとなります。Synaplse は HAProxy（**http://www.haproxy.org**）を使ってルーティングを行い、変化があったときは自動的に HAProxy の更新と再起動を行います。Synapse は、プロキシを受け持つサービスのリストを、ストア（ZooKeeper あるいは etcd など）から取得するようにも、Docker のイベントストリーム中のコンテナ生成イベントを見て取得する（これは Registrator に似ています）ようにも設定できます。

各サービスには、対応する Nerve のプロセスもしくはコンテナがあり、それがサービスのへルスチェックや、Synapseが使用するストア（ZooKeeperやetcdなど）への自動登録を行います。

Eureka

Eurekaは、AWS上のロードバランス及びフェイルオーバーのためのNetflixのソリューションです。Eurekaは、AWSのノードが永続的なものではないことに対処するための「中間層」のソリューションとして設計されています。AWSのインフラストラクチャ上で大規模なサービスを動作させるなら、間違いなくEurekaは調べてみるだけの価値があります。

WeaveDNS

WeaveDNSは、ネットワーキングソリューションのWeaveの、サービスディスカバリのための構成要素です。コンテナが、起動時に自分のホストもしくはコンテナ名をWeaveDNSに登録することによって、完全に自動化されたソリューションができあがります。WeaveDNSは、各ホスト上でWeaveルータの一部として動作し、ネットワーク内の他のWeaveルータと通信するので、すべてのコンテナ名が名前解決できることになります。WeaveDNSは、単純なロードバランスの機能も提供しています。詳しい情報については、「11.5.2 Weave」を参照してください。

docker-discover

docker-discoverは、基本的にはSmartStackのDockerネイティブな実装であり、バックエンドとしてetcdを使用しています。SmartStackと同様に、docker-discoverは2つの要素から構成されます。docker-register（**https://github.com/jwilder/docker-register**）は、Nerveと同じようなヘルスチェックと登録のための要素であり、docker-discover（**https://github.com/jwilder/docker-discover**）は、Synapseと同じようなディスカバリのための要素です。SmartStackと同様に、docker-discoveryもHAProxyでルーティングを処理します。docker-discoveryは非常に興味深いプロジェクトですが、更新やサポートを行う組織がないので、開発やサポートにはおそらく期待できないでしょう。

最後に重要なことですが、Dockerに登場しようとしている新しいネットワーキングの機能（「11.4 Dockerの新しいネットワーキング」もまた、限定された形ではありますが、サービスオブジェクトを通じてサービスディスカバリを提供します。この形態のサービスディスカバリを利用するには、Docker Overlayネットワーキングドライバ、あるいはそれと互換性を持つ、Calicoのようなプラグインを使っていることが必要になります。

11.3 ネットワーキングの選択肢

これまで見てきた通り、ホスト間にまたがってサービスを接続する方法としては、下位層のネットワークが許す限り、アンバサダーコンテナも、サービスディスカバリのソリューションも使うことができます。とはいえ、そのためにはホストを通じてポートを公開しなければなりません。これは手作業での管理が必要になるので、スケーラビリティが良くはありません。もっといいソリューションは、コンテナ間でのIPの接続を提供することであり、これが本セクションで説明するソリューションの焦点です。

ただし、完全なホスト間のネットワーキングソリューションを見る前に、デフォルトのDockerのネットワーキングの動作と、利用可能な選択肢について理解しておくと良いでしょう。基本的には、**ブリッジ**、**ホスト**、**コンテナ**、**なし**という4つの選択肢があります。

11.3.1 ブリッジ

デフォルトのブリッジネットワークは開発時に最適で、苦もなくコンテナ同士が通信し合えるようにできます。しかし実働環境には向いているとは言えません。舞台裏で行われる結線作業には、かなりのオーバーヘッドが生ずるのです。

図11-5は、Dockerのブリッジネットワークの様子です。通常は`docker0`という名前になるDockerブリッジがあり、`172.17.42.1`で動作してコンテナ間を接続するために使われています。コンテナが起動すると、Dockerはvethのペアをインスタンス化します。基本的に、これはイーサネットのケーブルに相当するソフトウェアであり、コンテナの`eth0`をブリッジに接続します。外部への接続は、IPマスカレードをセットアップするIPフォワーディングとiptablesのルールによって提供されます。これは、ネットワークアドレス変換（network address translation = NAT）の1つの形です。

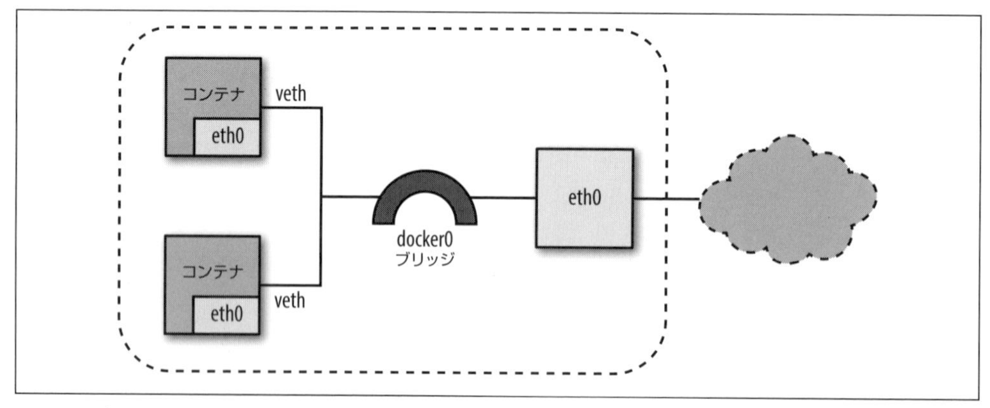

図11-5 デフォルトのDockerブリッジによるネットワーク

デフォルトでは、リンクの有無や、ポートのエクスポートや公開の状況にかかわらず、すべてのコンテナ同士がお互いに通信できます（この例については、「13.7.2 コンテナのネットワーキングの制限」参照）。Docker デーモンの起動時に `--icc=false` というフラグを渡すことによってコンテナ間の通信をオフにする iptables のルールを設定すれば、この動作を止めることができます。`--icc=false` 及び `--iptables=true` を設定すれば、**リンクされた**コンテナだけが通信できるようにすることもできます。この場合も、この動作は iptables のルールが追加されることによって行われます。

これらはすべてうまく動作し、開発環境では非常に役立ちますが、効率性の問題から実働環境には適さないこともあるでしょう。

11.3.2 ホスト

`--net=host` で動作しているコンテナは、ホストのネットワーキングの名前空間を共有し、その名前空間を完全に公開ネットワーク上に露出させます。これはすなわち、そのコンテナはホストの IP アドレスを共有するものの、ブリッジネットワークのような結線はすべて省かれるので、通常のホストのネットワーク同様に高速です。

IP アドレスは共有されているので、通信しあう必要があるコンテナは、ホストのポートに対する調整をしなければなりません。そのため、多少の考慮と、さらにはアプリケーションへの変更が必要になる場合もあるでしょう。

また、意識せずにポートを外界に公開することになるので、セキュリティ上の影響もありますが、これはファイアウォールの層で管理することができます。

効率が大きく改善されることから、プロキシやキャッシュのような、外部に面し、ネットワーク的な負荷が大きいコンテナではホストネットワーキングを使い、残りのコンテナは内部的なブリッジネットワークに配置するといった、ハイブリッドなネットワーキングモデルを検討すると良いかも知れません。注意しなければならないのは、リンクを使ってブリッジネットワーク上のコンテナをホストネットワーク上のコンテナに接続することはできないということです。ただし、`docker0` ブリッジの IP アドレスを使えば、ブリッジネットワーク上のコンテナから、ホスト上のコンテナに通信できます。

11.3.3 コンテナ

他のコンテナのネットワーキングの名前空間を使う方法です、これは、ある種の状況下では非常に役立ちます（例えば、あるネットワーキングスタッグに合わせて事前に設定されたコンテナを立ち上げ、他のすべてのコンテナにそのスタックを使うように指定するような場合）。こうすることで、特定のシナリオやデータセンターのアーキテクチャに特化した効率的なネットワークスタックの作成と再利用が容易になります。デメリットとしては、ネットワークスタックを共有するすべてのコンテナが、同じ IP アドレスを使わなければならないことなどがあります。

これは、特定の状況下ではうまく働く方法であり、中でも Kubernetes が使っている方法です（「12.1.3 Kubernetes」参照）。

11.3.4 なし

読んで字のごとく、コンテナのネットワーキングを完全にオフにしてしまう方法です。これは、例えばボリュームに出力を書き出すコンパイラのコンテナのように、ネットワークをまったく必要としないコンテナの場合に役立ちます。

ネットワークなしのモデルは、独自のネットワーキングを何もないところからセットアップしなければならない場合にも役立つことがあります。そういう場合には、cgroups や namespaces 内でのネットワーキングには、pipework（**https://github.com/jpetazzo/pipework**）のようなツールが非常に役立つかも知れません。

11.4 Dockerの新しいネットワーキング

本書の執筆時点では、Docker のネットワークスタックとインターフェイスには、大きなオーバーホールが行われてます。これは、おそらく本書が出版されることには完了しており、Docker のネットワークの生成と利用方法は、大きく変わることになるでしょう（とはいえ、本書のコードは変更なしでそのまま実行できるはずです）。本セクションでは、Docker の experimental チャネルでリリースされたものに基づき、これらの変更を見ていきます。これは最終的に決定されたものではないので、最終的な Docker の安定版リリースには、本セクションの記載内容とやや異なる部分は出てくるでしょう。

直接的な 2 つの変更は、Docker に 2 つのトップレベルの「オブジェクト」として、**ネットワーク**と**サービス**ができたことです。これによって、コンテナとは独立して「ネットワーク」[†]の作成と管理が行えるようになります。コンテナが起動されると、そのコンテナは指定されたネットワークに割り当てられ、同じネットワーク内のコンテナにのみ、直接接続できるようになります。コンテナは、**サービス**を公開して、名前でアクセスしてもらえるようになります。これは、リンクの必要性を置き換えるものです（引き続きリンクも利用できますが、有用性は減ることになります）。

例を見ていただくのが一番わかりやすいでしょう。

`network ls` というサブコマンドで、現在のネットワークとその ID のリストが表示されます。

```
$ docker network ls
NETWORK ID          NAME                TYPE
d57af6043446        none                null
8fcc0afef384        host                host
30fa18d442b5        bridge              bridge
```

コンテナの起動時には、`--publish-service` フラグを渡すことができます。以下の例では、ブリッジネットワーク上に `db` サービスを生成しています。

† ここでの「ネットワーク」という言葉の利用が、多くの面でミスリーディングなのは間違いありませんが、実際のところ、Docker のネットワークはコンテナのための名前空間であり、コンテナに加えて、コンテナの通信チャネルをグループ化し、分離できるようにしてくれます。

```
$ docker run -d --name redis1 --publish-service db.bridge redis
9567dd9eb4fbd9f588a846819ec1ea9b71dc7b6cbd73ac7e90dc0d75a00b6f65
```

既存のサービスは、service ls サブコマンドで見ることができます。

```
$ docker service ls
SERVICE ID          NAME                NETWORK             CONTAINER
f87430d2f240        db                  bridge              9567dd9eb4fb
```

ここで、新しいコンテナを同じネットワークに生成すれば、"db" サービスを使って redis1 コンテナに通信できるようになるので、リンクは不要です。

```
$ docker run -it redis redis-cli -h db ping
PONG
```

他のネットワークに属しているコンテナは、デフォルトでは通信できません。

リンクを使ってみれば、舞台裏では単純にサービスがセットアップされていることがわかります。

```
$ docker run -d --name redis2 redis
7fd526b2c7a6ad8a3faf4be9c1c23375dc5ae4cd17ff863a293c67df816a2b09
$ docker run --link redis2:redis2 redis redis-cli -h redis2 ping
PONG
$ docker service ls
SERVICE ID          NAME                NETWORK             CONTAINER
59b749c7fe0b        redis2              bridge              7fd526b2c7a6
f87430d2f240        db                  bridge              9567dd9eb4fb
```

さらに面白いことには、service attach や service detach といったサブコマンドを使えば、サービスを提供しているコンテナを割り当て直すことができます。

```
$ docker run redis redis-cli -h db set foo bar ❶
OK
$ docker run redis redis-cli -h redis2 set foo baz ❷
OK
$ docker run redis redis-cli -h db get foo
bar
$ docker service detach redis1 db
$ docker service attach redis2 db
$ docker run redis redis-cli -h db get foo ❸
baz
```

❶ データを redis1 に追加します。この時点では、redis1 は db サービスを公開しています。

❷ データを redis2 に追加します。

❸ これで、redis2がdbサービスとして公開されました。

ここからは、コンテナの接続とシステムのメンテナンスについて、これまでのネットワーキングのパラダイムもサポートしながら、新しいモデルが多くのさらなる柔軟性と監視機能を提供してくれることがわかります。

11.4.1 ネットワークのタイプとプラグイン

ネットワークには、いくつかの**タイプ**†があることに気がついたかも知れません。「クラシック」なネットワーキングの選択肢には、すでに取り上げた、ホスト、なし、ブリッジというように、それぞれに対応するタイプがあります。ただし、**オーバーレイ**というタイプもあり、**ネットワークプラグイン**という形で、新しいタイプを追加することもできます。デフォルトのネットワークは、Dockerデーモンに設定することができます。デフォルトネットワークが設定されていなければ、ブリッジネットワークが使われます。

プラグイン

ネットワークドライバを含むDockerのプラグイン‡は、/usr/share/docker/pluginsディレクトリの下にインストーすることによって、Dockerに追加できます。これは一般的に、このディレクトリをマウントするコンテナによって行われます。

プラグインは、DockerのJSON-RPN（**http://www.jsonrpc.org**）APIのインターフェイスがある言語なら、好きな言語で書くことができます。

Project Calicoのネットワークプラグインの使用例は、「11.5.4 Calicoプロジェクト」で見ていきます。筆者としては、さまざまなシナリオに合わせられた、さまざまな技術を基盤とする、多彩なプラグインが登場することを期待しています（例えばIPVLAN **https://github.com/torvalds/linux/blob/master/Documentation/networking/ipvlan.txt** やOpen vSwitch **http://openvswitch.org** のように）。

11.5 ネットワーキングのソリューション

以下のセクションでは、コンテナ群が構成する複数ホストのネットワーキングクラスタで使用できる、さまざまなソリューションを見ていきます。**Overlay**はDockerの「内蔵バッテリ」ソリューションで、新しいネットワーキングスタックと共にDockerに含まれることになるでしょう。**Weave**は、機能豊富なソリューションであり、容易に使えるように設計されています。**Flannel**はCoreOSのソリューションであり、Calicoプロジェクトは、Metaswitchのレイヤ3ベースのソリューションです。

---

† ネットワークドライバとも呼ばれます。

‡ 訳注：翻訳時点では、ネットワークドライバ以外にも様々なボリュームプラグインが利用できるようになっています。詳しくはhttps://docs.docker.com/engine/extend/plugins_volume/を参照してください。

Dockerのネットワーキングは、非常に初期の段階にあり、流動的な分野です。それに加えて、これは非常に多彩な領域であり、さまざまなシナリオにしつらえられた多様なソリューションをサポートすることになるかも知れません。ここで紹介するツール群は、本書の執筆時点では最先端のツール群ですが、この分野はとても速く変化しているので、本書が出版される頃には、これらのソリューションの働きも変わり、新しいソリューションも登場していることでしょう。ここで概要を説明するいずれかのソリューションを使うことにする前に、自分自身で調査をしておくべきです。

11.5.1 Overlay

Overlayは、複数ホスト間でのネットワーキングのための、Dockerの「内蔵バッテリ」実装です。Overlayは、ホスト同士をそれぞれの持つIP空間で接続するためにVXLANトンネルを使い、外部への接続にはNATを使います。ピア間の通信には、ライブラリとしてserf（**https://www.serfdom.io**）が使われています。

コンテナをリンクしてネットワークにする処理は、標準のブリッジネットワークとほとんど同じように行われます。LinuxのブリッジがOverleyネットワーク用にセットアップされ、コンテナへの接続にはvethのペアが使われます。

experimentalに注意！

この例で使われているVMは、experimentalビルドのDockerを使っています。これはすなわち、読者が使うバージョンは異なったものになるだろうということです。読者が本書を読む時点では、Dockerの安定版のリリースがネットワークプラグインをサポートしているはずであり、みなさんはそちらを使うべきです。

この例で使っているDcokerとConsulのバージョンは、以下の通りです。

```
docker@overlay-1:~$ docker --version
Docker version 1.8.0-dev, build 5fdc102, experimental
docker@overlay-1:~$ docker run gliderlabs/consul version
Consul v0.5.2
Consul Protocol: 2 (Understands back to: 1)
```

ここでは例として、Dockerのexperimentalブランチと、キーバリューストアとしてConsulを、`overlay-1`と`overlay-1`という2つのホストでプロビジョニングしました。identidockは、これまでと同じようにセットアップしましょう。Redisは`overlay-2`で、dnmonsterとidentidockコンテナは、どちらも`overlay-1`で動作させます。

本書が出版される頃には、ほぼ同様のことが安定版のブランチで行えるようになっているはずです。ここでは、Dockerクライアントデーモンの同一バージョンが使われていることを確認するために、直接VMにsshで接続しました。

まず、`overlay-2`に`ssh`でログインします。

```
$ docker-machine ssh overlay-2
...
```

最初に、"ovn" というネットワークを、overlay ドライバを使って新たに作成します。

```
docker@overlay-2:~$ docker network create -d overlay ovn
5d2709e8fd689cb4dee6acf7a1346fb563924909b4568831892dcc67e9359de6
docker@overlay-2:~$ docker network ls
NETWORK ID          NAME                TYPE
f7ae80f9aa44        none                null
1d4c071e42b1        host                host
27c18499f9e5        bridge              bridge
5d2709e8fd68        ovn                 overlay
```

このネットワークの詳細は、network info サブコマンドで取得できます。

```
docker@overlay-2:~$ docker network info ovn
Network Id: 5d2709e8fd689cb4dee6acf7a1346fb563924909b4568831892dcc67e9359de6
Name: ovn
Type: overlay
```

さあ、Redis を立ち上げましょう。--publish-service redis.ovn という引数を使って、"ovn" ネットワーク上に "redis" という名前で、このコンテナをサービスとして公開します。

```
docker@overlay-2:~$ docker run -d --name redis-ov2 \
                        --publish-service redis.ovn redis:3
...
29a02f672a359c5a9174713418df50c72e348b2814e88d537bd2ab877150a4a5
```

ここで overlay-2 からログアウトして、overlay-1 に ssh で接続してみれば、overlay-1 も同じネットワークにアクセスできることがわかります。

```
docker@overlay-2:~$ exit
$ docker-machine ssh overlay-1
docker@overlay-1:~$ docker network ls
NETWORK ID          NAME                TYPE
7f9a4f144131        none                null
528f9267a171        host                host
dfec33441302        bridge              bridge
5d2709e8fd68        ovn                 overlay
```

dnmonster と identidock コンテナも、同じように --publish-service を使って ovn ネットワークに接続して起動します。

```
docker@overlay-1:~$ docker run -d --name dnmonster-ov1 \
                  --publish-service dnmonster.ovn amouat/dnmonster:1.0
...
37e7406613f3cbef0ca83320cf3d99aa4078a9b24b092f1270352ff0e1bf8f92
```

```
docker@overlay-1:~$ docker run -d --name identidock-ov1 \
                        --publish-service identidock.ovn amouat/identidock:1.0
...
41f328a59ff3644718b8ce4f171b3a246c188cf80a6d0aa96b397500be33da5e
```

最後に、全体がうまく動作していることを確認します。

```
docker@overlay-1:~$ docker exec identidock-ov1 curl -s localhost:9090
<html><head><title>Hello...
```

とてもシンプルに、かつ素早くidentidockを2つのホストにまたがって動作させることができました。実装の細部や使用方法には変更が加えられるものと考えられますので、ここではOverlayドライバの動作の詳細については、踏み込まないことにします。

11.5.2 Weave

Weave（**https://www.weave.works**）は、開発者が扱いやすいネットワーキングソリューションであり、最小限の作業で広範囲の環境にわたって動作するように設計されています。Weaveには、サービスディスカバリとロードバランスのためのWeaveDNS、組み込みの**IPアドレス管理**（IP address management = IPAM）機能、通信の暗号化のサポートがあり、現時点で利用可能なソリューションの中ではおそらくもっとも完成度が高いものと言えるでしょう。

Weaveを使えば、簡単に2つのホストにわたってidentidockを動作させられることを見ていきましょう。アーキテクチャとしては、アンバサダーやサービスディスカバリの例と同様に、Redisを1つのホスト（ここではweave-redis）上で動作させ、identidockとdnmonsterコンテナを他のホスト（weave-identidock）で動作させます。今回も、Docker Machineを使ってVMを立ち上げます。この例で使ったWeaveのバージョンは1.1.0です。新しいバージョンを使う場合は、多少の違いがあるかも知れません。

まず、weave-redisをビルドします。

```
$ docker-machine create -d virtualbox weave-redis
...
```

sshで接続して、Weaveをインストールします。

```
$ docker-machine ssh weave-redis
...
docker@weave-redis:~$ sudo curl -sL git.io/weave -o /usr/local/bin/weave
docker@weave-redis:~$ sudo chmod a+x /usr/local/bin/weave
docker@weave-redis:~$ weave launch
Setting docker0 MAC (mitigate https://github.com/docker/docker/issues/14908)
Unable to find image 'weaveworks/weaveexec:v1.1.0' locally
v1.1.0: Pulling from weaveworks/weaveexec
...
```

```
Digest: sha256:8b5e1b692b7c2cb9bff6f9ce87360eee88540fe32d0154b27584bc45acbbef0a
Status: Downloaded newer image for weaveworks/weaveexec:v1.1.0
Unable to find image 'weaveworks/weave:v1.1.0' locally
v1.1.0: Pulling from weaveworks/weave
Digest: sha256:c34b8ee7b72631e4b7ddca3e1157b67dd866cae40418c279f427589dc944fac0
Status: Downloaded newer image for weaveworks/weave:v1.1.0
```

このコマンドでWeaveがダウンロードされ、Weaveのインフラストラクチャを提供するコンテナ群がプルされ、立ち上がります。それぞれのコンテナの役割については、この後詳しく説明します。

次のステップは、手元のDockerクライアントが、いつものDockerデーモンではなく、Weaveのプロキシを指すようにすることです。こうすることで、コンテナの起動時にWeaveがさまざまなネットワーキングのフックをセットアップできるようになります。

```
docker@weave-redis:~$ eval $(weave env)
```

これで、Redisのコンテナを起動すれば、自動的にWeaveのネットワークに接続されることになります。

```
docker@weave-redis:~$ docker run --name redis -d redis:3
Unable to find image 'redis:3' locally
3: Pulling from redis
...
3c97d635be5107f5a79cafe3cfaf1960fa3d14eec3ed5fa80e2045249601583f
docker@weave-redis:~$ exit
```

次はidentidockとdnmonsterのホストです。今回は、ログインするのではなく、docker-machineからsshコマンドを実行するだけにします。こうすることで、設定を少し容易にすることができます。最初に、weave-identidockというVMを作成し、Weaveをインストールします。

```
$ docker-machine create -d virtualbox weave-identidock
...
$ docker-machine ssh weave-identidock \
  "sudo curl -sL https://git.io/weave -o /usr/local/bin/weave && \
   sudo chmod a+x /usr/local/bin/weave"
```

今回は、weave launchを実行するときに、weave-redisホストのIPを渡してやらなければなりません。

```
$ docker-machine ssh weave-identidock \
      "weave launch $(docker-machine ip weave-redis)"
Unable to find image 'weaveworks/weaveexec:v1.1.0' locally
v1.1.0: Pulling from weaveworks/weaveexec
```

```
...
Digest: sha256:8b5e1b692b7c2cb9bff6f9ce87360eee88540fe32d0154b27584bc45acbbef0a
Status: Downloaded newer image for weaveworks/weaveexec:v1.1.0
Unable to find image 'weaveworks/weave:v1.1.0' locally
v1.1.0: Pulling from weaveworks/weave
Digest: sha256:c34b8ee7b72631e4b7ddca3e1157b67dd866cae40418c279f427589dc944fac0
Status: Downloaded newer image for weaveworks/weave:v1.1.0
```

さあ、ネットワーキングのチェックです。weave-identidockにsshで接続し、weave-redis上で動作しているRedisコンテナにアクセスできるかを見てみましょう。ここでも、Weaveプロキシをセットアップする必要があることに注意してください。

```
$ docker-machine ssh weave-identidock
...
docker@weave-identidock:~$ eval $(weave env)
docker@weave-identidock:~$ docker run redis:3 redis-cli -h redis ping
...
PONG
```

成功しました！ dnmonsterとidentidockのコンテナを起動して、アプリケーションが動作することを確認すれば、この例は完成です。

```
docker@weave-identidock:~$ docker run --name dnmonster -d amouat/dnmonster:1.0
...
1bc9cdd5c3dd532d4f6a56529be8e2a068a9402c1e07df69ec33971f5c4b89b9
docker@weave-identidock:~$ docker run --name identidock -d -p 80:9090 \
    amouat/identidock:1.0
...
9b5e9c89a7807bcad2cff49dc0692d0e8d064494288df5405a6573d886c0208d
docker@weave-identidock:~$ exit
$ curl $(docker-machine ip weave-identidock)
<html><head>...
$ curl -s $(docker-machine ip weave-identidock)/monster/gordon | head -c 4
?PNG
```

素晴らしいです。リンクを使わず、コンテナ名のDNSの名前解決が行われる、複数ホスト間でのネットワークを動作させることができました。

このネットワークの動作を理解するには、Weaveがインフラストラクチャの管理のために起動したコンテナ群を見ておくと良いでしょう。

```
$ docker ps
CONTAINER ID ... PORTS                                              NAMES
0b7693194bb9                                                        weaveproxy
b6e515f4d02b     172.17.42.1:53->53/udp, 0.0.0.0:6783->6783/t...   weave
```

これらのコンテナとidentidockのコンテナ群を、**図11-6**に示します。

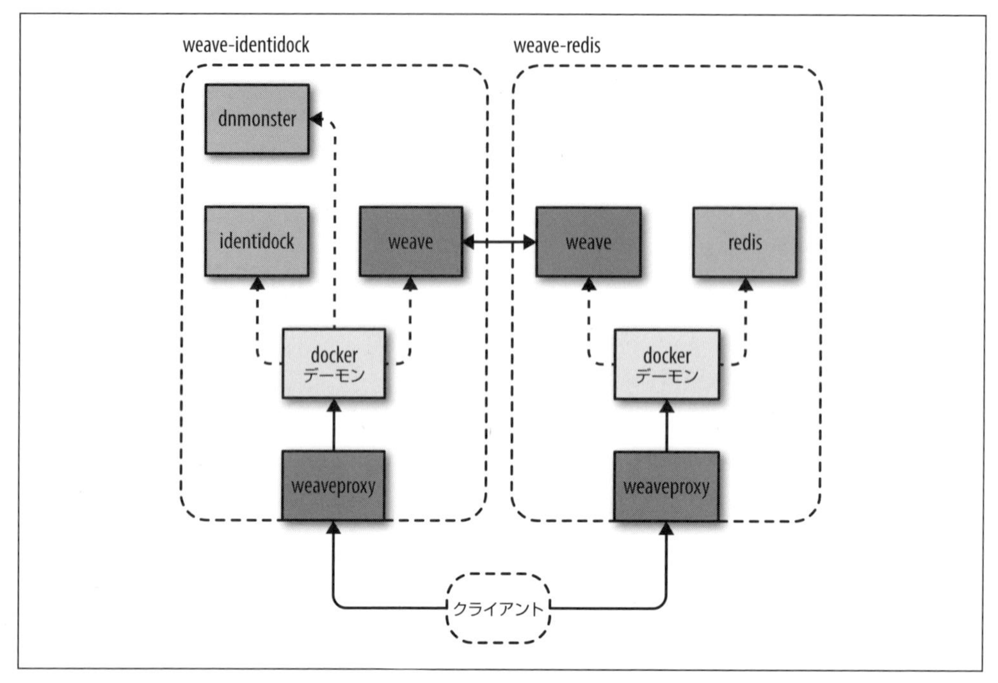

図11-6 Weave上で動作しているidentidock

どちらのホストでも、同じWeaveのイメージが動作しています。このイメージは、先ほどの`weave launch`コマンドで起動したものです。これらのコンテナが、Weaveインフラストラクチャのさまざまな部分の面倒を見てくれています。

weave

このコンテナはWeaveルータを持ちます。Weaveルータは、ネットワークの経路の処理を受け持ち、Weaveネットワーク上の他のホストに対して通信します。Weaveルータ群は、TCPで相互の通信を確立し、ネットワークトポロジに関する情報を共有します。ネットワークトラフィックは、別個にセットアップされるUDPコネクションを通じて送信されます。Weaveルータは、時間の経過と共にネットワークトポロジを学習し、効率的なルーティングを行うと共に、完全な接続なしでネットワークの変更を扱います。このルータは、DNSの処理も行うので、開発者は複数ホスト上のコンテナに名前でアクセスできます。

weaveproxy

このコンテナの魔法のおかげで、ユーザーは通常の`docker run`コマンドを実行するだけで、それらのコマンドがWeaveのネットワークにアタッチされることになります。このコンテナは、Dockerデーモンに対するdocker runのリクエストをインターセプトして、Weaveがネットワークのセットアップをできるようにすると共に、runコマンドのリクエストを修正して、対象のコンテナがWeaveのネットワーキングスタックを使うようにします。この処理が終われば、修正されたリクエストはDockerデーモンにフォワードされます。このインターセプトの手法を有効にするために、eval $(weave proxy-env)の行で、環境変数のDOCKER_HOSTが実際のDockerデーモンではなく、Weaveプロキシを指すようにしています。

Weaveは、Weaveブリッジを生成します。このブリッジは、ifconfigを実行すれば見ることができます。Weaveルータを含む各コンテナは、vethのペアを通じてこのブリッジに接続されます。

Weaveには、コンテナ群を分離されたサブネットに配置し、それぞれのアプリケーションが分離されるようにする機能と、Weaveネットワークが信頼できないリンクをまたげるように、暗号化を行う機能が含まれています。

Weaveのアーキテクチャ及び機能に関する完全な情報は、公式のドキュメンテーション（**http://docs.weave.works/weave/latest_release/index.html**）を参照してください。

Weaveの焦点は、開発者に素晴らしい体験をもたらすことにあります。開発者は、最小限の手間で、ホスト間にわたってコンテナをネットワークに接続し、それらのコンテナを見つけられるようになるのです。

プラグインとしてのWeaveの実行

Weaveは、Dockerのプラグインフレームワークを使っても動作させることができます。実質的に、これはWeaveのプロキシコンテナを置き換えるということです。

本書の執筆時点では、この方法にはいくつかの制約があるので、本セクションで紹介した手順の方が望ましいでしょう。これは主に、必要な情報やフックをWeaveやその他のネットワーキングプラグインに提供する、ネットワーキングプラグインの作業が進行中であることに関係があります。例えば、現時点ではクラスタの再起動時に、Weaveが設定情報を失ってしまうという問題があります。

とはいえこれらの問題は、本書が出版されるまでには十分解決されているかも知れません。

11.5.3 Flannel

Flannel（**https://github.com/coreos/flannel**）は、CoreOSの複数のホストにわたるネットワーキングのソリューションです。Flannelは、主にCoreOSベースのクラスで使われていますが、他のスタックと合わせて使えない理由はありません。

Flannelは、各ホストにサブネットを割り当て、そのサブネットを使ってIPをコンテナに割り当てます。Flannelは、Kubernetes（「12.1.3 Kubernetes」参照）と共に使うことができます。その場合は、Flannelで各ポッドに対し、ユニークでルーティング可能なIPを割り振ることができます。Flannelは各ホスト上でデーモンを動作させ、それらのデーモンはetcd（「11.2.1 etcd」参照）から設定を取り出します。そのため、Flannelを使うクラスタは、あらかじめetcdを使うように設定されていなければなりません。Flannelは、以下を含むさまざまなバックエンドを使うことができます。

udp

デフォルトのバックエンドで、レイヤ2のネットワーキング情報がUDPパケットにカプセル化されて既存のネットワーク上を送信される、オーバーレイネットワークを形成します。

vxlan

VXLANを使ってネットワークパケットをカプセル化します。これはカーネル内で行われるので、ユーザー空間を通るUDPよりも潜在的に高速です。

aws-vpc

Amazon EC2上でのネットワークのセットアップのために使われます。

host-gw

リモートのIPアドレス群を使って、サブネットへのIPの経路をセットアップします。ホスト同士が、直接レイヤ2で通信できることが必要です。

gce

Google Compute Engine上でのネットワークのセットアップのために使われます。

Flannelを使い始めるのにあたって、やはりDocker Machineを使いますが、今回は少々複雑なことになります。Flannelのデーモンは、Dockerのエンジンが起動する前にネットワークブリッジの`flannel0`を設定しなければならないので、Flannelをコンテナとして動作させるのには、少し手間がかかるのです。Flannelを2番目のDockerデーモンで動作させるといったような、ちょっとクールなブートストラッピングを行うこともできますが、単純にFlannelをホスト上のプロセスとして動作させる方が簡単でしょう。加えて、Flannelはetcdにも依存するので、etcdもネイティブのプロセスとして動作させます。

Docker MachineでプロビジョニングされたVMは、Docker Machineによるさまざまな設定を取り消すことを含め、必要な設定作業が増えてしまうことから、本当はこのユースケースには適していないことは認めざるを得ません。とはいえ、これは自分のネットワークインフラストラクチャでFlannelを使い始める役に立つよう、知見を得るための練習です。

Flannelとetcdのバージョン

この例では、バージョン2.0.13のetcdと、バージョン0.5.1のFlannelを使っています。Flannelは開発のさなかにあるので、新しいバージョンを使う場合、差異があるかも知れません。

この例では、`flannel-1`と`flannel-2`という2つのホストをセットアップし、それぞれのホスト上のコンテナ同士が接続できることを確認します。まず、ホストとして動作する2つのVirtualBoxのVMをプロビジョニングしましょう。

```
$ docker-machine create -d virtualbox flannel-1
...
$ docker-machine create -d virtualbox flannel-2
...
$ docker-machine ip flannel-1 flannel-2
192.168.99.102
192.168.99.103
```

それぞれのマシンのIPアドレスを確認しておいてください。これらのアドレスは、次にflannel-1にインストールするetcdのセットアップに必要となります。ただし、その前にDockerデーモンを停止して、docker0ブリッジを削除しておかなければなりません。

```
$ docker-machine ssh flannel-1
...
docker@flannel-1:~$ sudo /usr/local/etc/init.d/docker stop
docker@flannel-1:~$ sudo ip link delete docker0
```

そして、etcdをダウンロードして展開します。

```
docker@flannel-1:~$ curl -sL https://github.com/coreos/etcd/releases/download/\
v2.0.13/etcd-v2.0.13-linux-amd64.tar.gz -o etcd.tar.gz
docker@flannel-1:~$ tar xzvf etcd.tar.gz
```

ここで、etcdを起動しましょう。いくつかの環境変数を使っておけば、読みやすくなります。

```
docker@flannel-1:~$ HOSTA=192.168.99.102
docker@flannel-1:~$ HOSTB=192.168.99.103
docker@flannel-1:~$ nohup etcd-v2.0.13-linux-amd64/etcd \
  -name etcd-1 -initial-advertise-peer-urls http://$HOSTA:2380 \
  -listen-peer-urls http://$HOSTA:2380 \
  -listen-client-urls http://$HOSTA:2379,http://127.0.0.1:2379 \
  -advertise-client-urls http://$HOSTA:2379 \
  -initial-cluster-token etcd-cluster-1 \
  -initial-cluster \
etcd-1=http://$HOSTA:2380,etcd-2=http://$HOSTB:2380 \
  -initial-cluster-state new &
```

nohupユーティリティは、ホストからのログアウト後もetcdを動作させ続けるために使っています。nohupは、ログをnohup.outというファイルに出力します。

これで、flannel-1にetcdをセットアップできました。flannel-2上で動作させるものが動き始めた後に、戻ってFlannelのインストールを完了させましょう。

```
docker@flannel-1:~$ exit
$ docker-machine ssh flannel-2
docker@flannel-2:~$ sudo /usr/local/etc/init.d/docker stop
```

```
docker@flannel-2:~$ sudo ip link delete docker0
docker@flannel-2:~$ curl -sL https://github.com/coreos/etcd/releases/\
download/v2.0.13/etcd-v2.0.13-linux-amd64.tar.gz -o etcd.tar.gz
docker@flannel-2:~$ tar xzvf etcd.tar.gz
```

etcdは、以前と同様に立ち上げます。ただし、IPは逆です。

```
docker@flannel-2:~$ HOSTA=192.168.99.102
docker@flannel-2:~$ HOSTB=192.168.99.103
docker@flannel-2:~$ nohup etcd-v2.0.13-linux-amd64/etcd \
  -name etcd-2 -initial-advertise-peer-urls http://$HOSTB:2380 \
  -listen-peer-urls http://$HOSTB:2380 \
  -listen-client-urls http://$HOSTB:2379,http://127.0.0.1:2379 \
  -advertise-client-urls http://$HOSTB:2379 \
  -initial-cluster-token etcd-cluster-1 \
  -initial-cluster \
etcd-1=http://$HOSTA:2380,etcd-2=http://$HOSTB:2380 \
  -initial-cluster-state new &
```

さあ、Flannelをダウンロードしましょう。

```
docker@flannel-2:~$ curl -sL https://github.com/coreos/flannel/releases/\
download/v0.5.1/flannel-0.5.1-linux-amd64.tar.gz -o flannel.tar.gz
docker@flannel-2:~$ tar xzvf flannel.tar.gz
```

次に、利用できるIPの範囲をFlannelに知らせるよう、etcdを設定しなければなりません。

```
docker@flannel-2:~$ ./etcd-v2.0.13-linux-amd64/etcdctl
                    set /coreos.com/network/config '{ "Network": "10.1.0.0/16" }'
```

それでは、Flannelのデーモンを立ち上げましょう。他のVMと通信できるよう、Flannelにインターフェイスとしてeth1を使うように指定しなければならないことに注意してください。

```
docker@flannel-2:~$ nohup sudo ./flannel-0.5.1/flanneld -iface=eth1 &
```

これで、Flannelが立ち上がりました。`ifconfig`を実行すれば、Flannelのブリッジが表示されるはずです。

```
docker@flannel-2:~$ ifconfig flannel0
flannel0 Link encap:UNSPEC HWaddr 00-00-00-00-00-00-00-00-00-00-00-00-00-00-...
            inet addr:10.1.37.0  P-t-P:10.1.37.0  Mask:255.255.0.0
            UP POINTOPOINT RUNNING NOARP MULTICAST  MTU:1472  Metric:1
            RX packets:4 errors:0 dropped:0 overruns:0 frame:0
            TX packets:4 errors:0 dropped:0 overruns:0 carrier:0
            collisions:0 txqueuelen:500
            RX bytes:216 (216.0 B)  TX bytes:221 (221.0 B)
```

Flannelの設定で指定された範囲内のアドレスが割り当てられていることに注意してください。

次にしなければならないのは、Flannelを使うよう、Dockerを設定することです。異なるVMイメージや、ベアメタルを使っているなら、Flannelに同梱されているスクリプトのmk-docker-opts.shを使って、Dockerエンジンを自動的に設定することができます。しかし、ここで使っているVirtualBoxのイメージにはbashが含まれていないので、この作業は単純に手作業で済ませましょう。まず、Flannelが作成してくれたファイルの/run/annel/subnet.envを見てみましょう。

```
docker@flannel-2:~$ cat /run/flannel/subnet.env
FLANNEL_SUBNET=10.1.79.1/24
FLANNEL_MTU=1472
FLANNEL_IPMASQ=false
```

Dockerデーモンの--bipフラグは、FLANNEL_SUBNETの値に、--mtuはFLANNEL_MTUの値に設定しなければなりません。これは、Dockerに対して、Flannelに接続するためのIPとMTU†を指定するためのものです。Dockerデーモンのフラグは、/var/lib/boot2docker/profileの中で設定しています。更新（VM内でsudo viで行います）後、このファイルは以下のようになっているでしょう。

```
docker@flannel-2:~$ cat /var/lib/boot2docker/profile

EXTRA_ARGS='
--label provider=virtualbox
--bip 10.1.79.1/24
--mtu 1472
'
CACERT=/var/lib/boot2docker/ca.pem
DOCKER_HOST='-H tcp://0.0.0.0:2376'
DOCKER_STORAGE=aufs
DOCKER_TLS=auto
SERVERKEY=/var/lib/boot2docker/server-key.pem
SERVERCERT=/var/lib/boot2docker/server.pem
```

これで、Dockerエンジンを再起動できます。

```
docker@flannel-2:~$ sudo /etc/init.d/docker start
hostname: flannel-2: Unknown host
Need TLS certs for flannel-2,,10.0.2.15,192.168.99.103
docker@flannel-2:~$ exit
```

最後に、これらのステップをflannel-1でも繰り返します。

† MTUは、Maximum Transmission Unitの略で、ネットワーク中を流れるデータパケットの大きさを制御します。

```
$ docker-machine ssh flannel-1
...
docker@flannel-1:~$ curl -sL https://github.com/coreos/flannel/releases/\
download/v0.5.1/flannel-0.5.1-linux-amd64.tar.gz -o flannel.tar.gz
v0.5.1/flannel-0.5.1-linux-amd64.tar.gz -o flannel.tar.gz
docker@flannel-1:~$ tar xzvf flannel.tar.gz
...
docker@flannel-1:~$ nohup sudo ./flannel-0.5.1/flanneld -iface=eth1 &
docker@flannel-1:~$ cat /run/flannel/subnet.env
FLANNEL_SUBNET=10.1.83.1/24 ❶
FLANNEL_MTU=1472
FLANNEL_IPMASQ=false
docker@flannel-1:~$ sudo vi /var/lib/boot2docker/profile
...
docker@flannel-1:~$ sudo /etc/init.d/docker start
hostname: flannel-1: Unknown host
Need TLS certs for flannel-1,,10.0.2.15,192.168.99.102
docker@flannel-1:~$ exit
```

❶ この値は、flannel-1とflannel-2がそれぞれ異なる範囲でコンテナのIPを割り当てるように、flannel-2の時とは異なる値にしなければなりません。

これですべてが動作するはずです。さあ、コンテナ同士が通信できることを確認しましょう。flannel-1でNetcatユーティリティを起動し、ポートを指定して接続を待ち受けましょう。

```
$ eval $(docker-machine env flannel-1)
$ docker run --name nc-test -d amouat/network-utils nc -l 5001
...
```

ネットワークツールのコンテナ

何かがうまくいっていないときに、ネットワークに関するさまざまな事柄をテストするのに、ネットワークツールをインストールしたイメージを持っておくと便利です。筆者は、そのために使えるように、amouat/network-utilsというイメージをセットアップしました。この中には、curl、Netcat、traceroute、dnsutilsといったものに加えて、REST APIから出力されるJSONを整形するためのjqもあります。
使用例をご覧ください。

```
$ docker run -it amouat/network-utils
root@7e80c9731ea0:/# curl -s https://api.github.com\
/repos/amouat/network-utils-container\
      | jq '. .description'
"Docker container with some network utilities"
```

それでは、Flannelがコンテナに割り当てたIPアドレスを調べてみましょう。

```
$ IP=$(docker inspect -f {{.NetworkSettings.IPAddress}} nc-test)
$ echo $IP
10.1.83.2
```

これが、以前に要求した範囲内に収まっていることに注意してください。さあ、flannel-2でNetcatを立ち上げて、nc-testコンテナへの接続をテストしてみましょう。

```
$ eval $(docker-machine env flannel-2)
$ docker run -e IP=$IP \
    amouat/network-utils sh -c 'echo -n "hello" | nc -v $IP 5001'
Unable to find image 'amouat/network-utils:latest' locally
...
Status: Downloaded newer image for amouat/network-utils:latest
Connection to 10.1.83.2 5001 port [tcp/*] succeeded!
```

そして、ログからnc-testコンテナを探してみれば、送信したメッセージが見つかります。

```
$ eval $(docker-machine env flannel-1)
$ docker logs nc-test
hello
```

さあ、どうでしょう。それぞれにIPが割り当てられたホスト間で、2つのコンテナが通信し合っています。多くの作業が必要だったように思えるかも知れませんが、これはクラスタに新たにホストが加わる場合、自動化できることでしょう。そして、CoreOSのスタックのユーザーは、何も手を加えずにそのままで、この自動化が行われることを期待できます。

とはいえ、まだidentidockは動作させることができていません。ホスト間にまたがるネットワーキングはできるようになりましたが、これまでに議論したSkyDNSのようなソリューションを必要とする、サービスディスカバリがまだありません。あるいは、etcdを使用するようにidentidockを書き換えなければならないのです。

11.5.4 Calicoプロジェクト

Calicoプロジェクト（これ以降、単にCalicoと書きます）は、ネットワーキングに対してやや異なるアプローチを取っています。これは、OSI参照モデル（**https://ja.wikipedia.org/wiki/OSI参照モデル**）の用語を使うと最も説明しやすいでしょう。OSI参照モデルでは、ネットワーキングを7つの概念的なレイヤに分割します。WeaveやFlannel（ここではUDPをバックエンドとして使っている場合を考えます）といった、他の多くのネットワーキングソリューションは、レイヤ2[†]のトラフィックを上位のレイヤにカプセル化することで、オーバーレイネットワークを構築し

† OSI参照モデルにおける「データリンク層」であり、MACアドレスが使われるレイヤです。

ます。Calicoはその代わりに、標準的なIPのルーティングやネットワーキングツールを使って、レイヤ3[†]のソリューションを提供します。

純粋なレイヤ3のソリューションの主要なメリットは、単純さと効率性です。Calicoの主な運用モードは、カプセル化が不要であり、所有企業が物理的なネットワークファブリックをコントロールできるようなデータセンター用に設計されています。Calicoネットワーク内でのルーティングは、データセンターの内部のルータや、外部につながっているルータを接続するのにBorder Gateway Protocol、すなわち広大なインターネットの大部分を支えている大切なプロトコルであるBGPを使い、確立されます。このアプローチのおかげで、Calicoはさまざまなレイヤ2及びレイヤ3の物理トポロジ上で動作できます。Calicoでは、外部との接続にNATを使う必要はありません。コンテナは、セキュリティのポリシーが許し、IPが利用できるのであれば、公開されているIPアドレスに直接接続できるのです。

Calicoのデメリットは、その主な動作モードが、ネットワークファブリックをユーザーがコントロールできないパブリッククラウド内では動作しないことです。それでもCalicoをパブリッククラウド内で使うことはできますが、通常は接続性を提供するために、IP-in-IPトンネリングを使わなければなりません。

もう1つ注目すべきなのは、Calicoのセキュリティモデルです。Calicoのセキュリティモデルでは、コンテナ同士の通信を、細かな粒度でコントロールすることができます。

experimentalに注意！

この例で使われているVMは、experimentalビルドのDockerを使っています。これはすなわち、**読者が使うバージョンは異なったものになる**だろうということです。読者が本書を読む時点では、Dockerの安定版のリリースがネットワークプラグインをサポートしているはずであり、みなさんはそちらを使うべきです。

ここでの説明を完全なものにしておくために、以下にこのサンプルを実行する上で使ったDigital OceanのVMをプロビジョニングしたコマンドを示しておきます。

```
$ docker-machine create -d digitalocean \
        --digitalocean-access-token=<token> \
        --digitalocean-private-networking \
        --engine-install-url \
          "https://experimental.docker.com" calico-1
...
$ docker-machine create -d digitalocean \
         --digitalocean-access-token=<token> \
         --digitalocean-private-networking \
         --engine-install-url \
           "https://experimental.docker.com" calico-2
...
$ docker-machine ssh calico-1
root@calico-1:~# docker -v
Docker version 1.8.0-dev, build 3ee15ac, experimental
```

† OSI参照モデルにおける「ネットワーク層」であり、IPv4やIPv6が使われるレイヤです。

また、マシンの 1 つに手作業で Consul をインストールしています。これは、Docker デーモンがネットワークの設定の詳細を共有するために必要になります。
本書が出版されるまでには、さまざまな変更が**間違いなく**行われるでしょう。ここでの例にも、多少の変更を加えなければならなくなるかも知れません。筆者と同じバージョンの Calico と Docker を使おうとはしないようにしてください。その代わりに、それぞれの最新の、サポートされている安定版をインストールしてください。

以下では、Docker Machine でプロビジョニングされた calico-1 と calico-2 という 2 つの VM がセットアップされており、お互いに <calico-1 ipv4> 及び <calico-2 ipv4> というアドレス（これらのアドレスは、インターネットからはアクセスできない内部的なものでもかまいません）で通信しあうことができるものとします。ここでは Digitail Ocean クラウドを使っていますが、他のクラウドでもほぼ同じようになるはずです。

最初にやらなければならないのは、各ホスト上で etcd をセットアップすることです。Calico は、etcd を使ってホスト間のネットワークに関する情報を共有します。

```
$ HOSTA=<calico-1 ipv4>
$ HOSTB=<calico-2 ipv4>
$ eval $(docker-machine env calico-1)
$ docker run -d -p 2379:2379 -p 2380:2380 -p 4001:4001 \
  --name etcd quay.io/coreos/etcd \
  -name etcd-1 -initial-advertise-peer-urls http://${HOSTA}:2380 \
  -listen-peer-urls http://0.0.0.0:2380 \
  -listen-client-urls http://0.0.0.0:2379,http://0.0.0.0:4001 \
  -advertise-client-urls http://${HOSTA}:2379 \
  -initial-cluster-token etcd-cluster-1 \
  -initial-cluster \
etcd-1=http://${HOSTA}:2380,etcd-2=http://${HOSTB}:2380 \
  -initial-cluster-state new
...
b9a6b79e42a1d24837090de4805bea86571b75a9375b3cf2100115e49845e6f3
$ eval $(docker-machine env calico-2)
$ docker run -d -p 2379:2379 -p 2380:2380 -p 4001:4001 \
  --name etcd quay.io/coreos/etcd \
  -name etcd-2 -initial-advertise-peer-urls http://${HOSTB}:2380 \
  -listen-peer-urls http://0.0.0.0:2380 \
  -listen-client-urls http://0.0.0.0:2379,http://0.0.0.0:4001 \
  -advertise-client-urls http://${HOSTB}:2379 \
  -initial-cluster-token etcd-cluster-1 \
  -initial-cluster \
etcd-1=http://${HOSTA}:2380,etcd-2=http://${HOSTB}:2380 \
  -initial-cluster-state new
...
2aa2d8fee10aec4284b9b85a579d96ae92ba0f1e210fb36da2249f31e556a65e
```

これでetcdが動作したので、Calicoをインストールしましょう。読者が本書を読む時点では、この手順は多少古くなってしまっているかも知れませんが、おおまかなステップは似ているはずです。まず、Calicoをダウンロードします。

```
$ docker-machine ssh calico-1
...
root@calico-1:~# curl -sSL -o calicoctl \
  https://github.com/Metaswitch/calico-docker/releases/download/v0.5.2/calicoctl
root@calico-1:~# chmod +x calicoctl
```

カーネルモジュールのxt_setをロードします。このモジュールは、Calicoが使っているiptablesの機能に必要です。

```
root@calico-1:~# modprobe xt_set
```

Calicoに対し、CalicoがアサインできるIPアドレスを教えてやらなければなりません。それには、pool addサブコマンドを使います。

```
root@calico-1:~# sudo ./calicoctl pool add 192.168.0.0/16 --ipip --nat-outgoing
```

--ipipフラグは、Calicoに対してホスト間のIP-in-IPトンネルのセットアップを指示しています。これは、ホストが直接レイヤ2の接続を持たない場合にのみ必要です。このコマンドは、1つのホストで実行するだけですみます。

次に、Dockerのネットワークプラグインを含む、Calicoのサービス群を立ち上げます。これは、コンテナとして動作させます。

```
root@calico-1:~# sudo ./calicoctl node --ip=<calico-1 ipv4>
WARNING: ipv6 forwarding is not enabled.
Pulling Docker image calico/node:v0.5.1
Calico node is running with id: d72f2eb6f10ea24a76d606e3ee75bf...
```

そして、もう1つのホストも同じようにセットアップします。

```
$ docker-machine ssh calico-2
...
root@calico-2:~# curl -sSL -o calicoctl
https://github.com/Metaswitch/calico-docker\
/releases/download/v0.5.2/calicoctl
root@calico-2:~# chmod +x calicoctl
root@calico-2:~# modprobe xt_set
root@calico-2:~# sudo ./calicoctl node --ip=<calico-1 ipv4>
WARNING: ipv6 forwarding is not enabled.
Pulling Docker image calico/node:v0.5.1
```

```
Calico node is running with id: b880fac45feb7ebf3393ad4ce63011a2...
root@calico-2:~#
```

さあ、もう一度identidockを立ち上げることができるようになりました。まず、calico-2で引数として--publish-service redis.anet.calicoを指定してRedisを立ち上げましょう。これで、"anet"というCalicoのネットワークと、"redis"というサービスが新しく生成されます。

```
root@calico-2:~# docker run --name redis -d \
        --publish-service redis.anet.calico redis:3
    ....
    6f0db3fe01508c0d2fc85365db8d3dcdf93edcdaae1bcb146d34ab1a3f87b22f
```

ここでcalico-1にログインすれば、同じネットワークに接続し、Redisのコンテナにアクセスできます。

```
root@calico-2:~# exit
$ docker-machine ssh calico-1
root@calico-1:~# docker run --name redis-client \
        --publish-service redis-client.anet.calico \
        redis:3 redis-cli -h redis ping
...
PONG
```

さあ、dnmonsterとidentidockのコンテナを、同じネットワーク上で立ち上げましょう。

```
root@calico-1:~# docker run --name dnmonster \
        --publish-service dnmonster.anet.calico -d amouat/dnmonster:1.0
...
fba8f7885a2e1700bc0e263cc10b7d812e926ca7447e98d9477a08b253cafe0
root@calico-1:~# docker run --name identidock \
        --publish-service identidock.anet.calico -d amouat/identidock:1.0
...
589f6b6b17266e59876dfc34e15850b29f555250a05909a95ed5ea73c4ee7115
```

うまくいっているかどうか、確認しましょう。

```
root@calico-1:~# docker exec identidock curl -s localhost:9090
<html><head><title>Hello...
```

素晴らしいです。これで、Calicoと合わせてidentidockを動かすことができました。identidockにはコンテナからアクセスしましたが、これはクライアントがCalicoのネットワーク上にいなければならないためです。もちろん、このアプリケーションを公開インターネットのような、他のネットワークに対して公開することもできますが、それには多少の作業が必要であり、その作業の内容も変化していくものと思われます。そのため、ここではその内容は取り上げません。

舞台裏では、この動作を実現するために動いているピースがいくつかあります。

etcd
: ホストやコンテナに関する情報の保存と配布を行います。

BIRD
: BIRD Internet Routing Daemon（あるいは単にBIRD）[†]は、ホストやコンテナ間のIPトラフィックを、BGPを使ってルーティングします。

Felix
: Felixは、各コンピュートホスト上で動作するCalicoのエージェントで、etcd中のデータを使い、ローカルのネットワークポリシーを設定します。

Calico プラグイン
: Dockerコンテナの生成時のネットワーク接続のセットアップを受け持ち、その内容をetcdに記録します。

Calicoは現時点で、大企業のプライベートクラウドのように、ネットワークファブリックを組織がコントロールしている状況において、VMやコンテナのための効率的で、比較的シンプルなネットワークの機能を提供することに焦点を当てています。同時に、Calicoプラグインは、同一のパブリッククラウド上で動作しているコンテナ群に対し、比較的効率的でシンプルなネットワーキングソリューションを提供しようとしています。

11.6 まとめ

サービスディスカバリは、多くの場合、現代的な動的分散システムに欠かせない機能です。コンテナとサービスは、要求や障害に応じて、常に変化し、停止され、起動され、移動されます。こうした環境下では、接続の経路変更のための手作業が必要になるようなソリューションは、単純にうまくいかないのです。

本章で見てきたサービスディスカバリのソリューションの多くは、DNSベースのルックアップをサポートしていました。この場合、クライアントは単純にサービスを名前で特定し、適切なインスタンスへのルーティングは、システムが面倒を見てくれます。これは、クライアント側から見た場合の単純さと、既存のアプリケーションやツールのサポートという点で素晴らしいことですが、非常に動的なシステムの場合、DNSはむしろ問題になります。DNSのレスポンスはキャッシュされることが多いので、サービスのホストが変わった場合に、遅延とエラーにつながります。ロードバランスは、通常は良くてもラウンドロビンに過ぎず、それが理想的であることはほとんどありません。加えて、クライアントは潜在的なサービス間の選択のために独自のロジックを持とうとすることがあります。この場合、もっと機能豊富なAPIを使う方が、はるかにシンプルになります。

† 筆者が知る限り、BIRDのBは再帰的で面倒な流儀でBIRDそのものを指している以外は、何ものも指してはいません。

使用するサービスディスカバリのツールの選択は、ユースケースに強く依存します。多くのプロジェクトでは、ソフトウェアの要求や、既存のプラットフォームのツール群（例えばMesosはZooKeeperを、GKEはetcdを使います）のために、すでに関連ツールが使われています。そういった場合には、新しいツールを環境に取り入れるよりは、すでにあるものを使う方が理にかなっているでしょう。etcd（あるいはetcdとSkyDNS）とConsulを天秤にかけるのは、さらに難しいことです。どちらも比較的新しいプロジェクトですが(etcdの方がわずかに古い)、しっかりしたアルゴリズムを基盤としています。Consulには、デフォルトでDNSのサポートや、いくつかの高度な機能が含まれているので、それが決め手になることもしばしばあるでしょう。Consulに比べれば、etcdは間違いなく「自己主張」が強くはありませんが、より高度なキーバリューストアを持っているので、カスタマイズが多く求められるようなシナリオにおいては、こちらを選択する方が良いこともあるでしょう。ConsulとSkyDNSのDNSサポートは、サービスを見つけるためにAPIを使う場合や、すでに名前解決の機能を提供するネットワーキングソリューションがある場合には、それほど重要ではないかも知れません。

ネットワーキングのソリューションの選択は、さらに難しい作業です。これは主に、この領域がまだ成熟していないことによります。今後の数ヶ月で、さらに多くのソリューションが利用できるようになり（特にネットワーキングプラグインという形で）、それらの違いもはっきりすることでしょう。現時点では、筆者はこれらのソリューションのパフォーマンスやスケーラビリティのテストには乗り出していません。これは将来、ベンダーが最適化に取り組み、特定のユースケースにソリューションを最適化すれば、数値が大きく変わってしまうと考えられるためです。とはいえ、現時点で利用できるソリューションを見る限り、以下のことは言えるでしょう。

- DockerのOverlayネットワークは、開発用としては最も使われるソリューションになりそうです。これは単純に、それが「内蔵バッテリ」の選択肢だからです。今後の安定度と効率性によっては、Overlayネットワークはクラウド上の小規模な動作環境にも適した選択肢になるかもしれません。

- Weaveは、使いやすさと開発者の体験に強くフォーカスしているので、開発用としてのもう1つの優れた選択肢です。Weaveには、暗号化やファイアウォールのトラバーサルといった機能も含まれているので、動作環境が複数のクラウドにまたがるような状況では、非常に魅力的でしょう。

- Flannelは、CoreOSのスタックで使われており、さまざまなシナリオに適したバックエンドを使うことができます。本書の執筆時点では、Flannelは開発時に使うには必要な作業が多すぎるかも知れません（ただしこれは、プラグインの開発が進めば変わるでしょう）が、実働環境のシナリオによっては、効率的でシンプルなソリューションを提供できます。

- Calioプロジェクトの主要なターゲットは、組織内のネットワークファブリックをコントロールできるような、大企業やデータセンターです。そういった場合には、Calicoプロジェクトのレイヤ3のアプローチは、シンプルで効率的なソリューションを提供できます。とはいえ、Calicoプロジェクトのネットワークプラグインは、簡単に使えて比較的高速なように見受けられるので、潜在的には、開発時や単一クラウドでの動作環境においても、魅力的な選択肢になる可能性があります。

- 独自のソリューションを使う方法もあります。環境によっては、運用チームが効率的な要素の結合方法を正確に把握していることがあります。そういった場合には、独自のネットワーキングプラグインを作成するか、pipeworkのようなツールを使い、専用の結合方法を取ることもできます。また、コンテナやホストのネットワークの動作モードを使って、Dockerブリッジや NATルールのオーバーヘッドを取り除きながら、コンテナにIPアドレスを共有させることもできるかも知れません。

ここで、正しい選択肢がどれになるのかは、個々のユースケースにおける必要性や、使用しているプラットフォームに強く依存します。特定のソリューションが、他のソリューションに比べてはっきりと高速に動作したり、低速に動作したりすることがわかるかも知れません。あるいは、他のソリューションでは実現できないユースケースが、特定のソリューションなら実現できることもあるでしょう。何よりも良いのは、自分のアプリケーションが動作する状況を複製して、さまざまなソリューションを実際にテストしてみることです。

12章 オーケストレーション、クラスタリング、管理

多くのソフトウェアシステムは、時間と共に進化していきます。新しい機能が追加され、古い機能は整理されていきます。ユーザーの要求が変化するということは、効率的なシステムは、素早くリソースのスケールアップやダウンを行えなければならないということです。ほとんどダウンタイムが生じないようにする必要があるということは、事前にプロビジョニングしておいたバックアップシステムへのフェイルオーバーは自動的に行えなければならないということです。しかも通常、このバックアップシステムは、独立したデータセンターやリージョンにおかれます。

このことを踏まえた上で、組織はしばしば、そういった複数のシステム上で、メインのシステムからは独立しながらも、かなりのリソースや、既存のシステムとの通信を必要とする、データマイニングのようなタスクを時おり実行しなければならないことがあります。

複数のリソースを使う場合、それらが遊ぶことなく、効率的に使われるようにしながら、要求のスパイクにも対応できるようにすることが重要です。高速なスケール能力に対して、コスト効率のバランスを取ることは難しいタスクですが、アプローチにはさまざまな方法があります。

こういったことが意味するのは、単純ではないシステムの運用には、大量の管理タスクや課題があり、それらの複雑さを過小評価してはならないということです。個人のレベルでマシンの面倒を見るのは、すぐに不可能になります。一つ一つマシンにパッチを当てたり更新するのではなく、すべてのマシンを同じように扱わなければなりません。マシンに問題が生じたなら、それを健全な状態に回復させるのではなく、廃棄して置き換えるべきなのです†。

こうした課題の解決を支援し、以下のそれぞれの領域を多少なりともカバーするような、さまざまなソフトウェアツールやソリューションが存在します。

クラスタリング

「ホスト」をグループ化し、ホスト同士をネットワークで接続します。ホストは仮想マシンのこともあれば、ベアメタルのこともあります。クラスタは、別々のマシンのグループというよりは、単一のリソースのように見えます。

† これらのアプローチの違いは、しばしば「ペットと家畜」として知られています。

オーケストレーション

さまざまな作業をとりまとめることです。適切なホストでコンテナ群を起動し、接続します。オーケストレーションのシステムには、スケーリング、自動フェイルオーバー、ノードのリバランスなどをサポートするものがあります。

管理

システムの監視機能を提供し、さまざまな管理タスクをサポートします。

まず、Dockerエコシステム中のオーケストレーションとクラスタリングの主要なツールとして、Swarm、fleet、Kubernetes、Mesosを見ていきましょう。Swarmは、Dockerネイティブのクラスタリングソリューションであるとともに、特にDocker Composeと合わせて使われる場合には、オーケストレーションにもかなり対応します。fleetは、CoreOSが使用している低レベルのクラスタリング及びスケジューリングシステムです。Kubernetesは、デフォルトでフェイルオーバーやスケーリングの機能が組み込まれているオーケストレーションソリューションであり、高レベルである同時にやや個性的でもあり、他のクラスタリングソリューション上で動作できます。Mesosは低レベルのクラスタリングソリューションであり、高レベルの「フレームワーク」と合わせて動作することによって、クラスタリングとオーケストレーションのための頑健で完結したソリューションを提供します。

続いて、Rancher、Clocker、Tutumといった「コンテナ管理プラットフォーム」を見ていきましょう。これらは、ホスト群にまたがるコンテナシステムを管理するためのインターフェイス（GUIとCUIの両方）を提供します。通常これらのプラットフォームは、これまで見てきた、例えばオーバーレイネットワーキングソリューション群のようなビルディングブロックを使いますが、そういったブロックが組み込まれた、統合された製品として提供されています。

本章のコードは、本書のGitHubから入手できます（https://github.com/using-docker/orchestration）。
本章のコードは、以下のようにすればチェックアウトできます。

```
$ git clone -b \
  https://github.com/using-docker/orchestration/
...
```

あるいは、コードを直接本書のGitHubプロジェクトからダウンロードすることもできます。

12.1 クラスタリングとオーケストレーションのツール

本セクションでは、Swarm、fleet、Kubernetes、Mesosといった、Dockerで利用できる主要なクラスタリングとオーケストレーションのツールを調べていきます。それぞれのツールについて、特徴的な機能を見ていくと共に、identidockの例を動作させる上で、どのように利用できるのかを見ていきましょう。

12.1.1 Swarm

Swarm（**https://docs.docker.com/swarm/**）は、Dockerネイティブのクラスタリングツールです。Swarmは、Dockerの標準APIを使っており、通常のdocker runコマンドを使ってコンテナを起動すれば、そのコンテナを実行するのに適切なホストの選択は、Swarmが面倒を見てくれます。これはまた、Composeやbespokeスクリプトといった Dcoker APIを使う他のツールは、変更なしにSwarmを利用でき、単一のホストではなく、クラスタを使うメリットを活かせるということでもあります。

Swarmの基本的なアーキテクチャは、とても単純明快です。各ホストはSwarm**エージェント**を動作させ、1つのホストはSwarm**マネージャ**を動作させます（小規模なクラスタであれば、このホストでエージェントも動作させてもかまいません）。このマネージャは、ホスト群で動作するコンテナのオーケストレーションとスケジューリングを受け持ちます。Swarmは、etcd、Consul、ZooKeeperを使ってバックアップのマネージャへのフェイルオーバーを行う、高可用性モードで動作させることもできます。ホストの発見やクラスタへの追加の方法は複数用意されており、それらはSwarmでは「ディスカバリ」と呼ばれます。デフォルトで使用されるのは**トークン**ベースのディスカバリであり、この場合ホストのアドレスはDocker Hubに保存されたリストに格納されます。

本書の執筆時点では、Swarmのバージョンは0.4であり、開発が続けられています[†]。注意すべきなのは、ホスト群にまたがるネットワーキングがないことで、そのためリンクされたコンテナ同士は、同じホスト上で動作しなければなりません。ただしこの問題は、本書の出版時点では対応済みになっていることでしょう。ホスト間のネットワーキングは、開発中のネットワーキングプラグインを組み込むことによって提供されるでしょう。

Swarmを手早く使い始める方法として、VMで小さなクラスタをセットアップしてみましょう。VMの生成にはDocker Machineを使い、コンテナのリンクには、Swarmのデフォルトであるトークンベースのディスカバリを使います。まず、このクラスタのためのトークンを、swarm createで作成します。

```
$ SWARM_TOKEN=$(docker run swarm create)
$ echo $SWARM_TOKEN
26a4af8d51e1cf2ea64dd625ba51a4ff
```

これで、マネージャ（マスターともいいます）ホストを作成できます。

```
$ docker-machine create -d virtualbox \
        --engine-label dc=a \
        --swarm --swarm-master \
        --swarm-discovery token://$SWARM_TOKEN \
        swarm-master
```

† 訳注：翻訳時点では1.2.2が最新になっています。0.4の次が1.0になり、その後も開発が活発に進んでおり、複数ホストにまたがるネットワークもサポートされました（https://blog.docker.com/2015/11/docker-multi-host-networking-ga/）。

```
Creating VirtualBox VM...
Creating SSH key...
Starting VirtualBox VM...
Starting VM...
To see how to connect Docker to this machine, run: docker-machine env swarm-ma...
```

Docker Machineは、swarm-masterという新しいvirtualboxのVMを作成し、先ほど生成したトークンを使ってこのVMをSwarmクラスタにアタッチしました。また、このホスト上のDockerエンジンには、dc=aというラベルもアタッチされていますが、その理由は後ほど明らかになります。次に、クラスタを構成するために、swarm-1とswarm-2というVMを作成します。

```
$ docker-machine create -d virtualbox \
    --engine-label dc=a \
    --swarm \
    --swarm-discovery token://$SWARM_TOKEN \
    swarm-1
...
$ docker-machine create -d virtualbox \
    --engine-label dc=b \
    --swarm \
    --swarm-discovery token://$SWARM_TOKEN \
    swarm-2
...
```

swarm-1にdc=a、swarm-2にdc=bというラベルを付けていることに注意してください。

Hub APIを見てみれば、これらのノードがクラスタに追加されたことを、自分で確かめてみることができます。

```
$ curl https://discovery-stage.hub.docker.com/v1/clusters/$SWARM_TOKEN
["192.168.99.103:2376","192.168.99.102:2376","192.168.99.101:2376",
"192.168.99.100:2376"]
```

表示されたIPは、作成したVMのアドレスです。これらのIPは、Swarmマネージャからアクセスできれば十分です。同じ情報は（ディスカバリの方法にかかわらず）swarm listコマンドを発行すれば得られます。そうするために、Swarmのバイナリをダウンロードするという方法もありますが、最も簡単なのは、トークンを作成したときと同じように、単純にSwarmのイメージをダウンロードすることでしょう。

```
$ docker run swarm list token://$SWARM_TOKEN
192.168.99.108:2376
192.168.99.109:2376
192.168.99.107:2376
```

作成したシンプルなクラスの図を、図12-1に示します。dc=aとdc=bというラベルは、それぞれデータセンターAとデータセンターBを示しているつもりです。ノートPC上で動作している2つのVMとデータセンターとの間に共通することと言っても、それは羽虫とジャンボジェットとの共通点と同じ程度のことしかありませんが、それでもこの例では十分に役立ちます。さらには、ほとんど同じようなコマンドを使って、強力なクラウドのリソースをクラスタに追加することも簡単にできるのです。

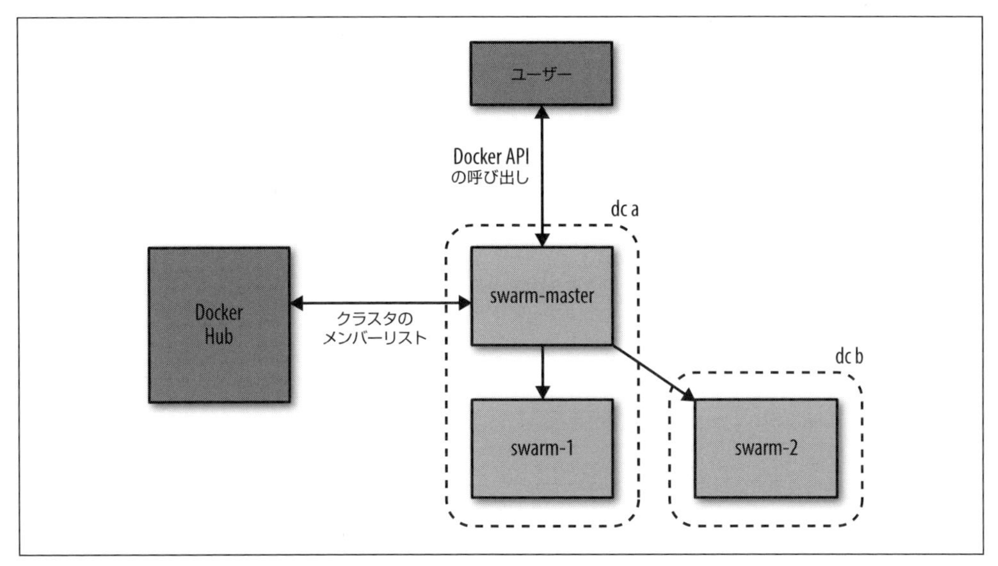

図12-1　Swarmのクラスタの例

Swarmのディスカバリ

デフォルトのトークンベースのディスカバリは、手早く使い始める上では非常に役立ちますが、大きな欠点があります。すなわち、すべてのホストがDocker Hubにアクセスできなければならないため、そこが単一障害点になってしまうのです。

ディスカバリの仕組みとしては、他にも単純にIPアドレスのリストをDockerマネージャに渡す方法や、etcd、Consul、ZooKeeperといった分散ストアを使う方法などがあります。

利用可能なディスカバリの方法に関する完全な情報は、公式ドキュメンテーション（https://docs.docker.com/swarm/discovery/）を参照してください。

手元のDockerクライアントを、Swarmのマスターに接続して、`docker info`の出力内容を見てみましょう。

```
$ eval $(docker-machine env --swarm swarm-master)
$ docker info
Containers: 4
Images: 3
Role: primary
Strategy: spread
Filters: affinity, health, constraint, port, dependency
Nodes: 3
 swarm-1: 192.168.99.102:2376
  └ Containers: 1
  └ Reserved CPUs: 0 / 1
  └ Reserved Memory: 0 B / 1.022 GiB
  └ Labels: dc=a, executiondriver=native-0.2, ...
swarm-2: 192.168.99.103:2376
  └ Containers: 1
  └ Reserved CPUs: 0 / 1
  └ Reserved Memory: 0 B / 1.022 GiB
  └ Labels: dc=b, executiondriver=native-0.2, ...
 swarm-master: 192.168.99.101:2376
  └ Containers: 2
  └ Reserved CPUs: 0 / 1
  └ Reserved Memory: 0 B / 1.022 GiB
  └ Labels: dc=a, executiondriver=native-0.2, ...
CPUs: 3
Total Memory: 3.065 GiB
```

これで、クラスタに関する詳細情報がある程度わかります。そして、先ほど作成した3つのホスト（Swarmの用語では「ノード」）があることもわかります。各ノードは、Swarmエージェントのコンテナを実行しており、このエージェントによってノードはクラスタに接続されます。swarm-masterノードでは、クラスタを管理するためのSwarmのマスターコンテナが動作しています。実働環境では、マスターが動作しているノードでエージェントも実行することは、お勧めできません（これはフェイルオーバーの問題のためです）が、ここでのデモンストレーション程度であれば、問題はありません。

さあ、クラスタをテストしてみましょう！

```
$ docker run -d debian sleep 10 ❶
ebce5d18121002f35b2666da4dd2dce189ece9573c8ebeba531d85f51fbad8e8
$ docker ps
CONTAINER ID  IMAGE   COMMAND    ... NAMES
ebce5d181210  debian  "sleep 10" ... swarm-1/furious_bell
```

❶ このコマンドは、debianのイメージのダウンロードを行うので、少し時間がかかります。Swarmクラスタと通信している場合は、進行中のダウンロードの様子の更新は行われません。

コンテナが作成され、swarm-1で自動的にスケジューリングされたことがわかります。これはやや影が薄いことのように思えるかも知れませんが、とてもすっきりしています。舞台裏では、Swarmがユーザーからのリクエストを受け付け、クラスタを分析し、リクエストを最も適切なホストにフォワードしているのです。

フィルタ

フィルタは、コンテナの実行に使えるノードを制御します。デフォルトで適用されるフィルタには、いくつかの種類があります。nginxのコンテナをいくつか起動してみれば、デフォルトのフィルタの動作例を見ることができます。

```
$ docker run -d -p 80:80 nginx
6d571c0acaa926cea7194255617dcd384375c105b0285ef657c911fb59c729ce
$ docker run -d -p 80:80 nginx
7b1cd5dade7de5bed418d360c03be72d615222b95e5f486d70ce42af5f9e825c
$ docker run -d -p 80:80 nginx
ab542c443c05c40a39450111ece852e9f6422ff4ff31864f84f2e0d0e6697605
$ docker ps
CONTAINER ID  IMAGE ... PORTS                               NAMES
ab542c443c05  nginx     192.168.99.102:80->80/tcp, 443/tcp  swarm-1/mad_eng...
7b1cd5dade7d  nginx     192.168.99.101:80->80/tcp, 443/tcp  swarm-master/co...
6d571c0acaa9  nginx     192.168.99.103:80->80/tcp, 443/tcp  swarm-2/elated_...
```

Swarmが、それぞれのnginxコンテナを別々のホストに配置していることに注意してください。4番目のコンテナを起動しようとすると、どうなるでしょうか？

```
$ docker run -d -p 80:80 nginx
Error response from daemon: unable to find a node with port 80 available
```

portフィルタはデフォルトで動作しており、ノードの空いているポートへのホスト上の特定のポートの割り当てを要求するコンテナをスケジューリングします。4番目のコンテナを起動した時点で、80番ポートが空いているホストがないので、Swarmはリクエストを拒否しました。

constraintフィルタを使うと、指定されたキー/バリューペアにマッチするノード群を選択できます。以前にホストに割り当てておいたラベルを使えば、このフィルタの動作を見ることができます。

```
$ docker run -d -e constraint:dc==b postgres
e4d1b2991158cff1442a869e087236807649fe9f907d7f93fe4ad7dedc66c460
$ docker run -d -e constraint:dc==b postgres
704261c8f3f138cd590103613db6549da75e443d31b7d8e1c645ae58c9ca6784
$  docker ps
CONTAINER ID       IMAGE     ...  NAMES
704261c8f3f1       postgres       swarm-2/berserk_yalow
e4d1b2991158       postgres       swarm-2/nostalgic_ptolemy
```

どちらのコンテナも、dc=bというラベルを持つ唯一のホストであるswarm-2に割り当てられています。さらに確認してみるために、constraint:dc==aやconstraint:dc!=bというフィルタも使ってみましょう。

```
$ docker run -d -e constraint:dc==a postgres
62efba99ef9e9f62999bbae8424bd27da3d57735335ebf553daec533256b01ef
$ docker ps
CONTAINER ID        IMAGE     ... NAMES
62efba99ef9e        postgres      swarm-master/dreamy_noyce
704261c8f3f1        postgres      swarm-2/berserk_yalow
e4d1b2991158        postgres      swarm-2/nostalgic_ptolemy
...
```

このコンテナが、dc=aというラベルを持つswarm-masterにスケジューリングされたことがわかります。

constraintフィルタは、ホスト名、ストレージドライバ、オペレーティングシステムといった、ホストのさまざまなメタデータでのフィルタリングにも使うことができます。

constraintフィルタでの制約を使えば、特定の地域にあるホスト（例えばconstraint:region!=europe）や、特定のハードウェアを持つホスト（例えばconstraint:disk==ssdあるいはconstraint:gpu==true）でのコンテナの起動ができることがわかるでしょう。

その他にも、以下のようなフィルタがあります。

health

「健全な」状態のホストにのみコンテナをスケジューリングします。

dependency

依存するコンテナ群（例えばボリュームを共有していたり、リンクしていたりするコンテナ群が同じホストに配置される）を同時にスケジューリングします。

affinity

このフィルタを使うと、コンテナと他のコンテナやホストとの間に「引力」（attractions）を定義できます。例えば、ある既存のコンテナの隣にコンテナをスケジューリングしたり、指定されたイメージをすでに持っているホスト上で動作するようにコンテナをスケジューリングすることができます。

> **Constraint 及び Affinity を表現する構文**
>
> affinity 及び constrait フィルタの表現には、演算子として `==`（ノードが値にマッチしなければならない）と `!=`（ノードは値にマッチしてはならない）を使うことができます。
> これらの表現では、正規表現やグロビングのパターンも使えます。例をご覧ください。
>
> ```
> $ docker run -d -e constraint:region==europe* postgres ❶
> $ docker run -d -e constraint:node==/swarm-[12]/ postgres ❷
> ```
>
> ❶ `europe` で始まるリージョンのラベルを持つホストで実行されます。
>
> ❷ `swarm-1` もしくは `swarm-2` という名前（ただし `swarm-master` は対象外）のホストで実行されます。
>
> 加えて、値の前に ~ をおくことによって、「ソフト」な制約やアフィニティを指定することもできます。そうした場合、スケジューラはルールを満たそうとしますが、そうできなかった場合でも、完全に失敗するのではなく、ルールにマッチしないリソース上でコンテナを実行します。例をご覧ください。
>
> ```
> $ docker run -d -e constraint:dc==~a postgres
> ```
>
> この場合、最初に `dc=a` というラベルを持つホストでコンテナを実行しようとしますが、そういいったホストが利用できなかった場合でも、他のホストでコンテナは実行されます。

実行戦略

フィルタの制約をかけた後、利用できるホストが複数あった場合、Swarm はどのようにコンテナを実行するホストを選択するのでしょうか？ それは、選択された**実行戦略**（Strategies）によります。利用できる実行戦略は、以下の通りです。

spread
: **最も負荷のかかっていない**ホストにコンテナを配置します。

binpack
: **最も負荷がかかっていて、**それでも容量に空きがあるホストにコンテナを配置します。

random
: **ランダム**にホストを選択してコンテナを配置します。

`spread` を使うと、コンテナはホスト間で平等に配分されることになります。このアプローチの大きな利点は、ホストがダウンした場合に、影響を受けるコンテナ数が制限されることです。`binpack` は、ホストにできる限り詰め込むことになるので、マシンの利用状況が最適化されることになります。`random` は、主にデバッグを目的としたものです。

現時点では、Swarmが最も役に立つのは、数十から数百台のホストで構成される小規模から中規模の環境です。Swarmを大規模なクラスタで使いたいのであれば、SwarmとMesosの組み合わせを調べてみてください。この組み合わせでは、SwarmのAPIによるMesosのインフラストラクチャ上でのコンテナの起動がサポートされ、数万台のホストにまでスケールしても、信頼性が保てることが示されています。

VMの削除

本章では、Docker Machineを使って大量のVMを作成します。これらのVMは大量のリソースを使うので、例の実行を終えたら、停止して削除しておくことが重要です。これは、Machineのコマンドで簡単にできます。

```
$ docker-machine stop swarm-master
$ docker-machine rm swarm-master
Successfully removed swarm-master
```

Swarmの主要なメリットは、Docker APIの呼び出しをそのまま使っているだけだということです。すなわち、他のクラスタへ大量の負荷やアプリケーションを移したり、複数のクラスタにまたがって動作させたりすることができるのです。MesosあるいはKubernetesを使う場合、アーキテクチャのポーティングはもっと難しいことになるでしょう。

12.1.2 fleet

fleet（**https://coreos.com/fleet/**）は、CoreOSのクラスタ管理ツールです。fleetは「低レベルのクラスタエンジン」を自称しています。すなわち、Fleetが目標としているのは、Kubernetesのような高レベルのソリューションのための「基盤レイヤ」を形成することです。

fleetで最も特徴的なことは、それがsystemd（**https://wiki.freedesktop.org/www/Software/systemd/**）の上に構築されていることです。systemdが提供しているのは、単一のマシン上のシステムやサービスの初期化の機能ですが、fleetはそれを複数マシンから構成されるクラスタにまで拡張します。fleetは、systemdのユニットファイル群を読み取り、単一のマシン、もしくはクラスタ内のマシン群へのスケジューリングを行います。

fleetの技術的なアーキテクチャを**図12-2**に示します。それぞれのマシンは、**エンジンエージェント**を実行します。1つのクラスタ内で、ある時点でアクティブなエンジンは1つだけですが、エージェントはすべて常時動作します（図中では、アクティブなエンジンはマシンとは別に描かれていますが、これはいずれかのマシン上で動作しています）。systemdのユニットファイル（以下**ユニット**と呼びます）はエンジンに投入され、エンジンはそのジョブを「最も負荷の低い」マシンにスケジューリングします。通常、ユニットファイルは単純にコンテナを動作させるだけのものです。エージェントは、ユニットの起動と状態のレポートを受け持ちます。マシン間の通信と、クラスタとユニットの状態の保存には、etcdが使われます。

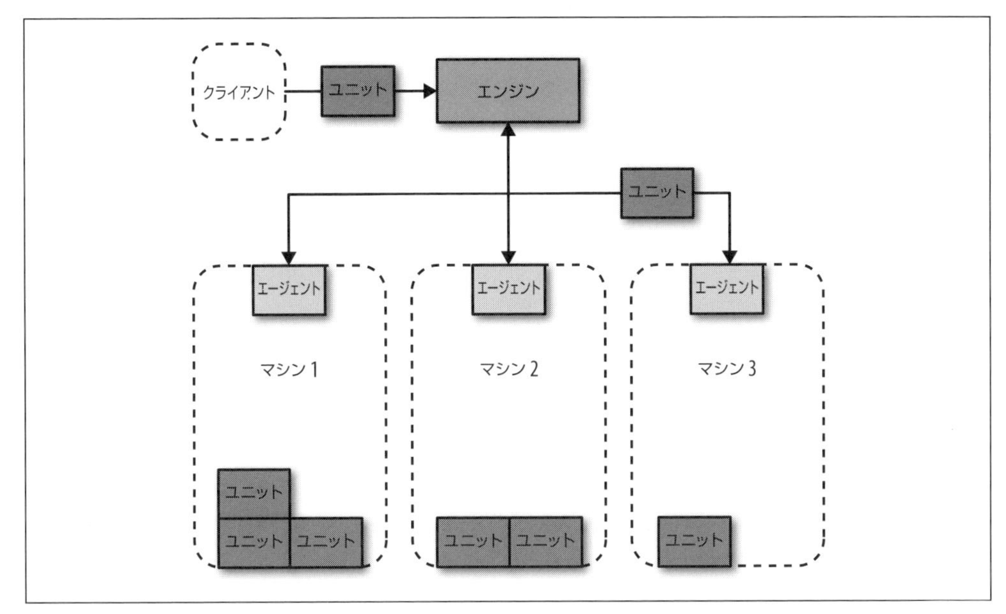

図12-2 fleetのアーキテクチャ

このアーキテクチャは、耐障害性を持つように設計されています。すなわち、一台のマシンがダウンしても、そのマシンにスケジューリングされたユニットは、新しいホストで再起動されることになります。

fleetは、さまざまなスケジューリングのヒントや制約をサポートしています。最も基本的なレベルでは、ユニットは**グローバル**にスケジューリングできます。これは、あるインスタンスがすべてのマシン上で動作するか、あるいは1つのユニットが1つのマシン上で動作するというものです。グローバルなスケジューリングは、例えばロギングやモニタリングといったタスクを行うユーティリティコンテナの場合、非常に役立ちます。**アフィニティ**も、さまざまな種類がサポートされているので、例えばヘルスチェックを行うコンテナが、常にアプリケーションサーバーの隣で実行されるようにスケジューリングすることができます。ホストにメタデータをアタッチして、スケジューリングに利用することもできるので、例えば指定したリージョンに属しているホストや、特定のハードウェアを持っているハードウェアを持っているホストでコンテナを動作させることができます。

fleetはsystemdを基盤としているので、**ソケットアクティベーション**という考え方（すなわち指定されたポートへの接続に対してコンテナを立ち上げる）もサポートしています。この考え方の主なメリットは、何かが起こるのを待って待機し続けるのではなく、プロセスを必要なときに生成できるということです。ソケットの管理に関しては、コンテナの再起動間のメッセージを失うことがないといった、他のメリットもあり得るでしょう。

それでは、fleetのクラスタ上でidentidockを動作させてみましょう。この例のために、3つの

VMを立ち上げるVagrantのテンプレートを含むGitHubのプロジェクトを作成してあります。

```
$ git clone https://github.com/amouat/fleet-vagrant
...
$ cd fleet-vagrant
$ vagrant up
...
$ vagrant ssh core-01 -- -A
CoreOS alpha (758.1.0)
```

これで、CoreOSが動作する3つのVMで構成されるクラスタが立ち上がります。このクラスタには、あらかじめFlannel(「11.5.3 Flannel」参照)とfleetがインストール済みです。fleetのコマンドラインツールであるfleetctlを使えば、クラスタ内のマシン群のリストを取ることができます。

```
core@core-01 ~ $ fleetctl list-machines
MACHINE    IP     METADATA
16aacf8b... 172.17.8.103  -
39b02496... 172.17.8.102  -
eb570763... 172.17.8.101  -
```

まず、DNSベースのサービスディスカバリのためのSkyDNS(「11.2.2 SkyDNS」参照)をインストールしましょう。こういった一般的なサービスをクラスタの全ノードにインストールしておくのは理にかなっているので、これは**グローバル**なユニットとして定義します。このサービスファイルはskydns.serviceという名前で、内容は以下の通りです(このファイルはVMにあらかじめ置いてあります)。

```
[Unit]
Description=SkyDNS

[Service]
TimeoutStartSec=0
ExecStartPre=-/usr/bin/docker kill dns
ExecStartPre=-/usr/bin/docker rm dns
ExecStartPre=/usr/bin/docker pull skynetservices/skydns:2.5.2b
ExecStart=/usr/bin/env bash -c "IP=$(/usr/bin/ip -o -4 addr list docker0 \
  | awk '{print $4}' | cut -d/ -f1) \
  && docker run --name dns -e ETCD_MACHINES=http://$IP:2379 \
     skynetservices/skydns:2.5.2b"
ExecStop=/usr/bin/docker stop dns

[X-Fleet]
Global=true
```

[X-Fleet] のセクションを除けば、これはsystemdの標準的なユニットファイルに過ぎません。execStartでは、まずシェルのテクニックを使ってホストのetcdのインスタンスにアクセスするためのブリッジであるdocker0のIPアドレスを取得しています。このコンテナは-dを引数に持たずに起動されているので、systemdはアプリケーションをモニタリングし、ロギングを受け持つことができます。[X-Fleet] セクションは、fleetに対し、このユニットはデフォルトである単一のインスタンスで動作させるのではなく、全マシンで実行させたいということを指示しています。

DNSサーバーを起動する前に、多少の設定をetcdに追加しておかなければなりません。

```
core@core-01 ~ $ etcdctl set /skydns/config \
  '{"dns_addr":"0.0.0.0:53", "domain":"identidock.local."}'
{"dns_addr":"0.0.0.0:53", "domain":"identidock.local."}
```

これは、SkyDNSに対してskydns.localドメインを受け持つように指定しています。

これで、サービスを立ち上げることができるようになりました。fleetctl startコマンドで、ユニットが立ち上げられます。

```
core@core-01 ~ $ fleetctl start skydns.service
Triggered global unit skydns.service start
```

そして、list-unitsコマンドを使えば、すべてのユニットの状況が得られます。すべてが立ち上がって動作中になったなら、出力は以下のようになっているでしょう。

```
core@core-01 ~ $ fleetctl list-units
UNIT    MACHINE       ACTIVE  SUB
skydns.service  16aacf8b.../172.17.8.103  active  running
skydns.service  39b02496.../172.17.8.102  active  running
skydns.service  eb570763.../172.17.8.101  active  running
```

これは、クラスタ内の各マシンで、SkyDNSのコンテナが動作していることを示しています。

これでDNSを動作させることができたので、Redisコンテナを起動し、DNSに登録しましょう。Redisユニットの設定はredis.serviceというファイルにあります。内容は以下のようになっています。

```
[Unit]
Description=Redis
After=docker.service
Requires=docker.service
After=flanneld.service

[Service]
TimeoutStartSec=0
ExecStartPre=-/usr/bin/docker kill redis
```

```
ExecStartPre=-/usr/bin/docker rm redis
ExecStartPre=/usr/bin/docker pull redis:3
ExecStart=/usr/bin/docker run --name redis redis:3
ExecStartPost=/usr/bin/env bash -c 'sleep 2 \
  && IP=$(docker inspect -f {{.NetworkSettings.IPAddress}} redis) \
  && etcdctl set /skydns/local/identidock/redis \
     "{\\"host\\":\\"$IP\\",\\"port\\":6379}"'
ExecStop=/usr/bin/docker stop redis
```

今回は[X-Fleet]セクションを含めていないので、起動するRedisのインスタンスは1つだけです。[ExecStartPost]セクションには、起動後にRedisを自動的にSkyDNSに登録するためのコードが含まれています。IPアドレスを取得する前には、Dockerがネットワークの設定を行うために短時間のsleepが必要です。この種のコードは、概してサポート用のスクリプトに置くのが最もいい方法ですが、ここでは単純化のためにメインのユニットにそのまま置いてあります。

Redisサービスとdnmonsterサービスを起動しましょう（dnmonsterのユニットファイルは、Redisと同じ形式です）。

```
core@core-01 ~ $ fleetctl start redis.service
Unit redis.service launched on 53a8f347.../172.17.8.101
core@core-01 ~ $ fleetctl start dnmonster.service
Unit dnmonster.service launched on ce7127e7.../172.17.8.102
```

負荷を分散するために、dnmonsterとRedisのユニットは、別のマシンにスケジューリングされていることがわかります。

```
core@core-01 ~ $ fleetctl list-units
UNIT      MACHINE        ACTIVE    SUB
dnmonster.service 39b02496.../172.17.8.102  activating  start-pre
redis.service   16aacf8b.../172.17.8.103  activating  start-pre
skydns.service    16aacf8b.../172.17.8.103  active    running
skydns.service    39b02496.../172.17.8.102  active    running
skydns.service    eb570763.../172.17.8.101  active    running
```

マシン群が適切なコンテナをダウンロードして起動するまでには、少し時間がかかります。

それでは、identidockのコンテナを起動しましょう。ユニットファイルのidentidock.sercviceファイルは、以下のようになります。

```
[Unit]
Description=identidock

[Service]
TimeoutStartSec=0
ExecStartPre=-/usr/bin/docker kill identidock
ExecStartPre=-/usr/bin/docker rm identidock
```

```
ExecStartPre=/usr/bin/docker pull amouat/identidock:1.0
ExecStart=/usr/bin/env bash -c "docker run --name identidock --link dns \
  --dns $(docker inspect -f {{.NetworkSettings.IPAddress}} dns) \
  --dns-search identidock.local amouat/identidock:1.0"
ExecStop=/usr/bin/docker stop identidock
```

今回は、Dockerの`--dns`と`--dns-search`フラグを使い、コンテナが自分のマシン上のSkyDNSのコンテナを通じて、DNSのクエリの名前解決をするように指定しています。もう少し簡単にするために、ログインしているマシンにコンテナをスケジューリングするよう、fleetに指示することもできます。そのためにはまず、`fleetctl list-machines -l`というコマンドで、マシンのIDを調べます。

```
core@core-01 ~ $ fleetctl list-machines -l
MACHINE          IP    METADATA
16aacf8ba9524e368b5991a04bf90aef  172.17.8.103  -
39b02496db124c3cb11ba88a13684c16  172.17.8.102  -
eb570763ac8349ec927fac657bffa9ee  172.17.8.101  -
```

そして、`identidock.service`ファイルの末尾に以下の内容を追加します。

```
[X-Fleet]
MachineID=<id>
```

`<id>`の部分は、使用中のマシンのIDに置き換えてください。筆者の場合は以下のようになりました。

```
[X-Fleet]
MachineID=eb570763ac8349ec927fac657bffa9ee
```

これで、identidockのユニットを起動することができます。起動したユニットは、使用中のマシンにスケジューリングされるでしょう。

```
core@core-01 ~ $ fleetctl start identidock.service
Unit identidock.service launched on eb570763.../172.17.8.101
```

サービスが起動したら、うまく動作していることを確認しましょう。

```
core@core-01 ~ $ docker exec -it identidock bash
uwsgi@ae8e3d7c494a:/app$ ping redis
PING redis.identidock.local (192.168.76.3): 56 data bytes
64 bytes from 192.168.76.3: icmp_seq=0 ttl=60 time=1.641 ms
64 bytes from 192.168.76.3: icmp_seq=1 ttl=60 time=2.133 ms
^C--- redis.identidock.local ping statistics ---
2 packets transmitted, 2 packets received, 0% packet loss
```

```
round-trip min/avg/max/stddev = 1.641/1.887/2.133/0.246 ms
uwsgi@ae8e3d7c494a:/app$ curl localhost:9090
<html><head><title>Hello
```

マシンがダウンした場合にどうなるかをテストすることもできます。

```
core@core-01 ~ $ fleetctl list-units
UNIT       MACHINE         ACTIVE  SUB
dnmonster.service 39b02496.../172.17.8.102  active  running
identidock.service  eb570763.../172.17.8.101  active  running
redis.service   16aacf8b.../172.17.8.103  active  running
skydns.service    16aacf8b.../172.17.8.103  active  running
skydns.service    39b02496.../172.17.8.102  active  running
skydns.service    eb570763.../172.17.8.101  active  running
```

Redisは172.17.8.103で動作しています。このマシンは、core-03です。Vagrantを使って、このマシンを停止させます。

```
core@core-01 ~ $ exit
$ vagrant halt core-03
==> core-03: Attempting graceful shutdown of VM...
```

ログインし直して、状態を調べてみましょう。

```
core@core-01 ~ $ fleetctl list-units
UNIT       MACHINE         ACTIVE     SUB
dnmonster.service 39b02496.../172.17.8.102  active     running
identidock.service  eb570763.../172.17.8.101  active     running
redis.service   39b02496.../172.17.8.102  activating  start-pre
skydns.service    39b02496.../172.17.8.102  active     running
skydns.service    eb570763.../172.17.8.101  active     running
```

Redisサービスは、自動的に動作中のマシンに再スケジューリングされています。ホストがRedisのコンテナをダウンロードするのに多少の時間がかかりますが、それが終われば、コンテナは新しいアドレスをSkyDNSに登録し、identidockは引き続き動作し続けます。この中断時間は、あらかじめ必要なイメージを各ホストにロードしておけば、大部分を回避できます。

ここまででわかる通り、fleetには便利な機能がたくさんありますが、バッチタスクなどのための一時的なコンテナよりは、長時間にわたって動作し続けるサービスに適しています。スケジューリングの実行戦略も、非常に基本的です。「最小負荷」の戦略は、多くの場合うまく行きますが、他のシナリオでは、もう少し巧妙な戦略や、複雑な戦略が求められるでしょう。そういった場合には、Kubernetesのほうが適していることもあるかも知れません。Kubernetesは、fleetの上で使うこともできます。

12.1.3 Kubernetes

Kubernetes（**http://kubernetes.io**）は、この10年以上にわたる実働環境でのコンテナの利用経験を基にして、Googleが構築したコンテナオーケストレーションツールです。Kubernetesは、やや個性が強く、コンテナの構成とネットワーク接続について、いくつかの概念を強制します。理解が必要な、主要な概念を以下に示します。

ポッド

ポッドは、まとめてデプロイされ、スケジューリングされるコンテナのグループです。他のシステムでは、一つ一つのコンテナがスケジューリングの単位になるのに対し、Kubernetesではポッドがスケジューリングの基本単位を構成します。通常、ポッドには1つのサービスを構成する、1個から5個のコンテナが含まれます。これらのユーザーコンテナに加えて、Kubernetesはロギングやモニタリングのサービスを提供する他のコンテナ群も動作させます。Kubernetesにおいて、ポッドは短命のものとして扱われるので、システムが進化して行くにつれて、ポッドは常に生成され、破棄されるものと考えなければなりません。

フラットなネットワーク空間

デフォルトのDockerのブリッジネットワークを使っている場合に比べると、Kubernetesでのネットワーキングの動作は、大きく異なります。デフォルトのDockerのネットワーキングでは、コンテナはプライベートなサブネット中に置かれ、ポートをフォワードしたり、プロキシを使ったりしない限り、他のホスト上のコンテナと直接には通信できません。Kubernetesでは、同じポッド内のコンテナはIPアドレスを共有しますが、アドレス空間は、すべてのポッドに対して「フラット」です。これはすなわち、すべてのポッド同士はネットワークアドレス変換（NAT）なしで通信しあえるということです。このため、複数のホストからなるクラスタの管理は容易になりますが、リンクはサポートされず、単一のホスト（あるいは、もっと正確には、単一の**ポッド**）のネットワーキングは、少しトリッキーになります。同じポッド内のコンテナ群はIPを共有するので、それらは`localhost`のアドレス上のポートを使って通信しあうことになります（これはすなわち、ポッド内でのポートの利用状況を調整しなければならないということです）。

ラベル

ラベルは、Kubernetesにおけるオブジェクト群（主にポッド）に添付されるキーバリューのペアで、オブジェクトの性格づけを記述するために使われます（例えば`version: dev`や`tier: frontend`といったように）。ラベルは、通常ユニークではなく、コンテナのグループを特定できるように与えます。そうすれば、**ラベルセレクタ**を使うことによって、オブジェクトや、オブジェクトのグループを特定できるようになります（例えば、環境が`production`に設定された、フロントエンド層のすべてのポッドというように）。ラベルを使えば、ポッドのロードバランスグループへの割り当てや、グループ間でのポッドの移動といったグループのタスクを行いやすくなります。

サービス

サービスは、名前でアクセスできる、安定したエンドポイントです。サービスは、ラベルセレクタを使ってポッドに接続できます。例えば、"cache" サービスを、`"type": "redis"` というラベルで特定される、いくつかの "redis" ポッドに接続できます。"cache" サービスは、リクエストを自動的にラウンドロビンでポッド群に配分します。この場合、サービスはシステムの部分部分を相互接続するために使われます。抽象化のレイヤを提供するサービスを使うということは、アプリケーションは呼び出すサービスの内部的な詳細を知る必要がないということです。例えば、ポッド内で動作するアプリケーションコードは、呼び出すデータベスサービスの名前とポートだけを知っていれば良く、データベースを構成するポッド数や、最後に通信したポッドがどれかといったことは、気にする必要がありません。Kubernetes は、新しいサービスを監視するクラスタのための DNS サーバーをセットアップし、アプリケーションのコードや設定ファイルからは、そういったサービス群に名前でアクセスできるようにしてくれるのです。

ポッドを指さず、外部の API やデータベースなど、既存のサービスを指すようなサービスをセットアップすることもできます。

レプリケーションコントローラ

通常、Kubernetes ではポッドをインスタンス化するのにレプリケーションコントーラを使います（Kubernetes では、Docker CLI を使わないのが普通です）。レプリケーションコントローラは、サービスのために動作中のポッド（レプリカと呼ばれます）数の制御とモニタリングを行います。例えば、レプリケーションコントローラは、5つの Redis のポッドを継続して動作させる責任を持つようなことがあります。ポッドに1つに障害があれば、Kubernetes はすぐに新しいポッドを起動します。レプリカ数が減らされれば、レプリケーションコントローラは過剰なポッドを停止させます。ポッドのインスタンス化のためにレプリケーションコントローラを使うことで、設定のレイヤが増えることにはなりますが、これによって耐障害性や信頼性が大きく改善されるのです。

図12-3 は、Kubernetes クラスタの構成例を示しています。ここでは、2つのポッドがレプリケーションコントローラによって生成され、サービスによって公開されています。サービスは、ポッド間でリクエストをラウンドロビンで配分します。これらのポッドは、`tier` ラベルを使って選択されています。ポッド内には IP アドレスは1つしかなく、すべてのコンテナによって共有されています。ポッド内のコンテナ群は、`localhost` というアドレス上のポート群を使って通信します。サービスには、外部のインターネットからアクセスできる IP アドレスが、個別に割り当てられています。

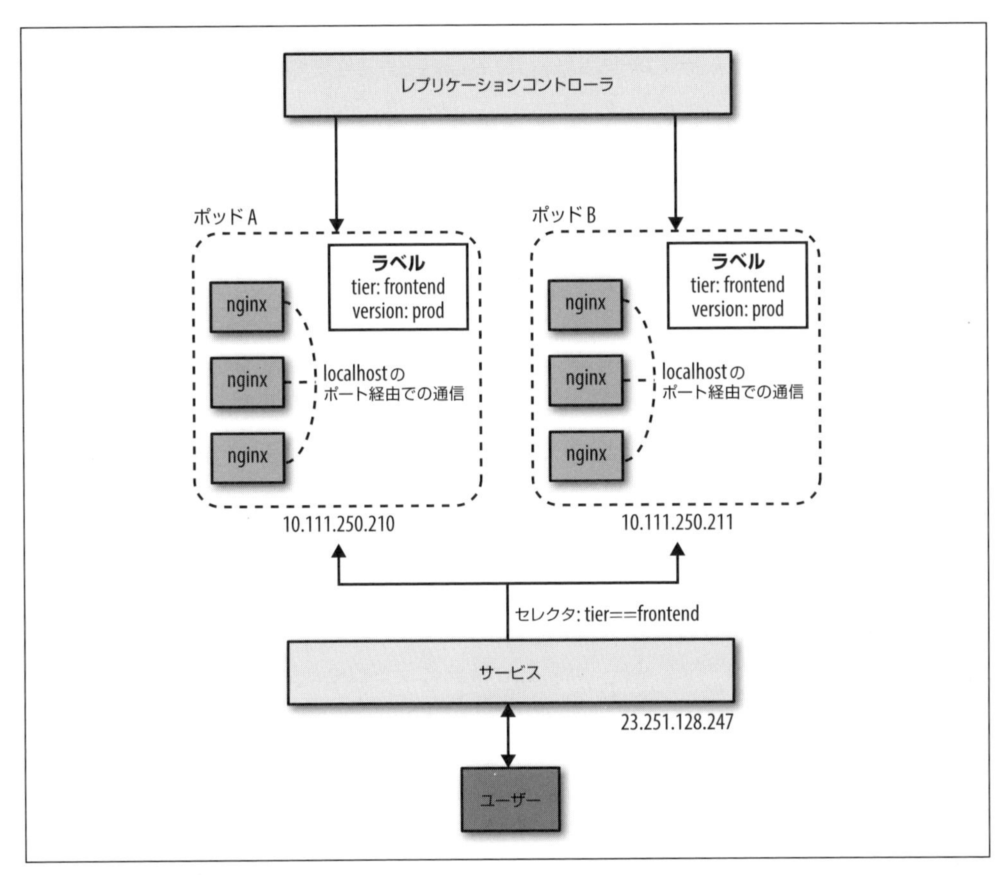

図12-3 Kubernetesのクラスタの例

Kubernetes上でidentidockを動作させるには、dnmonster、identidock、redisコンテナ用に、それぞれポッドを使わなければなりません。これは大げさすぎるように見えるかも知れませんが、これらのサービスは、いずれも潜在的には独立してスケールする可能性があるので（1つのidentidockサービスは、2つのdnmonsterサービスと3つのredisサーバーからなる、ロードバランスグループを使うかも知れません）、`localhost`上のポートを使ってサービスにアクセスするように、アプリケーションを書き換える必要はありません。ロギングやモニタリングはKubernetesが受け持ってくれるので、そのための機能をidentidockに追加する必要もありません。Kubernetesは、ロードバランスの機能を持ったフロントエンドプロキシも提供してくれるので、nginxのプロキシコンテナも不要です。

Kubernetesの入手

KubernetesのGitHubページには、さまざまなプラットフォーム用のスターティングガイドがあります。ローカルのリソースでKubernetesを触ってみたいなら、KubernetesのGitHubページにあるDockerコンテナ群（https://github.com/kubernetes/kubernetes/blob/master/docs/getting-started-guides/docker.md）か、VagrantのVM（https://github.com/kubernetes/kubernetes/blob/master/docs/getting-started-guides/vagrant.md）で動作させてみることができます。あるいは、ホストされているKubernetesであれば、Google自身の商用サービスであるGoogle Container Engine（GKE）（https://cloud.google.com/container-engine/）を使えば間違いないでしょう。

Kubernetesを自分でインストールするのであれば、サービスの名前解決のために、DNSのアドオンを設定しなければなりません。これは、GKEを使うなら設定ずみで動作しているはずです。

以下の手順は、Google Container Engine（GKE）でKubernetesを動作させた場合のものですが、他の方法でKubernetesをインストールした場合でも、よく似た手順になるはずです†。Kubernetesの入手とインストールに関する詳しい情報は、コラム「Kubernetesの入手」を参照してください。この後、本セクションでは、kubectlコマンドが問題なく動作しており、Kubernetesの動作環境にDNSサーバーが含まれていることを前提とします。

まず、Redisのインスタンスを立ち上げるレプリケーションコントローラを定義しましょう。以下の内容で、redis-controller.jsonというファイルを作成してください。

```
{ "kind":"ReplicationController",
  "apiVersion":"v1",
  "metadata":{ "name":"redis-controller" },
  "spec":{
    "replicas":1,
    "selector":{ "name":"redis-pod" },
    "template":{
      "metadata":{
        "labels":{ "name":"redis-pod" }
      },
      "spec":{
        "containers":[ {
            "name":"redis",
            "image":"redis:3",
            "ports":[ {
                "containerPort":6379,
                "protocol":"TCP"
              } ] } ] } } } }
```

† この例では、バージョン1のAPIを使っています。今後のバージョンのAPIは、構文が少し変わる見込みです。

ここではKubernetesに対し、レプリケーションコントローラによって制御された、redis:3のイメージを動作させている単一のコンテナからなるポッドを生成し、6379番ポートを公開しています。このポッドには、"name"というキーに対して"redis-pod"という値を持つラベルを与えています。レプリケーションコントローラそのものも独立したオブジェクトであり、"redis-controller"という名前を持っています。

さあ、kubectlを使ってこのポッドを起動しましょう。

```
$ kubectl create -f redis-controller.json
services/redis
```

続いてkubectl get podsを実行すれば、実行中のポッドと、一時停止しているポッドのリストが、ラベルやIPアドレス、そして動作中のコンテナやイメージといった情報を含む詳細と共に表示されます†。このコマンドが出力する情報は、紙面に掲載するには多すぎますが、実行中のイメージのリストは、以下のようになっているでしょう。

```
gcr.io/google_containers/fluentd-gcp:1.6
gcr.io/google_containers/skydns:2015-03-11-001
gcr.io/google_containers/kube2sky:1.9
gcr.io/google_containers/etcd:2.0.9
redis:3
```

redis以外のコンテナは、さまざまなシステムタスクの面倒を見ています。fluentdはロギングを受け持ち、skydns、kube2sky、etcdはサービスのDNSによる名前解決を受け持ちます。Redisプールが、一時停止状態になっていることに注目してください。Kubernetesがイメージをダウンロードしてポッドを起動するまでには、多少の時間がかかります。

舞台裏での動作を見るには、GKEを使っている場合であれば、ポッド用のVMに、gloud compute ssh HOSTでログインできます。ここでHOSTは、kubectl get pods で取得できるHOSTヘッダの値を使います（/より前の部分だけを使ってください）。その後は、docker psを実行して、Dockerコンテナを実行している通常のVMと同じようにコンテナとやりとりすることができます。

次のステップは、他のコンテナ群がredisポッドのIPアドレスを知ることなく接続できるように、**サービス**を定義することです。以下の内容で、redis-service.jsonというファイルを作成してください。

```
{ "kind":"Service",
  "apiVersion":"v1",
  "metadata":{ "name":"redis" },
  "spec":{
```

† 同様に、kubectl get rcを実行すればレプリケーションコントローラの情報が、kubectl get servicesを実行すればサービスのリストが得られます。

```
    "ports": [ {
        "port":6379,
        "targetPort":6379,
        "protocol":"TCP"
      }],
    "selector":{ "name":"redis-pod" }
} }
```

これは、呼び出し側をredisポッドに接続するサービスを定義しています。このサービスは"redis"と名付けられており、この名前はDNSクラスタアドオン（デフォルトでGKEにはインストールされています）がピックアップして、名前解決できるようにしてくれます。重要なことは、このおかげでホスト名を編集することなく、identidockのコードが動作し続けられるということです。

redisポッドは、"name":"redis-pod"というセレクタで特定できます。"name":"redis-pod"というラベルを持つredisのノードが複数あるなら、このセレクタはそれらすべてにマッチします。選択されるポッドが複数あるなら、サービスはランダムにポッドを選択して、リクエストを処理してもらいます（ポッドの選択時に**アフィニティ**を設定することもできます。例えば"ClientIP"は、常にクライアントのIPアドレスに基づいて、クライアントをポッドに割り当てます）。ポッドのラベルを変更すれば、ポッドは動的にセレクタのグループを出入りすることになるので、例えば一時的にポッドを実働環境から外して、デバッグやメンテナンスを行うといったタスクを行うことができます。

次に、ほぼ同じようにして、dnmonsterコントローラとサービスを作成できます。以下の内容で、dnmonster-controller.jsonというファイルを作成します。

```
{ "kind":"ReplicationController",
   "apiVersion":"v1",
   "metadata":{ "name":"dnmonster-controller" },
   "spec":{
      "replicas":1,
      "selector":{ "name":"dnmonster-pod" },
      "template":{
         "metadata":{
            "labels":{ "name":"dnmonster-pod" } },
         "spec":{
            "containers":[ {
                  "name":"dnmonster",
                  "image":"amouat/dnmonster:1.0",
                  "ports":[ {
                        "containerPort":8080,
                        "protocol":"TCP"
                     } ] } ] } } } }
```

続いてdnmonster-service.jsonです。

```
{ "kind":"Service",
  "apiVersion":"v1",
  "metadata":{ "name":"dnmonster" },
  "spec":{
    "ports": [ {
        "port":8080,
        "targetPort":8080,
        "protocol":"TCP"
      } ],
    "selector":{ "name":"dnmonster-pod" }
  } }
```

立ち上げましょう。

```
$ kubectl create -f dnmonster-controller.json
replicationcontrollers/dnmonster-controller
$ kubectl create -f dnmonster-service.json
services/dnmonster
```

これは、redisのコントローラとサービスの場合と、まったく同じパターンを踏襲しています。すなわち、dnmonsterという名前でアクセスできるdnmonsterサービスがあり、このサービスがレプリケーションコントローラによって作成された単一のdnmonsterのインスタンスへのフォワードを行ってくれるのです。

これで、identidockのポッドを作成し、全体を結合し始めることができます。以下の内容で、identidock-controller.jsonというファイルを作成してください。

```
{ "kind":"ReplicationController",
  "apiVersion":"v1",
  "metadata":{ "name":"identidock-controller" },
  "spec":{
    "replicas":1,
    "selector":{ "name":"identidock-pod" },
    "template":{
      "metadata":{
        "labels":{ "name":"identidock-pod" } },
      "spec":{
        "containers":[ {
            "name":"identidock",
            "image":"amouat/identidock:1.0",
            "ports":[ {
                "containerPort":9090,
                "protocol":"TCP"
              } ] } ] } } } }
```

立ち上げましょう。

```
$ kubectl create -f identidock-controller.json
replicationcontrollers/identidock-controller
```

これで、identidockが起動したはずです。ただし、外部からidentidockにアクセスできるようにするためには、identidockサービスも作成しなければなりません。以下の内容で、identidock-service.jsonというファイルを作成します。

```
{ "kind":"Service",
  "apiVersion":"v1",
  "metadata":{ "name":"identidock" },
  "spec":{
    "type": "LoadBalancer",
    "ports": [ {
        "port":80,
        "targetPort":9090,
        "protocol":"TCP"
      } ],
    "selector":{ "name":"identidock-pod" }
  } }
```

このサービスには、ちょっとした違いがあります。"type"を"LoadBalancer"に設定したので、外部からアクセスできるロードバランサが作成され、80番ポートで接続を待ち受け、identidockサービスの9090番ポートにフォワードしてくれるようになるのです。

GKEを使っているのであれば、ファイアウォールで80番ポートを開ける必要もあるかも知れません。それには、gcloudでルールを作成します。

```
$ gcloud compute firewall-rules create --allow=tcp:80 identidock-80
```

これで、経路上にファイアウォールがなければ、identidockサービスに表示されている公開IPアドレスを使って接続できるようになったはずです。

```
$ kubectl get services identidock
NAME         LABELS   SELECTOR             IP(S)            PORT(S)
identidock   <none>   name=identidock-pod  10.111.250.210   80/TCP
                                           23.251.128.247
$ curl 23.251.128.247
<html><head><title>Hello...
```

Kubernetesにおけるボリューム

Kubernetesでは、ボリュームの扱いも異なります。主要な違いは、ボリュームがコンテナのレベルではなく、ポッドのレベルで宣言され、ポッド内のコンテナ間で共有されることです。Kubernetesは、さまざまなユースケースに対応するため、以下のリストを含む、複数の種類のボリュームを提供しています。

emptyDir
: コンテナが書き込むことができる空のディレクトリをポッドで初期化します。ポッドがなくなると、このディレクトリもなくなります。これは、ポッドが動作している間だけ必要になる一時データや、他の永続的なストアに定期的にバックアップされるデータを扱う際に役立ちます。

gcePersistentDisk
: GKEのユーザーであれば、この種類のボリュームを使って、Googleのクラウドにデータを保存できます。データは、ポッドの存在する期間を超えて永続化されます。

awsElasticBlockStore
: AWSのユーザーであれば、この種類のボリュームを使って、AmazonのElastic block Store（EBS）にデータを保存できます。データは、ポッドの存在する期間を超えて永続化されます。

nfs
: Network File System（NFS）のファイル共有上のファイルにアクセスするためのボリュームです。このボリュームでも、データはポッドの存在する期間を超えて永続化されます。

secret
: ポッドが使用する、パスワードやAPIのトークンといったセンシティブな情報を保存するためのボリュームです。secretボリュームへの書き込みにはKubernetes APIを使わなければならず、保存先はtmpfsになります。tmpfsは完全にRAM上にあり、ディスクには決して書かれません。

Kubernetesを使うには、追加の設定作業が必要になりますが、システムはフェイルオーバーやロードバランシングを、すぐに利用できます。コンテナ同士をリンクするのではなく、サービスを使うことによって、スケールや、下位層のポッドやコンテナのスワップを簡単にしてくれる、抽象化のレイヤが加わることになります。デメリットとしては、Kubernetesによって、identidockというシンプルなアプリケーションに、かなりの負荷が追加されてしまうことです。ロギングやモニタリングのために追加されるインフラストラクチャは、かなりのリソースを必要とするので、ランニングコストは増加することになります。

アプリケーションによっては、Kubernetesが強制するシステム設計や選択肢は、適切なものではないかも知れません。多くのアプリケーション、とりわけマイクロサービスや、状態をほとんど持たない、あるいは持っていても十分に内包されているようなアプリケーションの場合は、Kubernetesは使いやすく、耐久性があり、スケーラブルなサービスを、驚くほどわずかな作業で提供してくれます。

12.1.4 MesosとMarathon

Apache Mesos（**https://mesos.apache.org**）は、オープンソースのクラスタマネージャです。Mesosは、数百から数千のホストを持つ、非常に大規模なクラスタにまでスケールできるように設計されています。Mesosは、複数のテナントからの多様な負荷をサポートします。あるユーザーのDockerコンテナは、他のユーザーがHadoopのタスクを実行している隣で動作しているかも知れないのです。

Apache Mesosは、カリフォルニア大学バークレー校のプロジェクトとしてスタートした後、Twitterを動かす下位層のインフラストラクチャや、eBatやAirbnbといった多くの大企業での重要なツールになりました。Mesosやサポートツールで続いている多くの開発は、Mesosのオリジナルの開発者の一人であるBen Hindmanが共同創始した企業である、Mesosphereで行われています。

Mesosのアーキテクチャは、高可用性と耐久性を主眼に置いて設計されています。Mesosクラスタの主要な構成要素を以下に示します。

Mesosエージェントノード†

実際に実行されるタスクを受け持ちます。すべてのエージェントは、自分が利用できるリソースのリストをマスターに通知します。通常の場合、エージェントノード数は、数十から数千に及びます。

Mesosマスター

マスターは、エージェントへのタスクの送信を受け持ちます。マスターは、利用可能なリソースのリストを管理しており、それらをフレームワークに提供します。マスターは、割り当ての戦略に基づき、提供するリソースの量を決定します。障害発生時に切り替えられるよう、通常は2から4つのスタンバイマスターが置かれます。

ZooKeeper

選出と、現在のマスターのアドレスのルックアップに使われます。通常、3から5つのZooKeeperのインスタンスを動作させることで、可用性を担保し、障害に対処できるようにします。

フレームワーク

フレームワークは、マスターと協力して、タスクをエージェントノード上にスケジューリングします。フレームワークは、**エクゼキュータ**プロセスと、**スケジューラ**という2つの部分から構成されます。エクゼキュータプロセスはエージェント上で動作し、タスクの実行の面倒を見ます。スケジューラはマスターに登録を行い、マスターからの提供に基づき、使用するリソースを選択します。Mesosクラスタでは、さまざまな種類のタスクのために、複数のフレームワークが動作することがあります。ジョブを投入したいユーザーは、Mesosと直接やりと

† 以前はスレーブノードと呼ばれていました。

りをするのではなく、フレームワークとやりとりをすることになります。

図12-4は、スケジューラとしてMarathonフレームワークを使っているMesosクラスタです。Marathonスケジューラは、タスクを投入するアクティブなMesosのマスターを、ZooKeeperを使って見つけます。MarathonスケジューラとMesosマスターは、どちらもアクティブなマスターが利用できなくなった場合に動作し始めるスタンバイを持っています。

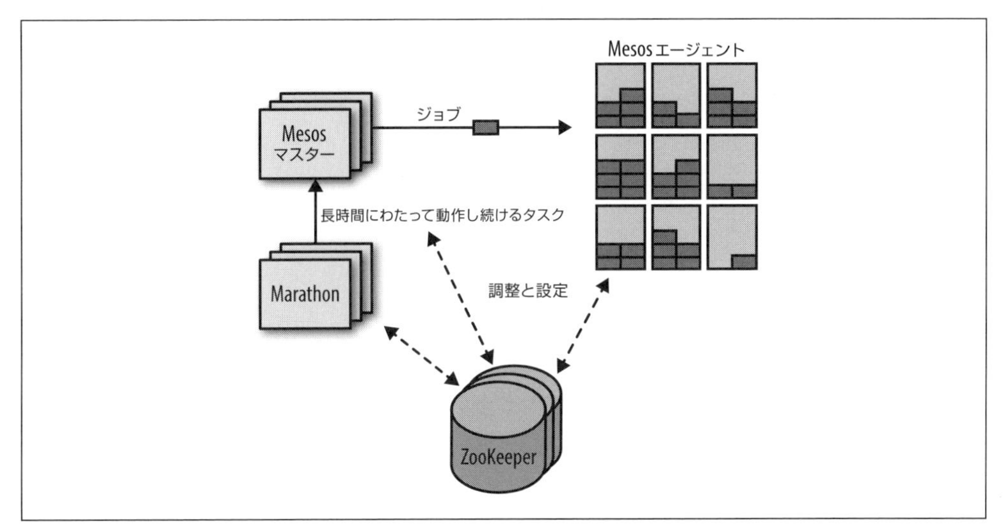

図12-4 Mesosクラスタ

通常、ZooKeeperはMesosマスター及びそのスタンバイと同じホストで動作します。小規模なクラスタでは、これらのホストではエージェントも動作することがありますが、大規模なクラスタではマスターとの通信が必要になるので、この構成は利用しにくいでしょう。Marathonはも同じホスト群で動作させることもできますが、ネットワークの境界で動作する別個のホスト上で動作させることによって、クライアント用のアクセスポイントを構成し、それによってクライアントをMesosクラスタそのものから分離させることもできます。

Marathon（**https://mesosphere.github.io/marathon/**）はMesosphereからリリースされており、長期間にわたって動作し続ける[†]アプリケーションの起動、モニタリング、スケールのために設計されています。Marathonは、起動するアプリケーションを柔軟に扱えるように設計されており、さらにはChronos（データセンター用の"cron"）といった他の補完的なフレームワークを起動するために使うことさえできます。Marathonは、Dockerコンテナを直接サポートしているので、Dockerコンテナを動作させるフレームワークとして、良い選択肢です。これまで見てきた他のオーケストレーションフレームワークと同様に、Marathonもさまざまなアフィニティや制約

† 推察するに、そのためにMarathonと名づけられているのでしょう。なーるほど、です。

ルールをサポートしています。クライアントは、REST APIを通じてMarathonとやりとりします。他の特徴として、ヘルスチェックやイベントストリームのサポートがあり、これらを使ってロードバランサとの結合や、メトリクスの分析が行えます。

それではDocker Machineを使い、図12-4の構成をまねた3ノードのクラスタをセットアップして、MesosとMarathonの動作の様子を知ることにしましょう。とはいえ、ZooKeeper、Marathonスケジューラ、Mesosマスターのインスタンスはそれぞれ1つずつだけ動作させます。Mesosエージェントは、すべてのノードで動作させましょう。実働環境のアーキテクチャはこれとはかなり異なったものになり、高可用性を得るために、中核のサービス群には複数のインスタンスを持たせます。

まず、mesos-1、mesos-2、mesos-3というホスト群を作成します。

```
$ docker-machine create -d virtualbox mesos-1
Creating VirtualBox VM...
...
$ docker-machine create -d virtualbox mesos-2
...
$ docker-machine create -d virtualbox mesos-3
...
```

mesosのホスト群の名前が解決できるよう、多少の設定もしなければなりません。これは必須ではないはずですが、筆者はこの設定なしでは問題が生じました。

```
$ docker-machine ssh mesos-1 'sudo sed -i "\$a127.0.0.1 mesos-1" /etc/hosts'
$ docker-machine ssh mesos-2 'sudo sed -i "\$a127.0.0.1 mesos-2" /etc/hosts'
$ docker-machine ssh mesos-3 'sudo sed -i "\$a127.0.0.1 mesos-3" /etc/hosts'
```

まずmesos-1を設定しましょう。このノードでは、エージェントと共に、Mesosマスター、ZooKeeper、Marathonフレームワークを動作させます。

最初に起動させたいのはZooKeeperです。他のコンテナは、ZooKeeperを使ってサービスの登録や検索をします。ここでは筆者が作成したイメージを使っていますが、これは本書の執筆時点では、公式のイメージが存在しないためです。このコンテナには--net=hostを指定していますが、これは主に効率性と、マスターとエージェントコンテナの整合性のためです。エージェントコンテナがサービス用に新しいポートを開けるようにするためには、ホストのネットワーキングが必要になります。

```
$ eval $(docker-machine env mesos-1)
$ docker run --name zook -d --net=host amouat/zookeeper
...
Status: Downloaded newer image for amouat/zookeeper:latest
dfc27992467c9563db05af63ecb6f0ec371c03728f9316d870bd4b991db7b642
```

ノードの IP アドレスを変数にセーブして、以降の設定を少し楽にします。

```
$ MESOS1=$(docker-machine ip mesos-1)
$ MESOS2=$(docker-machine ip mesos-2)
$ MESOS3=$(docker-machine ip mesos-3)
```

これで、マスターが起動できるようになりました。

```
$ docker run --name master -d --net=host \
            -e MESOS_ZK=zk://$MESOS1:2181/mesos \ ❶
            -e MESOS_IP=$MESOS1 \ ❷
            -e MESOS_HOSTNAME=$MESOS1 \
            -e MESOS_QUORUM=1 \ ❸
            mesosphere/mesos-master:0.23.0-1.0.ubuntu1404 ❹
...
Status: Downloaded newer image for mesosphere/mesos-master:0.23.0-1.0.ubuntu1404
9de83f40c3e1c5908381563fb28a14c2e23bb6faed569b4d388ddfb46f7d7403
```

❶ マスターに対して ZooKeeper の場所を知らせ、自分自身を登録させます。

❷ マスターが使用する IP を設定します。

❸ Mesosphere の mesos のイメージを使います。このイメージは自動ビルドされたものではなく、その中身を正確に知ることが難しいため、筆者としてはこのイメージを実働環境で使うことはお勧めしません。

そして、エージェントを同じホストで動作させます。

```
$ docker run --name agent -d --net=host \
            -e MESOS_MASTER=zk://$MESOS1:2181/mesos \
            -e MESOS_CONTAINERIZERS=docker \ ❶
            -e MESOS_IP=$MESOS1 \
            -e MESOS_HOSTNAME=$MESOS1 \
            -e MESOS_EXECUTOR_REGISTRATION_TIMEOUT=10mins \ ❷
            -e MESOS_RESOURCES="ports(*):[80-32000]" \ ❸
            -e MESOS_HOSTNAME=$MESOS1 \
            -v /var/run/docker.sock:/run/docker.sock \ ❹
            -v /usr/local/bin/docker:/usr/bin/docker \
            -v /sys:/sys:ro \ ❺
            mesosphere/mesos-slave:0.23.0-1.0.ubuntu1404
...
Status: Downloaded newer image for mesosphere/mesos-slave:0.23.0-1.0.ubuntu1404
38aaec1d08a41e5a6deeb62b7b097254b5aa2b758547e03c37cf2dfc686353bd
```

❶ Mesosには、**コンテナライザ**という概念があります。これは、タスク間の隔離を提供するもので、エージェント上で動作します。ここに引数としてdockerを指定することによって、Dockerコンテナがエージェント上でタスクとして実行できるようになります。

❷ エージェントがイメージをダウンロードしている間に実行が中止されてしまうことがないよう、「登録のタイムアウト」を伸ばしておかなければなりません。

❸ デフォルトでは、エージェントがフレームワークに提供するポート番号は、大きなポート番号の一部です。identidockはいくつかの小さいポート番号を使うので、それらを明示的に提供するリソースに追加しておかなければなりません。本来は、Mesosが使用するポートの除外をするべきですが、ここでは話を簡単にするためにそうしていないので、すでに使用されているポートをフレームワークが要求した場合、コンフリクトが生ずる可能性があります。

❹ エージェントが新しいコンテナを起動できるようにするために、Dockerのsockとバイナリをマウントします。

❺ エージェントがホストで利用可能なリソースの詳細を正確に報告できるよう、/sysをマウントしなければなりません。

```
$ docker run -d --name marathon -p 9000:8080 \ ❶
            mesosphere/marathon:v0.9.1 --master zk://$MESOS1:2181/mesos \
                --zk zk://$MESOS1:2181/marathon \
                --task_launch_timeout 600000 ❷
```

❶ dnmonsterコンテナとコンフリクトを起こす可能性を避けるため、Marathonをデフォルトの8080番ポートから移動させます。

❷ エージェントのエクゼキュータの登録タイムアウトの10分に合わせて、タイムアウトを600,000ミリ秒に設定します。この設定は一時的な問題に対するもので、将来のバージョンでは取り除かれるでしょう。

次に、他のホスト上のエージェントを起動します。

```
$ eval $(docker-machine env mesos-2)
$ docker run --name agent -d --net=host \
            -e MESOS_MASTER=zk://$MESOS1:2181/mesos \
            -e MESOS_CONTAINERIZERS=docker \
            -e MESOS_IP=$MESOS2 \
            -e MESOS_HOSTNAME=$MESOS2 \
            -e MESOS_EXECUTOR_REGISTRATION_TIMEOUT=10mins \
            -e MESOS_RESOURCES="ports(*):[80-32000]" \
            -v /var/run/docker.sock:/run/docker.sock \
```

```
            -v /usr/local/bin/docker:/usr/bin/docker \
            -v /sys:/sys:ro \
            mesosphere/mesos-slave:0.23.0-1.0.ubuntu1404
...
Status: Downloaded newer image for mesosphere/mesos-slave:0.23.0-1.0.ubuntu1404
ac1216e7eedbb39475404f45a5655c7dc166d118db99072ed3d460322ad1a1c2
$ eval $(docker-machine env mesos-3)
$ docker run --name agent -d --net=host \
            -e MESOS_MASTER=zk://$MESOS1:2181/mesos \
            -e MESOS_CONTAINERIZERS=docker \
            -e MESOS_IP=$MESOS3 \
            -e MESOS_HOSTNAME=$MESOS3 \
            -e MESOS_EXECUTOR_REGISTRATION_TIMEOUT=10mins \
            -e MESOS_RESOURCES="ports(*):[80-32000]" \
            -v /var/run/docker.sock:/run/docker.sock \
            -v /usr/local/bin/docker:/usr/bin/docker \
            -v /sys:/sys:ro \
            mesosphere/mesos-slave:0.23.0-1.0.ubuntu1404
...
Status: Downloaded newer image for mesosphere/mesos-slave:0.23.0-1.0.ubuntu1404
b5eecb7f56903969d1b7947144617050f193f20bb2a59f2b8e4ec30ef4ec3059
```

これで、**http://$MESOS1:5050** をブラウザで開けば（$MESOS1 を mesos-1 の IP アドレスに置き換えてください）、Mesos の Web インターフェイスが表示されるはずです。同様に、Marathon のインターフェイスも 9000 番ポートでアクセスできます。

これで、Marathon を経由し、Mesos エージェント上でコンテナを動作させるためのインフラストラクチャができました。ただし、identidock を動作させる前に、サービスディスカバリの仕組みを追加しなければなりません。ここでは、mesos-1 で mesos-dns（**https://github.com/mesosphere/mesos-dns**）を立ち上げて使いましょう。

Marathon のジョブは、JSON ファイルで定義します。このファイルには、起動するジョブと、そのジョブが必要とするリソースの詳細が含まれます。

以下の JSON ファイルで、mesos-1 上で mesos-dns を起動できます。

```
{
  "id": "mesos-dns",
  "container": {
    "docker": {
      "image": "bergerx/mesos-dns",  ❶
      "network": "HOST",  ❷
      "parameters": [
          { "key": "env",
            "value": "MESOS_DNS_ZK=zk://192.168.99.100:2181/mesos" }, ❸
          { "key": "env", "value": "MESOS_DNS_MASTERS=192.168.99.100:5050" },
          { "key": "env", "value": "MESOS_DNS_RESOLVERS=8.8.8.8" }
```

```
        ]
      }
    },
    "cpus": 0.1, ❹
    "mem": 120.0,
    "instances": 1, ❺
    "constraints": [["hostname", "CLUSTER", "192.168.99.100"]] ❻
  }
```

❶ ここでは、ユーザーが提供している mesos-dns のビルドを使っています。これは、自動的に設定を環境変数から読み取ってくれます。本書の執筆時点では、mesosphere/mesos-dns イメージはこの機能をサポートしていません。

❷ 今回も、効率のためにホストのネットワーキングを使うのが妥当でしょう。とはいえ、ブリッジネットワークを使い、53 番ポートを公開することもできます。

❸ mesos-dns を設定するために、環境変数を設定します。これには、イメージを起動するのに使われる docker run コマンドにフラグを追加する parameter オプションを使います。IP アドレスの 192.168.99.100 は、読者のクラスタの mesos-1 のアドレスに置き換えてください。

❹ すべてのタスクは、実行に必要なリソースを定義しなければなりません。ここでは、CPU リソースを "0.1" と、120MB のメモリを要求しています。

❺ このテストでは、mesos-dns に必要なインスタンスは 1 つだけです。

❻ mesos-1 の IP でホスト名の制約を指定することによって、mesos-dns を mesos-1 に固定します。

コンテナに対して割り当てられるリソースの厳密な量は、Mesos が使用する、設定可能な**アイソレータ**に依存します。通常の場合、CPU は相対的な重みで指定します。すなわち、CPU で競合が発生した場合、0.2 の重みを持つコンテナは、0.1 の重みを持つコンテナの 2 倍の CPU を受け取ります。エージェントは、この CPU の値を Mesos に提供するリソースから差し引きます（従って、仮にエージェントが CPU を "8" 持っており、"1"CPU のタスクを実行するなら、そのエージェントは将来のタスクのために "7"CPU を提供します）。

このファイルを dns.json として保存し、REST API と以下のコマンドを使って Marathon に送信します。

```
$ curl -X POST http://$MESOS1:9000/v2/apps -d @dns.json \
      -H "Content-type: application/json" | jq .
{
  "id": "/mesos-dns",
  "cmd": null,
  "args": null,
  "user": null,
...
```

ジョブの投入は、コマンドラインツールのmarathonctlや、Webインターフェイスからでも行えます。

ここでMarathonのWebインターフェイスを見てみれば、mesos-dnsアプリケーションのデプロイ中であることがわかるでしょう。mesos-dnsが起動して動作中になれば、各ホストに対し、mesos-dnsを使うように指示しなければなりません。最も簡単な方法は、各ホストでresolv.confを更新することで、そうすればコンテナの起動時に、この指定は自動的に展開されて行くことになります。

各ホストでsedのスクリプトを実行すれば、これを実現できます。

```
$ docker-machine ssh mesos-1 \
  "sudo sed -i \"1s/^/domain marathon.mesos\nnameserver $MESOS1\n/\" \
   /etc/resolv.conf"
$ docker-machine ssh mesos-2 \
  "sudo sed -i \"1s/^/domain marathon.mesos\nnameserver $MESOS1\n/\" \
   /etc/resolv.conf"
$ docker-machine ssh mesos-3 \
  "sudo sed -i \"1s/^/domain marathon.mesos\nnameserver $MESOS1\n/\" \
   /etc/resolv.conf"
```

これで、各ホストのresolv.confが以下のようになります。

```
domain marathon.mesos
nameserver 192.168.99.100
...
```

resolv.confにsearchの行が含まれているなら、その行を拡張して、marathon.mesosを含めてやらなければ、名前解決がうまくいきません。

さあ、各コンテナのlauncherを作成しましょう。コンテナ群はブリッジネットワークに置きますが、いずれのコンテナもポートを公開して、ホストからアクセスできるようにしておかなければなりません。

いつもの通り、まずRedisから行きましょう。以下の内容をredis.jsonとして保存してください。

```
{
    "id": "redis",
    "container": {
      "docker": {
        "image": "redis:3",
        "network": "BRIDGE",
        "portMappings": [
          {"containerPort": 6379, "hostPort": 6379}
        ]
      }
    },
```

```
    "cpus": 0.3,
    "mem": 300.0,
    "instances": 1
}
```

そして投入します。

```
$ curl -X POST http://$MESOS1:9000/v2/apps -d @redis.json \
       -H "Content-type: application/json"
...
```

dnmonsterについても同様に、以下の内容をdnmonster.jsonとして保存してください。

```
{
    "id": "dnmonster",
    "container": {
      "docker": {
        "image": "amouat/dnmonster:1.0",
        "network": "BRIDGE",
        "portMappings": [
          {"containerPort": 8080, "hostPort": 8080}
        ]
      }
    },
    "cpus": 0.3,
    "mem": 200.0,
    "instances": 1
}
```

そして投入します。

```
$ curl -X POST http://$MESOS1:9000/v2/apps -d @dnmonster.json \
       -H "Content-type: application/json"
...
```

最後に、以下の内容をidentidock.jsonとして保存してください。

```
{
    "id": "identidock",
    "container": {
      "docker": {
        "image": "amouat/identidock:1.0",
        "network": "BRIDGE",
        "portMappings": [
          {"containerPort": 9090, "hostPort": 80}
        ]
```

```
        }
    },
    "cpus": 0.3,
    "mem": 200.0,
    "instances": 1
}
```

そして投入します。

```
$ curl -X POST http://$MESOS1:9000/v2/apps -d @identidock.json \
       -H "Content-type: application/json"
...
```

エージェントがイメージをダウンロードして起動したなら、identidockが割り当てられたホストのIPアドレスで、identidockにアクセスできるようになっているはずです。このアドレスは、Webインターフェイスからでも、REST APIからでも知ることができます。例をご覧ください。

```
$ curl -s http://$MESOS1:9000/v2/apps/identidock | jq '.app.tasks[0].host'
"192.168.99.101"
$ curl 192.168.99.101
<html><head><title>Hello...
```

Marathonは、十分なリソースがあれば、死んでしまったアプリケーションが再起動されることを保障します。mesos-2やmesos-3を停止し、再起動してみて、リソースがオフラインになり、さらには新たにリソースが利用できるようになるにつれて、どのようにタスクが移行して再起動されるのかを見てみると良いでしょう。

アプリケーションに、もっと複雑なヘルスチェックを追加することも簡単です。それには通常、Marathonが定期的にポーリングできるHTTPのエンドポイントを実装します。例えば、以下のようにidentidock.jsonを更新することができます。

```
    "id": "identidock",
    "container": {
      "docker": {
        "image": "amouat/identidock:1.0",
        "network": "BRIDGE",
        "portMappings": [
          {"containerPort": 9090, "hostPort": 80}
        ]
      }
    },
    "cpus": 0.3,
    "mem": 200.0,
    "instances": 1,
    "healthChecks": [
```

```
        {
            "protocol": "HTTP",
            "path": "/",
            "gracePeriodSeconds": 3,
            "intervalSeconds": 10,
            "timeoutSeconds": 10,
            "maxConsecutiveFailures": 3
        }]
}
```

これで、10秒ごとにidentidockのホームページがフェッチされるようになります。何らかの理由でフェッチが失敗した場合（すなわちリターンコードが200から399の範囲外だった場合や、タイムアウト時間内にレスポンスを受信できなかった場合）、Marathonはあと2回エンドポイントをテストして、それでもだめならタスクを殺します。

ヘルスチェックをデプロイするには、古いidentidockを停止させ、更新されたidentidockを立ち上げます。

```
$ curl -X DELETE http://$MESOS1:9000/v2/apps/identidock
{"version":"2015-09-02T13:53:23.281Z","deploymentId":"1db18cce-4b39-49c0-8f2f...
$ curl -X POST http://$MESOS1:9000/v2/apps -d @identidock.json \
       -H "Content-type: application/json"
...
```

これで、MarathonのWebインターフェイスをクリックしていけば、"Health Check Results"が見つかるでしょう。

Marathonにおける制約の動作は、すでにmesos-dnsコンテナを指定したIPアドレスのホスト上でスケジューリングしたときに見ました。耐障害性を持たせるために、複数のホストにまたがってコンテナが分散配置されるようにすることも含めて、指定した属性を持つ（あるいは持たない）ホストを選択するような制約を指定することもできます。

この環境の問題の1つは、identidockサービスのアドレスが、identidockがスケジューリングされているホストのIPに依存してしまうことです。明らかに、静的なエンドポイントから安定してidentidockへのルーティングを行う方法を持つことは重要です。そのための方法の1つは、mesos-dnsを使ってアクティブなエンドポイントを見つけることですが、Marathonにはservicerouterというツールがあり[†]、Marathonのアプリケーションへのルーティングのための、HAProxy（**http://www.haproxy.org**）の設定を生成してくれます。もう1つのソリューションとしては、Marathonのイベントバスにアプリケーションの生成や破棄のイベントが流れるのを待ち受け、そのイベントを基に、適切にリクエストをフォワードしてくれるような、独自のプロキシやロードバランシングサービスを動作させる方法もあります。

† 訳注：原書刊行後に、servicerouter.pyは独立したスクリプトファイルとしては提供されなくなっています。詳しくはhttps://github.com/mesosphere/marathon/pull/2572を参照してください。

2つめの問題は、Redisでの6379番ポートや、dnmonsterでの8080番ポートのような、固定されたポートの使用です。すでに、dnmonsterとのコンフリクトを避けるために、Marathonのインターフェイスを9000番ポートにマッピングし直さなければなりませんでした。この問題は、Marathonに割り当てられた動的なポートを使うようにアプリケーションを書き直せば解決できますが、さらに良いのはSDNを使うことです。MesosとともにWeaveをインストールする方法については、オンラインにガイドがあります。そして、MesosphereはCalicoプロジェクト（「11.5.4 Calicoプロジェクト」参照）をMesosとネイティブに統合する作業を進めています。

Marathonはまた、起動時やスケーリング、あるいはローリングアップデートを行う際に、依存関係を正しい順序で満たしながらデプロイできるよう、アプリケーション群をまとめるために利用できる機能として、**アプリケーショングループ**を持っています。

他のオーケストレーションソリューションと比較した場合、Mesosのユニークな特徴として、ワークロードのミックスがサポートされていることがあります。複数のフレームワークを同じクラスタで動作させることができるので、HadoopやStormといったデータ処理のタスクを、マイクロサービスアプリケーションを動作させるDockerコンテナと同時に動作させることができるのです。これは、利用率を高めるという点で、Mesosを特に便利なものにしている機能の1つです。すなわち、CPUは大量に消費するものの、ネットワーク帯域の消費が少ないタスクを、逆の性格を持つタスクと同じホストで動作させ、リソースの利用度を最大化できるのです。クラスタの効率的な活用は、Marathonや他のフレームワークへのタスクの投入時の過剰なプロビジョニングを行わず、正確にリソースを要求できるかどうかにかかっています。identidockの例では、すべてのタスクが同じエージェントに割り当てられてしまうことがないように、メモリの数値を意識的に大きくしていますが、実際には、単一のホストで十分にまかなうことができます。この問題に対処するために、Mesosは**オーバーサブスクリプション**をサポートしています。これは、十分なリソースを提供してはいないものの、モニタリングされている状況によれば、まだ余力があるエージェント上で「取り消し可能な」タスクを実行できるようにする機能です。こうした取り消し可能なタスクは、リソースの利用状況にスパイクが生じた際に停止させられることになるタスクで、通常は、バックグラウンドでの分析といった、優先度の低いタスクです。Mesosにおけるオーバーサブスクリプションについての詳しい情報については、Mesosのサイト（**http://mesos.apache.org/documentation/latest/oversubscription/**）及びGitHub（**https://github.com/mesosphere/serenity**）を参照してください。

Mesos上でのSwarmあるいはKubernetesの実行

Mesosそのものは、低レベルのクラスタリング及びスケジューリングのインフラストラクチャを提供するものなので、KubernetesやSwarmといった高レベルのインターフェイスを、Mesos上で動作させることができます。提供されている機能が大幅に重複していることから、一見、これは愚かなことのように思えます。しかし、Mesos上で動作させるということは、耐障害性、高可用性、リソースの有効活用といった、Mesosの既存の機能を活かせるということです。また、Mesosをサポートしている任意のデータセンターやクラウドへのポータビリティが高いことを活かしながら、KubernetesやSwarmの機能や使いやすさもそのままにできるのです。運用者にも大きなメリットがあり、さまざまなワークロードや高い利用率をサポートしながら、下位層のMesosのインフラストラクチャの提供に集中できるのです。

詳しい情報については、Kubernetes-Mesos（http://bit.ly/1XLRuBx）を参照してください。

12.2 コンテナ管理のプラットフォーム

コンテナのプロビジョニング、オーケストレーション、モニタリングというタスクの自動化を支援するために設計されたプラットフォームは、いくつもあります。これらのプラットフォームは、直接的にコンテナのホスティングを行うわけではありませんが、その代わりにパブリッククラウドやプライベートなインフラストラクチャの上で、インターフェイスを提供します。本セクションで見ていく例は、すべてWebのインターフェイスと、システムの概要を提供します。これらのプラットフォームは、コンテナの動作環境の管理を簡単にしながら、インフラストラクチャのプロバイダ（あるいはプロバイダ群）に対する抽象化のレイヤを用意してくれる、素晴らしい手段です。こうしたプラットフォームを使うことで、クラウドプラットフォーム間での移行や、複数のクラウドプラットフォームの利用を容易にすることができます。

12.2.1 Rancher

おそらくは「ペットと家畜」の比喩から名付けられたRancher（牧場経営者 http://rancher.com/rancher/）は、管理用のプラットフォーム群の中でも、最もDockerを中心に置いたものです。

Rancherを使い始めるのはきわめて簡単です。Rancherサーバーコンテナを、いずれかのホストで実行するだけです。

```
$ docker run -d --restart=always -p 8080:8080 rancher/server
```

そして、ブラウザでそのホストの8080番ポートにアクセスすれば、Rancherのインターフェイスが表示されます。この画面から、インフラストラクチャ上のVMやクラウドのリソースをホストとして追加し始めることができます。Digital OceanやAWSといったパブリッククラウドを使う場合、アクセスキーを渡しておけば、Rancherは自動的にVMをプロビジョニングしてくれます。既存のVMにRancherをインストールした場合、それは単純に、Rancherのインターフェイスから渡された引数を使って、ホスト上でエージェントを実行しているだけに過ぎません。これは例えば、以下のような引数です。

```
$ docker run -d --privileged -v /var/run/docker.sock:/var/run/docker.sock \
    rancher/agent:v0.8.1 http://<host_ip>:8080/v1/scripts/<token>
```

Rancherは、ホスト上で新しいコンテナを起動できるよう、Dockerのソケットをマウントしなければなりません。起動したエージェントは、RancherのインターフェイスのHOSTSタブに現れます。インフラストラクチャの画面には、ホスト上で動作中のコンテナのリストが表示されます(Rancherのエージェントは除きます)。テスト用であれば、Rancherサーバーをエージェントと同じホスト上で実行することもできますが、Rancherは実働環境ではサーバーに専用のホストを使うことを推奨しています。

Rancher上でidentidockを立ち上げるのは簡単です。それぞれのコンテナ用にサービスを作成し、identidockのサービスをdnmonster及びRedisのサービスにリンクするだけです。identidockのサービスの9000番ポートを80番ポートとして公開したい場合もあるでしょう。他のポートは、公開する必要はありません。Rancherは、ホスト間のネットワーキングや、適切なホストでのコンテナのスケジューリングといった面倒を見てくれます。**図12-5**は、Rancherが管理しているクラスタで、2つのホストを使ってidentidockが動作している様子です。

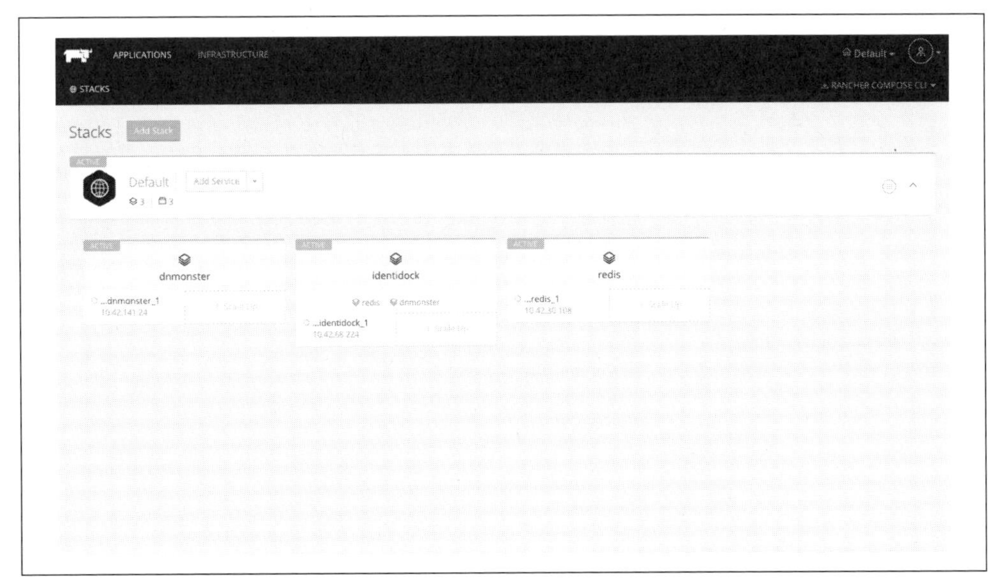

図12-5 identidockを動作させているRancherの様子

あるいは、Docker ComposeのファイルをRancherにデプロイするためのCLIツールである、Rancher Compose(**https://github.com/rancher/rancher-compose**)を使うことできます。

Rancherを使えば、ログへのアクセスや、プロセスのデバッグのためにシェルを実行することさえ含めて、動作中のコンテナの詳細を掴むことが容易になります。

現時点では、Rancherはホスト間にまたがるネットワーキング（IPsec **https://ja.wikipedia.org/wiki/IPsec** を利用しています）、サービスディスカバリ、シンプルなオーケストレーションに関する独自のソリューションを提供していますが、これは完全なDockerスタックへの移行を意図したものです。こうしたソリューション群は、KubernetesやMesosとの統合も可能です。Rancherを使い始めたり、既存のシステムにRancherを追加したりすることはとても簡単なので、間違いなく試してみるだけの価値があるでしょう。

12.2.2 Clocker

Clocker（**https://brooklyncentral.github.io/clocker/**）は、自己ホスト型の、オープンソースのコンテナ管理プラットフォームであり、Apache Brooklyn（**https://brooklyn.incubator.apache.org**）上に構築されています。Rancherと比較すると、Clockerはさらにアプリケーション指向のソリューションを提供しており、アプリケーション内でVMやコンテナを混在させることができます。Clockerは、jclouds（**https://jclouds.apache.org**）ツールキットを利用することで、非常に多彩なクラウドプロバイダをサポートしています。

Clockerを使うには、多少の作業が必要になります。Clockerをダウンロードしたなら、クラウドのデプロイメント用のトークンやアクセスキーを使って、設定をしなければなりません。それが終われば、Clockerクラウドを立ち上げることができるようになり、WeaveやCalicoプロジェクトを使って、ホストのプロビジョニングや、ネットワークのインストールを自動で行えるようになります。

Clockerクラウドが動き始めたなら、新しいアプリケーションを起動して、Dockerコンテナを動作させることができます。以下のYAMLは、Clocker上でidentidockを立ち上げます。

```
id: identidock
name: "Identidock"
location: my-docker-cloud
services:
- type: docker:redis:3
  name: redis
  id: redis
  openPorts:
  - 6379
- type: docker:amouat/dnmonster:1.0
  name: dnmonster
  id: dnmonster
  openPorts:
  - 8080
- type: docker:amouat/identidock:1.0
  name: identidock
```

```
id: identidock
portBindings:
  80: 9090
links:
- $brooklyn:component("redis")
- $brooklyn:component("dnmonster")
```

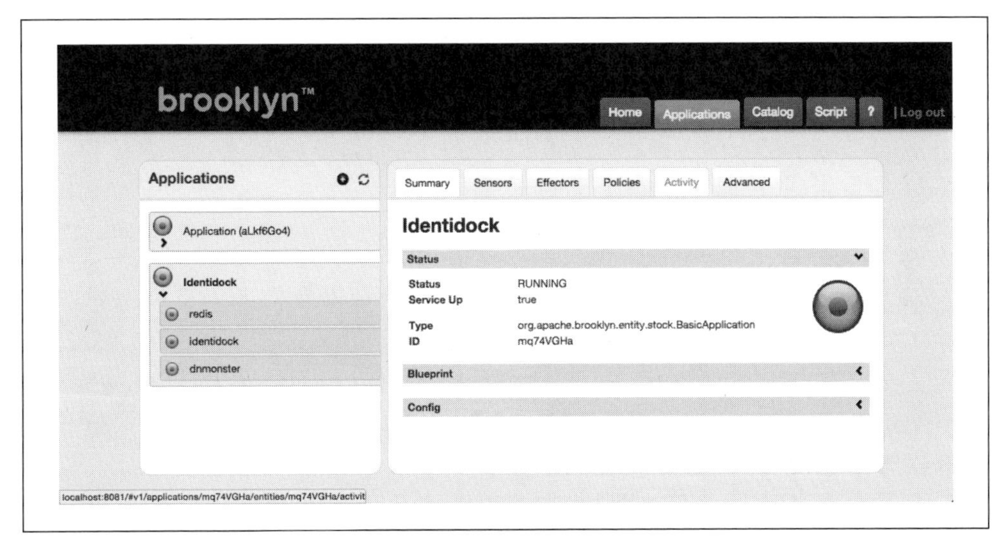

図12-6　WeaveとAWSを使ってidentidockを動作させているClockerの様子

Clockerの利点は、Dockerの環境と、コンテナ化されていないリソースを簡単に混在させられることです。例えば、以下のYAMLをRedisサービスで使えば、Redisを動作させているVMでRedisのコンテナを置き換えることができます。

```
- type: org.apache.brooklyn.entity.nosql.redis.RedisStore
  name: redis
  location: jclouds:softlayer:lon02
  id: redis
  install.version: 3.0.0
  start.timeout: 10m
```

これで、SoftlayerのロンドンのデータセンターにVMがプロビジョニングされ、続いてRedisがそのVMにインストールされ、実行されます。

本書の執筆時点では、Clockerは開発のただ中にあります。現時点では、他のソリューションほどには洗練されていないところもありますが、Brooklynやjcloudといった技術を使っていることで、Clockerは幅広いシステムにデプロイすることができ、さまざまなインフラストラクチャの混在環境でも、うまく動作することでしょう。

12.2.3 Tutum

Tutum[†]（**https://www.tutum.co**）は、コンテナのデプロイと管理のためのホストされたプラットフォームを提供します。Tutumは、ユーザビリティと、整ったインターフェイスを提供することに注力しています。

Tutumへノードを追加するには、クレデンシャルをパブリッククラウドプロバイダに提供するか、既存のマシンにTutumエージェントをインストールするかします。エージェントは、コンテナではなくデーモンとして動作するので、すべてのオペレーティングシステムでサポートされているというわけではありません（特に、Docker Machineによって作成されるboot2dockerのイメージがサポートされていません）。

Tutumは、リンクされたサービス群を定義するために、**stackfile**を使います。これは、意識的にComposeのファイルに似せられていますが、オーケストレーションとスケーリングに関連する、`target_num_containers`や`deployment_strategy`といったいくつかのフィールドが追加されており、一方で`user`や`cap_add`などが削除されています。

内部的には、TutumはWeave（「11.5.2 Weave」を参照）を使って、ホスト間をまたがるネットワーキングと、サービスディスカバリを提供しています。

Tutumでidentidockを動かすのもあっと言うまでです。**図12-7**は、2つのDigital Oceanのノードでidentidockを動作させているTutumのダッシュボードです。

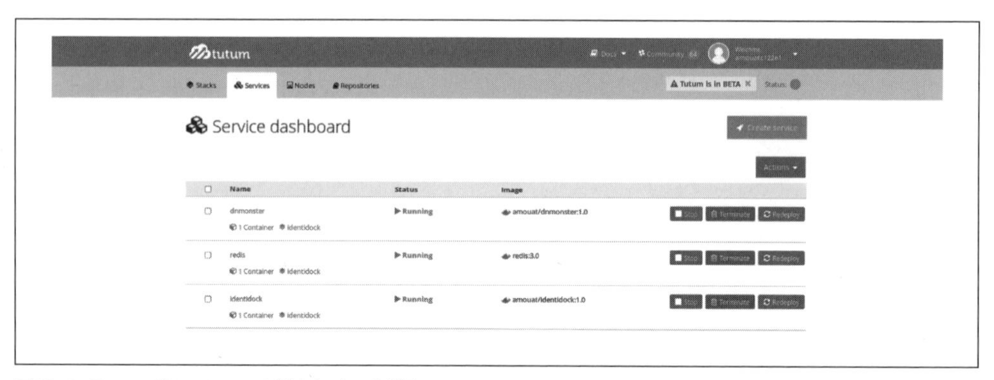

図12-7　Tutumでidentidockを動かしている様子

Webインターフェイスに加えて、TutumはREST APIやTutum CLI経由でもアクセスできます。

コンテナ化されたサービスのセットアップと実行に関わる運用作業の多くを緩和してくれるようなホスト型のサービスを探しているなら、Tutumは見てみる価値があるでしょう。サービスを完全にコントロールしたい場合や、ホスト型のサービスを信頼することに懸念があるなら、他の製品を見るべきです。

† 訳注：原書刊行後に、TutumはDockerに買収されました。詳細は、付録Aを参照してください。

12.3 まとめ

コンテナのオーケストレーション、クラスタリング、管理については、多くの選択肢があることは間違いありません。とはいえ、それらの選択肢は概して十分に差別化されています。オーケストレーションについては、以下のことが言えるでしょう。

- Swarmには、標準的なDockerのインターフェイスを使っているというメリット（及びデメリット）があります。このおかげで、Swarmの利用や既存のワークフローへの組み込みは非常にシンプルになりますが、複雑なスケジューリングのサポートが難しくなってしまってもいます。そういった複雑なスケジューリングは、カスタムのインターフェイスで定義できるかも知れません。
- fleetは、低レベルのとてもシンプルなオーケストレーションレイヤで、Kubernetesやカスタムのシステムのような、高レベルのオーケストレーションツールを動作させるための基盤として利用できます。
- Kubernetesは個性的なオーケストレーションツールで、サービスディスカバリとレプリケーションの機能が組み込まれています。既存のアプリケーションは多少再設計しなければならないかも知れませんが、正しく利用すれば、耐障害性を持つスケーラブルなシステムを構築できます。
- Mesosは現場で鍛えられた低レベルのスケジューラであり、Marathon、Kubernetes、Swarmを含む、コンテナのオーケストレーションのためのフレームワークを複数サポートしています。

本書の執筆時点では、Swarmに比べると、KubernetesとMesosの方が開発が進んでおり、安定しています。スケーラビリティという点では、数百あるいは数千のノードを持つ大規模なシステムをサポートできることが証明済みなのは、Mesosのみです。とはいえ、例えば数十台以下のノード数の小規模なクラスタを見るなら、Mesosは複雑過ぎるソリューションかも知れません。

管理プラットフォームという観点では、純粋なDocker環境用としてRancherは素晴らしい製品だと思われます。Rancherは、既存の環境への追加や、既存の環境からの削除が容易なので、ほとんどリスクなしに試してみることができます。

13章 セキュリティとコンテナに対する制限

Dockerを安全に使うには、潜在的なセキュリティの問題と、コンテナベースのシステムをセキュアにするための主要なツールや手法を知っておかなければなりません。本章では、セキュリティについて実働環境でDockerを動作させるという観点から考えますが、アドバイスの多くは、開発環境にも同じように当てはまります。セキュリティにおいてさえも、もともとDockerが解決しようとしている、環境間でコードを移すことにまつわる問題を避けるために、開発環境と実働環境を似たものにしておくことが重要です。

Dockerに関するオンラインのポストやニュースを読んでみれば†、Dockerは本質的にセキュアではなく、実用には耐えないという印象を受けるかも知れません。コンテナの安全な利用に関係した問題を認識しておく必要は間違いなくありますが、適切に使えば、コンテナはVMやベアメタルだけを使う場合以上に、セキュアで効率的なシステムを提供できます。

本章ではまず、コンテナを利用する際に検討しておくべき、コンテナベースのシステムのセキュリティにまつわる問題のいくつかを調べていきます。

免責事項！
本章のガイダンスは、筆者個人の意見に基づくものです。筆者はセキュリティの研究者でも、インターネットに公開されている著名なシステムの責任者でもありません。とはいえ、本章のガイダンスに沿ったシステムであれば、世間のシステムの大部分よりも、セキュリティ的に良い状態になることでしょう。本章のアドバイスは、完全なソリューションの形にはなっておらず、読者独自のセキュリティの手順やポリシーの開発のための情報としてのみお使いください。

13.1 要注意事項

さて、コンテナベースの環境について、どういった種類のセキュリティの問題を考えておくべきだったでしょうか？ 以下のリストは網羅的ではありませんが、考える材料にはなるでしょう。

† Dockerのセキュリティに関する優れた記事としては、opensource.comに掲載されているRedHatのDan Walshによるシリーズ（https://opensource.com/business/14/7/docker-security-selinux）や、イメージのセキュリティの問題に関するJonathan Rudenbergの記事（https://titanous.com/posts/docker-insecurity）がありますが、Jonathanの記事で指摘されている問題の大部分は、digestsやNotaryプロジェクトの開発によって、対処されています。

カーネルの不正利用

VMとは異なり、カーネルはすべてのコンテナとホストで共有されます。そのため、カーネルの脆弱性の問題の重要性は大きくなります。コンテナがカーネルパニックを引き起こせば、ホスト全体がダウンすることになります。VMでは、状況はもっと良くなります。攻撃者がホストのカーネルに手を出そうとすれば、その前にVMのカーネルとハイパーバイザの両方を通じて攻撃を仕掛けなければならないでしょう。

DoS（Denial-of-service、サービス拒否）攻撃

すべてのコンテナは、カーネルのリソースを共有します。あるコンテナが、メモリや、さらに秘匿性の高いユーザーID（UID）といった特定のリソースへのアクセスを独占してしまうと、同じホスト上の他のコンテナ群がリソース不足に陥ってしまうかもしれません。これはサービス拒否攻撃を受けた状態であり、正当なユーザーがシステムの一部、あるいは全体にアクセスできない状態になってしまいます。

コンテナブレークアウト

攻撃者が、あるコンテナへアクセスできるようになったからといって、それは必ずしも、他のコンテナやホストへのアクセスができるようになるということではありません。ユーザーは名前空間の中にはいないので、コンテナの防御を破ったプロセスは、コンテナに対して持っているのと同じ権限をホストに対しても持つことになります。コンテナ内でrootであるユーザーは、ホスト内でもrootなのです[†]。これはまた、潜在的な**権限昇格攻撃**を心配しなければならないということでもあります。権限昇格攻撃は、ユーザーが例えばrootユーザーの権限のような、昇格された権限を得てしまうような攻撃のことで、しばしば特権付きで実行しなければならないアプリケーションのコード中のバグを通じて攻撃が行われます。コンテナの技術がまだ幼年期にあることを踏まえて、セキュリティに関する体系を構築する上では、コンテナの防御が破られることは滅多にないにしても、起こりうることだという前提に立っておくべきです。

毒入りのイメージ

使用しているイメージが安全で、改変されておらず、宣言されている通りの起源を持っていることを確認するには、どうすれば良いでしょうか？ ユーザーを落としいれて、自分の作成したイメージを攻撃者が実行させることができたなら、ホストもユーザーのデータも危険にさらされることになります。同様に、実行しているイメージが最新であり、脆弱性があることがわかっているバージョンのソフトウェアが含まれていないことも確認したいところです。

秘密情報の漏洩

コンテナがデータベースやサービスにアクセスする際には、APIのキーやユーザー名及びパスワードといった、何らかの秘密情報が必要になることでしょう。こうした秘密情報にアクセスできる攻撃者も、サービスにアクセスできることになります。この問題は、長期間にわたって

---

† Docker1.10では、Dockerデーモンが直接User Namespaceをサポートし、コンテナ内のrootユーザーを、コンテナ外の非rootユーザーにマッピングできるようになりましたが、この機能はデフォルトでは有効になっていません。

動作する少数のVMからなるアーキテクチャに比べて、コンテナの開始や終了が常に行われているようなマイクロサービスアーキテクチャでは、さらに深刻なことになります。秘密情報を共有するためのソリューションについては、「9.7 秘密情報の共有」で議論しました。

コンテナと名前空間

頻繁に引用されている記事の中で、Red HatのDan Walshは"Containers do not contain"と書きました（https://opensource.com/business/14/7/docker-security-selinux）。そこで彼が主に主張したことは、コンテナがアクセスできるリソースの中には、**名前空間を持っていない**ものがある、ということです。**名前空間を持っている**リソースは、ホスト上の別個の値にマップされます（例えば、コンテナ内のPID 1は、ホストや他のコンテナ内のPID 1ではありません）。逆に、名前空間を持たないリソースは、ホストとコンテナで同じになります。

名前空間を持たないリソースには、以下のようなものがあります。

ユーザーID（UID）

コンテナ内のユーザーは、コンテナとホストで同じUIDを持ちます。これはすなわち、コンテナがrootユーザーとして実行されており、その防御が破られたなら、攻撃者はホスト上でrootになれるだろうということです。Docker1.10では、コンテナ内のrootユーザーをコンテナ外の非rootユーザーにマッピングできるようになりましたが、この機能はデフォルトでは有効になっていません。

カーネルキーリング

利用するアプリケーションや、そのアプリケーションが依存するサプリケーションが、暗号化の鍵や、そういった種類のものの処理にカーネルキーリングを使っているなら、そのことを認識しておくことは**きわめて**重要です。キーはUIDで分離されているので、コンテナはホスト上で同じUIDのアクセス権を持つのと同様に、そのユーザーが利用できるキーにアクセスできることになります。

カーネルそのものとすべてのカーネルモジュール

コンテナがカーネルモジュールをロードすると（この処理には特権が必要です）、そのモジュールはそのホストと、そのホスト上のすべてのコンテナで利用できるようになります。これには、後ほど議論するLinuxのセキュリティモジュール群も含まれます。

デバイス

ディスクドライブ、サウンドカード、グラフィック処理ユニット（GPU）です。

システム時刻

コンテナ内で時刻を変更すれば、そのホストとそのホスト上の他のすべてのコンテナのシステム時刻も変更されます。これができるのは`SYS_TIME`権限が与えられたコンテナだけです。この権限は、デフォルトでは与えられません。

単純な事実として、Dockerと、Dockerが依存しているLinuxのカーネルの機能はまだ若く、相当するVMの技術に比べれば、まだ現場で鍛え上げられたとはとても言えません。少なくとも当面の間、VMが保障するのと同等のレベルのセキュリティをコンテナが提供することはできません†。

13.2 防御の詳細

それでは、どういった対処ができるのでしょうか？ 脆弱性を仮定して、多重防御を構築しましょう。比喩として、複数の防御層を持ち、さまざまな種類の攻撃に対処できるように作られた城郭を考えてみましょう。通常の場合、城郭は堀を使ったり、地形を利用したりして、城にいたる道筋を制御します。壁は厚い石であり、炎や大砲を寄せ付けないように設計されています。城壁内には、防御兵のための胸壁や、複数レベルの門楼閣があります。防御の一段階を攻撃者が突破しても、次の段階が待ち受けているわけです。

同様に、システムの防御も複数のレイヤで構築しなければなりません。例えば、多くの場合コンテナはVM内で動作するので、コンテナの防御が破られた場合でも、他のレベルの防御によって、攻撃者がホストや、他のユーザーのコンテナに入り込めないようにできます。モニタリングシステムを配置して、異常な振る舞いがあった場合には管理者に警告させるべきです。ファイアウォールでコンテナへのネットワークアクセスを制約し、外部から攻撃を受ける部分を制限しましょう。

13.2.1 最小限の権限

堅持すべき、もう1つの重要な原則は、**権限を最小限にする**ことです。それぞれのプロセスやコンテナは、動作に必要な最小限のアクセス権やリソースの下で動作させるべきです‡。このアプローチの主なメリットは、あるコンテナに侵入されても、攻撃者はその先のデータやリソースへのアクセスを厳しく制限されるということです。

最小限の権限という観点からは、コンテナができることを制限するために、以下のような多くのステップを踏んでいくことができます。

- コンテナ内のプロセスがrootで動作していないことの確認。これによって、プロセスの脆弱性を突かれても、攻撃者はroot権限でのアクセスができなくなります。

- ファイルシステムをリードオンリーとする。これによって、攻撃者はデータを上書きした

† コンテナがVMと同じようにセキュアになる日が来るのか、ということについては、興味深い議論が成されています。VMの支持者は、ハイパーバイザがないことや、カーネルリソースを共有しなければならないことから、コンテナがVMと同等にセキュアになることはない、と主張しています。コンテナの支持者は、難解なハードウェアのエミュレーションのために、特権を持った複雑なコードがVMには大量に必要になることを指摘して（例としては、近年のフロッピードライブのエミュレーションのコードを突いたVENOM脆弱性 http://venom.crowdstrike.com を参照してください）、VMには攻撃を受ける部分が多いため、コンテナよりも脆弱であると主張しています。

‡ 最小限の権限という概念は、Jerome Saltzerによって"Protection and the control of information sharing in multics" (Communications of the ACM、vol. 17) の"Every program and every privileged user of the system should operate using the least amount of privilege necessary to complete the job"において初めて明言されました。最近では、DockerのDiogo MonicaとNathan McCauleyが、Saltzerの原則を基にした"least-privilege microservices"という概念を支持しています。

り、悪意のあるスクリプトをファイルに書くことができなくなります。

- コンテナが呼べるカーネルコールの制限。潜在的な攻撃の対象領域を狭めることができます。
- コンテナが利用できるリソースの制限。これによって、侵入されたコンテナやアプリケーションが、ホストを停止に追い込むほどのリソース（例えばメモリやCPU）を消費するような、DoS攻撃を避けることができます。

Dockerの特権 == root特権

本章は、動作中のコンテナのセキュリティに焦点を当てていますが、もう1つ重要なことは、Dockerデーモンへのアクセス許可を誰に与えるか、ということです。Dockerコンテナを立ち上げることができるユーザーは、事実上ホストへのrootアクセス権を持つことになります。例えば、以下のコマンドが実行できるとしましょう。

```
$ docker run -v /:/homeroot -it debian bash
...
```

これで、ホストマシン上のすべてのファイルやバイナリにアクセスできることになります。Dockerデーモンに対してリモートAPIでアクセスする場合、APIをセキュアに保つことと、APIへのアクセス権を誰に与えるのか、ということに注意を払ってください。できれば、APIへのアクセスはローカルネットワークからのみに制限すると良いでしょう。

13.3 Identidockをセキュアにする

本章にある程度のストーリーを持たせるために、実働環境でidentidockをセキュアにする方法を見ていくことにしましょう。identidockはセンシティブな情報は保存しないので、主な懸念事項は、攻撃者に侵入され、サーバーをスパムなどのために転用されてしまうことです。identidockにはある程度の価値があり、停止させると多少は失望してしまうユーザーが一定数存在しているものとします†。

確実に実施したい主要な項目としては、以下のようなもの上がります。

- identidockのコンテナは、VMか、専用のホストで実行し、他のユーザーやサービスからの攻撃にさらさないようにします（「13.4 ホストによるコンテナの分離」参照）。
- ポートを外界に公開するのはロードバランサ / リバースプロキシのみにして、攻撃対象の領域を大幅に狭くします。モニタリングやロギングのサービスは、プライベートなインターフェイスや、VPNを通じてのみ公開すべきです（「13.7.2 コンテナのネットワーキングの制限」参照）。
- すべてのidentidockのイメージはユーザーを定義し、rootとしては実行しないようにします（「13.7.1 ユーザーの設定」参照）。

† やはり、想像するだけなら簡単です――

- すべてのidentidockのイメージは、ハッシュを指定してダウンロードするか、セキュアで検証済みの方法で取得します（「13.6 イメージの起源」参照）。
- 異常なトラフィックや振る舞いを検出するためのモニタリングとアラートを行います（**10章**を参照）。
- すべてのコンテナは、最新のソフトウェアを、デバッグ情報をオフにした、実稼働用のモードで動作させます（「13.5 更新の適用」を参照）。
- ホストで利用可能であれば、AppArmorもしくはSELinuxを有効化します（「13.9.2 AppArmor」及び「13.9.1 SELinux」を参照）。
- 何らかのアクセス制御もしくはパスワードによる保護をRedisに追加します。

十分に時間があれば、以下の対策も行うでしょう。

- identidockのイメージからの、不要なsetuidバイナリの削除。こうすることで、コンテナへのアクセス権限を取得したユーザーに、さらなる権限を獲得されてしまうリスクが減ります（「13.7.3 setuid / setgidバイナリの削除」参照）。
- ファイルシステムをできる限りリードオンリーで使います。dnmonster、identidock、redisコンテナは、リードオンリーのコンテナファイルシステム上で動作できますが、redisのボリュームには書き込みができなければなりません（「13.7.7 ファイルシステムの制限」を参照）。
- 不要なカーネル権限の除去。dnmonsterとidentidockコンテナは、すべてのカーネル権限を削除した状態で動作できます（「13.7.8 ケーパビリティの制限」を参照）。

もっと偏執狂的になるなら、あるいはセキュリティ的に敏感にならなければならないようなサービスを実行するなら、さらに以下のようにするでしょう。

- 各コンテナのメモリを`-m`フラグで制限します。こうすることで、一部のDoS攻撃や、メモリリークを防ぐことができます。メモリの最大使用量を決定するには、コンテナのプロファイリングが必要になります。そうしない場合は、十分に緩い制約をかけることになります。
- コンテナ用にタイプを割り当ててSELinuxを動作させます。これは、セキュリティという観点からは非常に効果的ですが、かなりの作業が必要であり、devicemapperストレージドライバを動作させている場合にのみ使える方法です（「13.9.1 SELinux」を参照）。

- プロセス数に`ulimit`を適用します。この制限は、コンテナのユーザーに対してかけられるものなので、一見するよりも難しいことです。こうすることで、フォーク爆弾をDoS攻撃に使われる危険をなくすことができます（「13.7.9 リソース制限の適用（ulimit）」を参照）。
- 攻撃者がデータを改変しにくいよう、内部的な通信を暗号化します。

加えて、システムの定期的な監査を行い、すべてが最新の状態であり、リソースを消費しすぎているコンテナがないことを確認できるようにします。identidockのようなおもちゃのアプリケーションであっても、適用すべきセキュリティ対策は数多く存在し、考慮すべきことはそれ以上にたくさんあります。

本章ではこの後、こういった防御などの実装の詳細を見ていきます。覚えておかなければならないのは、チェック項目や境界を増やせば増やすほど、本当に被害を受ける前に攻撃を止められる可能性が高まるということです。Dockerを不適切に使えば、新しい感染媒体ができてしまい、システムのセキュリティを低くしてしまうことになります。しかし適切に使えば、隔離のレベルを追加し、アプリケーションがシステムにダメージを与えうる範囲を制限することによって、Dockerはセキュリティを改善できるのです。

13.4　ホストによるコンテナの分離

複数のユーザー用にコンテナを動作させるマルチテナントの構成を採っている場合（組織内のユーザーなのか、外部の顧客なのかに関わらず）、**図13-1**のように、それぞれのユーザーを別個のDockerホストに配置します。これは、ユーザー間でホストを共有するやり方に比べて効率は劣り、ホストを再利用する場合に比べてVMやマシン数は多くなってしまいますが、セキュリティ上は重要なことです。こうする主な理由は、コンテナの防御を破られたことによって、あるユーザーが他のユーザーのコンテナやデータへのアクセス権を得てしまうのを避けるためです。コンテナの防御が破られたとしても、攻撃者は依然として独立したVMもしくはマシン内にいることになるので、他のユーザーに属するコンテナに簡単にアクセスすることはできません。

同様に、センシティブな情報を処理したり、保存したりするコンテナがあるなら、それらのコンテナは、それほどセンシティブな情報を扱わないコンテナ群、特にエンドユーザーに対して直接解放されてるアプリケーションを実行するコンテナ群とは別のホストに置いてください。例えば、クレジットカードの詳細を処理するコンテナは、Node.jsのフロントエンドを動作させるコンテナ群とは分離しておくべきです。

VMの分離と利用は、DoS攻撃に対する防御にもなります。ユーザーが独立したVM内に隔離されているなら、ホストのメモリを独占し、他のユーザーをリソース不足に陥らせることはできないでしょう。

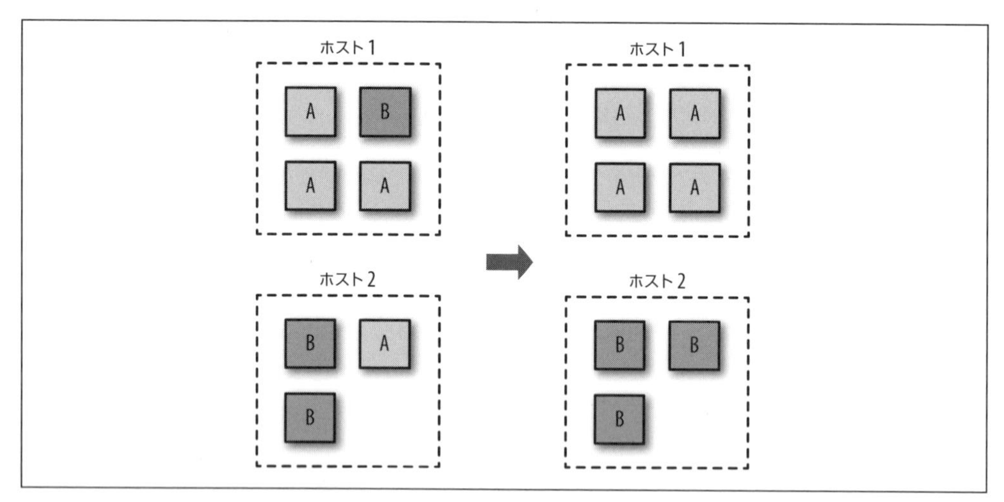

図13-1 ホストによるコンテナの分離

短中期的には、コンテナの動作環境の多くは、VMを必要とするでしょう。これは理想的な状況ではないものの、コンテナの効率性とVMのセキュリティを組み合わせられるということです。

13.5 更新の適用

セキュリティを保つ上では、動作中のシステムに素早く更新を適用できることが重要です。これはとりわけ、広く使われているユーティリティやフレームワークの脆弱性が公開されたときに重要になります。

コンテナ化システムを更新する手順は、おおまかに以下のようなステップになります。

1. 更新が必要なイメージを特定します。これには、ベースイメージと、そのイメージに依存するすべてのイメージが含まれます。この作業をCLIで行う方法については、コラム「動作中のイメージのリストの取得」を参照してください。

2. 各ベースイメージの更新されたバージョンを入手、もしくは作成します。このバージョンを、自分のレジストリもしくはダウンロードサイトにプッシュします。

3. 依存しているそれぞれのイメージについて、`--no-cache`を引数に付けて`docker build`を実行します。そして、これらのイメージもプッシュします。

4. Dockerの各ホストで`docker pull`を実行し、イメージを最新にします。

5. Dockerの各ホストで、コンテナ群を再起動します。

6. すべて正常に動作していることを確認できたら、古いイメージをホストから削除します。可能であれば、それらのイメージをレジストリからも削除します。

これらのステップの中には、実際よりも簡単そうに見えるものもあります。更新が必要なイメージを特定するには、地味な作業やシェルのテクニックが必要になるかも知れません。コンテナを再起動するということは、何らかの形でローリングアップデートがサポートされているか、ダウンタイムを許容するつもりが必要になるということです。本書の執筆時点では、イメージをレジストリから完全に削除し、ディスクの領域を回収する機能は、まだ開発の途中です[†]。

動作中のイメージのリストの取得

以下のコマンドで、動作中のすべてのイメージの ID を取得できます。

```
$ docker inspect -f "{{.Image}}" $(docker ps -q)
42a3cf88f3f0cce2b4bfb2ed714eec5ee937525b4c7e0a0f70daff18c3f2ee92
41b730702607edf9b07c6098f0b704ff59c5d4361245e468c0d551f50eae6f84
```

もう少しシェルのテクニックを使えば、さらに情報を得ることができます。

```
$ docker images --no-trunc | \
    grep $(docker inspect -f "-e {{.Image}}" $(docker ps -q))
nginx   latest  42a3cf88f...  2 weeks ago  132.8 MB
debian  latest  41b730702...  2 weeks ago  125.1 MB
```

すねてのイメージと、そのベースもしくは中間のイメージのリストは、以下のようにすれば取得できます（--no-trunc を使えば完全な ID が得られます）。

```
$ docker inspect -f "{{.Image}}" $(docker ps -q) | \
    xargs -L 1 docker history -q
41b730702607
3cb35ae859e7
42a3cf88f3f0
e59ba510498b
50c46b6286b9
ee8776c93fde
439e7909f795
0b5e8be9b692
e7e840eed70b
7ed37354d38d
55516e2f2530
97d05af69c46
41b730702607
3cb35ae859e7
```

† 回避策の１つは、保存しておきたいすべてのイメージをプルして、それらを新しい、クリーンなレジストリにプッシュすることです。

そして、再度これを拡張すれば、イメージに関する情報を得ることができます。

```
$ docker images | \
   grep $(docker inspect -f "{{.Image}}" $(docker ps -q) | \
         xargs -L 1 docker history -q | sed "s/^/\-e /")
nginx   latest  42a3cf88f3f0  2 weeks ago  132.8 MB
debian  latest  41b730702607  2 weeks ago  125.1 MB
```

名前を持っているイメージと共に、中間のイメージについても詳細を知りたい場合は、docker images コマンドに引数として -a を渡してください。このコマンドには、大きな落とし穴があることに注意してください。すなわち、ホスト上にタグのついたベースイメージがなければ、それはリストに現れないのです。例えば、公式の Redis のイメージは debian:wheezy をベースとしていますが、このベースイメージは、そのホストで明示的に debian:wheezy のイメージ（しかも完全に同じバージョンのイメージでなければなりません）がプルされ、保存されていない限り、docker images -a では <None> として表示されてしまうのです。

公式のイメージも含めて、サードパーティのイメージで発見された脆弱性にパッチを当てなければならない場合、タイムリーに更新を提供してくれている団体に依存することになります。過去には、対応の遅さから、そういった提供側が批判されたこともあります。そういった状況下では、待つこともできれば、独自にイメージを用意することもできます。そのイメージの Dockerfile とソースにアクセスできるなら、一時的なソリューションとしては、自分でイメージを作成するのはシンプルで効率的です。

このアプローチは、Puppet、Chef、Ansible といった構成管理（configuration managemet = CM）ソフトウェアを使う、典型的な VM のアプローチとは対照的なものになります。CM のアプローチでは、VM の再生成は行われず、SSH のコマンドか、VM にインストールされたエージェントを通じ、必要に応じて更新やパッチ当てが行われます。このアプローチはうまく行きますが、個々の VM はそれぞれ異なる状態にあることが多く、VM の追跡の更新には相当の複雑さが伴うことになります。VM の再生成というオーバーヘッドは避けて、サービスのためのマスター、あるいはゴールデンイメージを管理するようにしなければならないのです。コンテナでも CM のアプローチを取ることはできますが、かなりの複雑さが加わるにもかかわらず、メリットはありません。コンテナの起動の速さと、イメージの構築や管理の容易さから、シンプルなゴールデンイメージのアプローチは、コンテナならうまくいくのです†。

† これは、**イミュータブルインフラストラクチャ**という現代的な概念によく似ています。イミュータブルインフラストラクチャでは、ベアメタル、VM、コンテナを含むインフラストラクチャは、決して変更されることがなく、変更が必要な場合には置き換えらることになります。

イメージにはラベルを付けましょう

イメージと、その内容の特定は、イメージのビルドの際にラベルを自由に使うことで、とても簡単にすることができます。この機能は 1.6 で登場したもので、イメージの作成者は、任意のキーと値のペアをイメージに関連づけることができます。この処理は、Dockerfile で行えます。

```
FROM debian
LABEL version 1.0
LABEL description "A test image for describing labels"
```

これをさらに進めて、イメージ中のコードのコンパイルの元になっている git のハッシュといったデータを追加することもできますが、それには何らかのテンプレートのツールを使って、値を自動的に更新できるようにしなければなりません。

ラベルは、実行時にコンテナに与えることもできます。

```
$ docker run -d --name label-test \
                      -l group=a debian sleep 100
1d8d8b622ec86068dfa5cf251cbaca7540b7eaa67664a13c620006...
$ docker inspect -f '{{json .Config.Labels}}' label-test
{"group":"a"}
```

これは、ロードバランサーのグループにコンテナを動的に割り当てるといったイベントを実行時に扱いたい場合に役立ちます。

時おり、新しい機能、セキュリティパッチ、あるいはバグフィックスを入手するために、Docker デーモンを更新しなければならないこともあるでしょう。この場合、更新を適用している間、すべてのコンテナを新しいホストに移行するか、一時的に停止させざるを得なくなります。重要な更新の知らせを受けるためには、docker-user（**http://bit.ly/1XLSu8X**）もしくは docker-dev（**http://bit.ly/1XLSx4y**）をサブスクライブすることをお勧めします。

13.5.1 サポートされていないドライバの回避

まだ若いとはいえ、Docker はすでに開発のいくつかの段階を過ぎており、さまざまな機能が非推奨になったり、メンテナンスされなくなったりしています。そういった機能は、Docker の他の部分と同じような注意が払われたり、更新が行われたりすることがないので、それらに依存することはセキュリティ上のリスクになります。同じことは、Docker が依存するドライバや機能拡張についても言えます。

特に、レガシーの LXC 実行ドライバは使ってはなりません。このドライバは、デフォルトでオフになってはいますが、デーモンが `-e lxc` という引数付きで実行されていないことは、確認しておくべきです。

ストレージドライバは、開発と変更が行われているもう 1 つの主要な領域です。本書の執筆時点では、Docker の優先的なストレージドライバは、AUFS から Overlay へ移行しつつあります。AUFS ドライバはカーネルから外されており、すでに開発は停止されています。AUFS のユーザーは、近い将来 Overlay に移行することが推奨されています。

13.6 イメージの起源

イメージを安全に使うためには、そのイメージがどこから来たもので、誰が作成したものなのかという**起源**が保障されていなければなりません。自分たちが取得しているイメージが、元々の開発者がテストしたイメージとまったく同じであり、保存や転送に際して誰にも改変されていないことが保障できなければならないのです。このことが検証できないのであれば、そのイメージは壊れているかも知れず、さらに悪いことには、悪意を含む何かに置き換えられているかも知れません。これまでに議論したDockerにおけるセキュリティ上の問題を踏まえれば、これは大きな懸念事項です。悪意のあるイメージが、ホストに完全なアクセス権を持つことを想定しなければならないのです。

起源は、コンピューティングにおいてはとても新しい問題とは言えません。ソフトウェアあるいはデータの起源を確実なものにする主要なツールは、**セキュアハッシュ**です。セキュアハッシュは、データにとっての指紋のようなものであり、与えられたデータに特有の（比較的）小さな文字列です。データに変更が行われれば、ハッシュも変化します。セキュアハッシュを計算するためのアルゴリズムは複数あり、それぞれに複雑さや、ハッシュが固有であることの保障度合いが異なります。最も一般的なアルゴリズムはSHA（これにはいくつかのバリエーションがあります）とMD5（これは根本的な問題を抱えているので、避けるべきです）です。あるデータに対するセキュアハッシュと、そのデータそのものがあれば、そのデータのハッシュを計算し直して、比較してみることができます。ハッシュが一致すれば、データが壊れていたり、改変されていたりしないことが保障できます。とはいえ、問題が一つ残っています。すなわち、そのハッシュはなぜ信用できるのでしょうか？ データとハッシュの両方を攻撃者が改変していないと言えるでしょうか？ この問いに対する最善の回答は、**暗号化署名**と公開／秘密鍵のペアです。

暗号化署名を使うことによって、成果物の公開者のアイデンティティを検証できます。公開者が自分の**秘密鍵**†を使って成果物に署名をしたなら、その成果物を受け取る側は、公開者の**公開鍵**を使って署名をチェックすることによって、その成果物がその公開者によるものであることを、誰でも検証できます。クライアントが、公開者の公開鍵のコピーを入手済みで、その公開鍵が改変されていなければ、公開者からやってきたものは、改変されていないことが確認できます。

13.6.1 Dockerダイジェスト

セキュリティハッシュは、Dockerの用語では**ダイジェスト**と呼ばれます。ダイジェストは、ファイルシステムレイヤもしくはマニフェストのSHA256のハッシュです。ここで、マニフェストは、Dockerイメージの成分を記述するメタデータファイルです。マニフェストには、ダイジェストで特定されるイメージ中のすべてのレイヤのリストが含まれるので‡、マニフェストが改変されていないことが確認できるなら、仮に信頼できないチャンネル（例えばHTTP）を経由していても、そのイメージをダウンロードして、その中のすべてのレイヤを信頼しても安全です。

---

† 公開鍵暗号に関する完全な議論は魅力的なものですが、ここで扱う範囲を超えています。

‡ 同様の構成は、BittorrentやBitcoinなどのプロトコルでも使われており、**ハッシュリスト**と呼ばれます。

13.6.2　Dockerのcontent trust

Dockerには、1.8からcontent trustという機能が導入されました。これは、公開者がコンテンツに署名できるようにするDockerの仕組みで、信頼できる分配の仕組みを完結させるものです。ユーザーがリポジトリからイメージをプルする際に、そのユーザーは公開者の公開鍵を含む証明書を受け取ります。これによって、ユーザーはそのイメージが公開者によるものだということを検証できるのです。

content trustが有効になっている場合、Dockerエンジンは、署名済みのイメージだけを扱い、署名やダイジェストがマッチしないイメージの実行を拒否します。

それでは、content trustの動作を見てみましょう。まず、署名されているイメージと、署名されていないイメージをプルしてみます。

```
$ export DOCKER_CONTENT_TRUST=1 ❶
$ docker pull debian:wheezy
Pull (1 of 1): debian:wheezy@sha256:c584131da2ac1948aa3e66468a4424b6aea2f33a...
sha256:c584131da2ac1948aa3e66468a4424b6aea2f33acba7cec0b631bdb56254c4fe: Pul...
4c8cbfd2973e: Pull complete
60c52dbe9d91: Pull complete
Digest: sha256:c584131da2ac1948aa3e66468a4424b6aea2f33acba7cec0b631bdb56254c4fe
Status: Downloaded newer image for debian@sha256:c584131da2ac1948aa3e66468a4...
Tagging debian@sha256:c584131da2ac1948aa3e66468a4424b6aea2f33acba7cec0b631bd...
$ docker pull amouat/identidock:unsigned
No trust data for unsigned
```

❶ Docker 1.8では、content trustを有効にするためには、`DOCKER_CONTENT_TRUST=1`として、環境変数を設定しなければなりません。今後のDockerのバージョンでは、これはデフォルトで有効になるでしょう。

ここでは、署名済みの公式のDebianのイメージが問題なくプルできています。逆にDockerは署名されていないイメージである`amouat/identidock:unsigned`のプルを拒否しています。

それでは、署名されたイメージのプッシュはどうでしょうか？ 驚くほど簡単です。

```
$ docker push amouat/identidock:newest
The push refers to a repository [docker.io/amouat/identidock] (len: 1)
...
843e2bded498: Image already exists
newest: digest: sha256:1a0c4d72c5d52094fd246ec03d6b6ac43836440796da1043b6ed8...
Signing and pushing trust metadata
You are about to create a new root signing key passphrase. This passphrase
will be used to protect the most sensitive key in your signing system. Please
choose a long, complex passphrase and be careful to keep the password and the
key file itself secure and backed up. It is highly recommended that you use a
password manager to generate the passphrase and keep it safe. There will be no
```

```
way to recover this key. You can find the key in your config directory.
Enter passphrase for new offline key with id 70878f1:
Repeat passphrase for new offline key with id 70878f1:
Enter passphrase for new tagging key with id docker.io/amouat/identidock ...
Repeat passphrase for new tagging key with id docker.io/amouat/identidock ...
Finished initializing "docker.io/amouat/identidock"
```

content trustが有効な状態でこのリポジトリへプッシュするのは初めてなので、Dockerは新しい**ルート署名鍵**と**タギング鍵**を生成しています。タギング鍵についてはこの後すぐに取り上げますが、ルート鍵を安全かつセキュアに保存しておくことが重要だということは覚えておいてください。この鍵をなくしてしまうと、非常にやっかいなことになります。リポジトリのすべてのユーザーが、古い証明書を手作業で削除しない限り、新しいイメージのプルや、既存のイメージの更新ができなくなってしまうのです。

これで、content trustを使ってイメージをダウンロードできます。

```
$ docker rmi amouat/identidock:newest
Untagged: amouat/identidock:newest
$ docker pull amouat/identidock:newest
Pull (1 of 1): amouat/identidock:newest@sha256:1a0c4d72c5d52094fd246ec03d6b6...
sha256:1a0c4d72c5d52094fd246ec03d6b6ac43836440796da1043b6ed81ea4167eb71: Pul...
...
7e7d073d42e9: Already exists
Digest: sha256:1a0c4d72c5d52094fd246ec03d6b6ac43836440796da1043b6ed81ea4167eb71
Status: Downloaded newer image for amouat/identidock@sha256:1a0c4d72c5d52094...
Tagging amouat/identidock@sha256:1a0c4d72c5d52094fd246ec03d6b6ac43836440796d...
```

指定されたリポジトリから、以前にイメージをダウンロードしたことがないなら、Dockerはまずそのリポジトリの公開者の証明書を取得します。これはHTTPS経由で行われるので、リスクは低いものの、あるホストに初めてSSHで接続するような状況と言えます。すなわち、正しいクレデンシャルが渡されたことを信頼しなければならないのです。このリポジトリからのそれ以降のプルは、保存済みの証明書を使って行われます。

署名用の鍵はバックアップしましょう！

Dockerは、保存されるすべての鍵を暗号化し、プライベートな情報はディスクに書き込みません。鍵は重要なので、2つの暗号化USBメモリにバックアップして、安全な場所に保管しておくことをお勧めします。以下のようにすれば、このキーでTARファイルを作成できます。

```
$ umask 077
$ tar -zcvf private_keys_backup.tar.gz \
          ~/.docker/trust/private
$ umask 022umask
```

コマンドは、ファイルのパーミッションがリードオンリーに設定されていることを確認します。

ルート鍵が必要になるのは、鍵の生成や削除の時だけなので、使わないときはオフラインに保存しておいてかまいませんし、そうするべきです。

タギング鍵に戻りましょう。タギング鍵は、公開者が所有しているリポジトリごとに生成されます。タギング鍵は、ルート鍵で署名されているので、公開者の証明書を持っているユーザーは、誰でも検証できます。タギング鍵は、組織内で共有して、そのリポジトリ内の任意のイメージに署名するために使うことができます。タギング鍵を生成した後は、ルート鍵はオフラインで安全に保存しておくことが可能であり、そうすべきです。

タギング鍵が安全ではなくなったとしても、回復することはできます。タギング鍵をローテートすれば、安全ではなくなった鍵は、システムから取り除いてしまうことができます。このプロセスはユーザーからは見えないので、未知の鍵の危険性に対する保護として、予防的に行うことができます。

content trustは、**リプレイ攻撃**に対する防御として、新しさを保障することができます。リプレイ攻撃は、ある成果物を、以前に検証された成果物で置き換えることによって行われます。例えば、古い、既知の脆弱性を持つ、以前に公開者が署名をしたバージョンで、攻撃者がバイナリを置き換えてしまうかも知れません。このバイナリは正しく署名されているので、ユーザーはだまされ、脆弱性のあるバージョンをのバイナリを動作させてしまうかも知れません。これを避けるために、content trustは各リポジトリに関連づけられた**タイムスタンプ鍵**を使います。タイムスタンプ鍵は、リポジトリに関連づけられたメタデータに署名するために使われます。このメタデータは、短期間の有効期限を持っており、タイムスタンプ鍵で頻繁に署名し直さなければなりません。イメージをダウンロードする前に、このメタデータが期限切れになっていないことを確認することによって、Dockerクライアントは最新の（あるいはフレッシュな）イメージを受け取っていることを保障できます。このタイムスタンプ鍵はDocker Hubで管理され、公開者は何も操作する必要がありません。

1つのリポジトリ中には、署名されたイメージと署名されていないイメージが混在できます。content trustを有効にしており、署名されてないイメージをダウンロードしたい場合には、`--disable-content-trust`フラグを使います。

```
$ docker pull amouat/identidock:unsigned
No trust data for unsigned
$ docker pull --disable-content-trust amouat/identidock:unsigned
unsigned: Pulling from amouat/identidock
...
7e7d073d42e9: Already exists
Digest: sha256:ea9143ea9952ca27bfd618ce718501d97180dbf1b5857ff33467dfdae08f57be
Status: Downloaded newer image for amouat/identidock:unsigned
```

content trustについてさらに詳しく知りたい場合は、Dockerの公式ドキュメント（**https://docs.docker.com/security/trust/content_trust/**）と共に、content trustが下位層の仕様として

使っている Update Framework（https://theupdateframework.github.io）を参照してください。

content trustは、複数の鍵を含むかなり複雑なインフラストラクチャですが、Dockerはそれをエンドユーザーにとってはシンプルなもののままにしておくために、努力を重ねています。Dockerはcontent trustで、起源、最新であること、整合性を保障する、ユーザーフレンドリーで現代的なセキュリティフレームワークを開発したのです。

content trustは、現時点でDocker Hubで有効化され、動作中です。ローカルのレジストリでcontent trustをセットアップするには、Notary server（https://github.com/docker/notary）も設定して動作させなければなりません。

Notary

Docker Notary Project（https://github.com/docker/notary）は、信頼できるセキュアなやり方でコンテンツの公開とアクセスを行うための、汎用のサーバークライアントフレームワークです。Notaryは、コンテンツの分配と更新のためのセキュアな設計を提供する、The Update Frameworkの仕様を基盤としています。

基本的に、Dockerのcontent trustフレームワークはDocker APIにNotaryを結合したものです。レジストリとNotary serverの両方を動作させれば、組織は信頼できるイメージをユーザーに提供できます。とはいえ、Notaryはスタンドアローンで動作できるように設計されており、さまざまなシナリオの下で利用できます。

Notaryの主要なユースケースは、広く使われている`curl | sh`というアプローチのセキュリティと信頼度を改善することであり、このアプローチの代表例は、現在のDockerのインストールの手順です。

```
$ curl -sSL https://get.docker.com/ | sh
```

こうしたダウンロードに対し、サーバー側、もしくは転送の過程で手が加えられていたなら、攻撃者は任意のコマンドを犠牲者のコンピュータ上で実行できることになります。HTTPSを使うことで、攻撃者が転送中にデータを改変することは避けられますが、それでもダウンロードを完了前に中断させることによって、潜在的に危険な形でコードを切ってしまうことはできます。Notaryを使って同等の処理を行う場合は、以下のようにします。

```
$ curl http://get.docker.com/ | notary verify docker.com/scripts v1 | sh
```

`notary`を呼び出すことで、スクリプトのチェックサムが、docker.com用のNotaryの信頼済みのコレクション中のチェックサムと比較されます。これで問題がなければ、スクリプトが本当にdocker.comから来ていることと、改変されていないことが検証できたことになります。失敗した場合には、Notaryは危険を回避し、`sh`には一切データは渡されません。また、スクリプトそのものがセキュアではないチャネル経由で転送できることも、注目すべきでしょう。この場合はHTTPが使われていますが、心配は要りません。スクリプトが転送中に改編されたなら、チェックサムが変わってしまうので、Notaryがエラーを返してくれます。

署名されていないイメージを使っている場合でも、名前とタグを使ってダイジェストをプルすることによって、イメージを検証することができます。例をご覧ください。

```
$ docker pull debian@sha256:f43366bc755696485050ce14e1429c481b6f0ca04505c4a3093d\
fdb4fafb899e
```

これで、本書の執筆時点での debian:jessie のイメージがプルされます。debian:jessie タグとは異なり、厳密に同じイメージがプルされることが、常に保障されます（あるいはまったくプルされません）。何らかの形でダイジェストがセキュアに転送され、認証されるのであれば（例えばPGPで署名された、信頼された側からメールによる送信など）、そのイメージが本物であることは保障できます。content trustが有効になっている場合であっても、ダイジェストでのプルは可能です。

イメージを配布する上で、プライベートレジストリやDocker Hubを信頼しないのであれば、docker load 及び docker save コマンドを使ってイメージのエクスポートとインポートを行うことはいつでもできます。そのイメージは、内部的なダウンロードサイトで配布したり、単純にファイルとしてコピーしたりすることができます。ただし言うまでもなく、この方法を採るなら、Dockerレジストリとcontent trustの構成要素が持つ機能の多くを、再現しなければならないことがわかるでしょう。

13.6.3 再現性と信頼性のあるDockerfile

理想的には、Dockerfileは毎回完全に同じイメージを生成するべきです。しかし実際には、その実現は難しいことです。時間がたてば、同じDockerfileから、異なるイメージが生成されることになるでしょう。これは明らかに問題のある状況であり、やはりイメージに何が入っているのかをはっきりさせることが難しくなります。Dockerfileを書く際に以下のルールに従うことで、完全に再現性のあるビルドに近づけることはできます。

- FROM 命令では、常にタグを指定してください。FROM redis は、latest タグからのプルを行うことになるので、良くありません。latest タグの内容は、メジャーバージョンの変更も含めて、時間の経過と共に変わるものです。FROM redis:3.0 の方が優れていますが、それでもマイナーアップデートやバグフィックスで変更されることがあります（これはまさに求めていることかも知れません）。毎回確実に、厳密に同じイメージがプルされるようにしたいのであれば、以前に説明したようにダイジェストを使うことが唯一の選択肢です。例をご覧ください。

  ```
  FROM redis@sha256:3479bbcab384fa343b52743b933661335448f8166203688006...
  ```

  ダイジェストの利用は、たまたまイメージが破損していたり、改変されていたりすることに対する防御にもなります。

- パッケージマネージャからソフトウェアをインストールする際には、バージョン番号を指定してください。cowsayが変更されることはおそらくないので、apt-get install cowsayでもOKです。しかし、もっと良いのはapt-get install cowsay=3.03+dfsg1-6とすることです。これは、pipのような他のパッケージインストーラにも言えることで、可能であればバージョンナンバーを指定しましょう。古いパッケージが削除されてしまうと、ビルドが失敗することになりますが、少なくともそれは警告になります。それでも問題が残っていることには注意してください。パッケージ群は依存対象をプルしてくることが頻繁で、その依存対象はしばしば>=と指定されているので、時間の経過と共に変化してしまいます。すべてのバージョンを完全に固めてしまうには、aptly（**https://www.aptly.info**）のようなツールを見てみてください。aptlyを使えば、リポジトリのスナップショットを取ることができます。

- インターネットからダウンロードしたソフトウェアやデータは、検証しましょう。これは、チェックサムや暗号化署名を使うと言うことです。ここで挙げた項目の中でも、これがもっとも重要なことです。ダウンロードを検証しなければ、偶然の破損に加えて、攻撃者によるダウンロードの改変に対しても脆弱になります。これは特に、man-in-the-middle攻撃に対する保障がないHTTPでソフトウェアを転送する場合に重要です。以下のセクションでは、この検証のやり方に関するアドバイスを紹介します。

公式イメージのDockerfileの多くは、タグ付きのバージョンとダウンロードの検証の優れた使用例になっています。通常これらのDockerfileでは、ベースイメージのタグを指定していますが、パッケージマネージャからのソフトウェアのインストールに際しては、バージョン番号を使っていません。

Dockerfileでのセキュアなソフトウェアのダウンロード

ほとんどの場合、ベンダーはダウンロードの検証用に、署名付きのチェックサムを作成しています。例えば、公式のNode.jsのイメージのDockerfileには、以下の内容が含まれています。

```
RUN gpg --keyserver pool.sks-keyservers.net \
        --recv-keys 7937DFD2AB06298B2293C3187D33FF9D0246406D \
                    114F43EE0176B71C7BC219DD50A3051F888C628D ❶

ENV NODE_VERSION 0.10.38
ENV NPM_VERSION 2.10.0
RUN curl -SLO "http://nodejs.org/dist/v$NODE_VERSION/\
node-v$NODE_VERSION-linux-x64.tar.gz" \ ❷
  && curl -SLO "http://nodejs.org/dist/v$NODE_VERSION/SHASUMS256.txt.asc" \ ❸
  && gpg --verify SHASUMS256.txt.asc \ ❹
  && grep " node-v$NODE_VERSION-linux-x64.tar.gz\$" SHASUMS256.txt.asc \
     | sha256sum -c - ❺
```

❶ Node.jsのダウンロードデータの署名に使われたGPG鍵を取得します。ここでは、これらが正しい鍵だと信じています。

❷ Node.jsのtarballをダウンロードします。

❸ ダウンロードしたtarballのチェックサムをダウンロードします。

❹ GPGを使い、ダウンロードしたチェックサムが、取得した鍵の所有者によって署名されていることを確認します。

❺ sha256sumを使い、チェックサムとtarballがマッチすることを確認します。

GPGのテストか、チェックサムのテストが失敗した場合、ビルドは中断されます。

場合によっては、パッケージがサードパーティのリポジトリに置かれていることがあります。これはすなわち、そのリポジトリと、そのリポジトリの署名鍵を追加することによって、それらもセキュアにインストールできるということです。例えば、nginxの公式イメージのDockerfileには、以下の内容が含まれています。

```
RUN apt-key adv --keyserver hkp://pgp.mit.edu:80 \
            --recv-keys 573BFD6B3D8FBC641079A6ABABF5BD827BD9BF62
RUN echo "deb http://nginx.org/packages/mainline/debian/ jessie nginx" \
        >> /etc/apt/sources.list
```

1つめのコマンドは、nginx用の署名鍵を取得し（取得した鍵は、鍵のストアに追加されます）、2つめのコマンドは、nginxのパッケージリポジトリを、ソフトウェアのチェックを行うリポジトリのリストに追加します。その後は、`apt-get install -y nginx`とするだけで、nginxをセキュアにインストールできます（バージョンナンバーも付けた方がいいでしょう）。

署名済みのパッケージやチェックサムがない場合、独自にそれらを作成するのも簡単です。例えば、Redisのリリースのチェックサムは、以下のようにすれば作成できます。

```
$ curl -s -o redis.tar.gz http://download.redis.io/releases/redis-3.0.1.tar.gz
$ sha1sum -b redis.tar.gz ❶
fe1d06599042bfe6a0e738542f302ce9533dde88 *redis.tar.gz
```

❶ ここでは、160bitのSHA1チェックサムを生成しています。-bフラグは、sha1sumユーティリティに対し、テキストではなく、バイナリデータを扱おうとしていることを知らせます。

ソフトウェアのテストと検証が終われば、Dockerfileに以下のような内容を追加できます。

```
RUN curl -sSL -o redis.tar.gz \
        http://download.redis.io/releases/redis-3.0.1.tar.gz \
    && echo "fe1d06599042bfe6a0e738542f302ce9533dde88 *redis.tar.gz" \
       | sha1sum -c -
```

これで、ファイルがredis.tar.gzとしてダウンロードされ、sha1sumによってチェックサムが確認されます。チェックに失敗した場合、このコマンドも失敗し、ビルドは中断されます。

こういった詳細をそれぞれのリリースごとに変更しなければならないとすると、リリースが頻繁であればかなりの作業量になってしまうので、このプロセスは自動化するだけの価値があります。wordpress（**http://bit.ly/1QMyDVf**）を含む公式イメージのリポジトリの多くでは、このためのupdate.shというスクリプトがあります。

13.7 セキュリティに関するtips

このセクションでは、コンテナの動作環境をセキュアにするための、実際に使えるtipsを紹介します。必ずしもすべてのアドバイスがいかなる環境にも当てはまるわけではありませんが、使用できる基本的なツールについては馴染んでおくべきです。

tipsの多くは、コンテナに制限をかけ、他のコンテナやホストに悪影響を及ぼせないようにするためのさまざまな方法を説明しています。念頭に置いておくべき主な問題は、CPU、メモリ、ネットワーク、UIDなどといったホストのカーネルリソースは、コンテナ間で共有されるということです。あるコンテナがいずれかのリソースを占有してしまえば、他のコンテナをリソース不足に陥らせることになります。悪いことには、仮にコンテナがカーネルのコード中のバグを悪用できたなら、ホストを落としたり、ホストや他のコンテナにアクセスできてしまうかも知れません。こういったことは、バグのあるプログラミングによって偶然生ずることもありますが、ホストを混乱させたり、ホストに侵入をしようとする攻撃者によって、悪意を持って行われることもあります。

13.7.1 ユーザーの設定

絶対に、実働アプリケーションをコンテナ内でrootとして動かしてはいけません。これは、繰り返して言わなければいけないことです。**絶対に、実働アプリケーションをコンテナ内でrootとして動かしてはいけません。**アプリケーションの防御を破った攻撃者は、コンテナへの完全なアクセスを得てしまうでしょう。これには、コンテナのデータとプログラムの両方が含まれます。さらに悪いことには、コンテナから外へ出ることに成功した攻撃者は、ホスト上でrootアクセス権限を持つことになります。VMやベアメタルで、アプリケーションをrootとして動かしたりはしないのと同様に、コンテナでもそうしてはならないのです。

rootでの実行避けるために、Dockerfileでは必ず非特権ユーザーを作成し、USER文を使うか、あるいはエントリポイントのスクリプトで、そのユーザーに切り替えます。例をご覧ください。

```
RUN groupadd -r user_grp && useradd -r -g user_grp user
USER user
```

これで、user_grpというグループと、そのグループに属するuserという新しいユーザーが作成されます。USER文は、それ以降のすべての命令に対してと、コンテナがイメージから起動された際に有効になります。ソフトウェアのインストールなどといった、root権限が必要な処理を最初に行わなければならない場合は、Dockerfile中でUSER文を後ろに回さなければならないかも知れません。

公式イメージの多くでは、こうした方法で非特権ユーザーを作成していますが、USER命令は使っていません。その代わりに、それらのイメージではエントリポイントのスクリプトで**gosu**ユーティリティを使い、ユーザーを切り替えています。例えば、Redisの公式イメージのエントリポイントのスクリプトは、以下のようになっています。

```
#!/bin/bash
set -e
if [ "$1" = 'redis-server' ]; then
        chown -R redis .
        exec gosu redis "$@"
fi

exec "$@"
```

このスクリプトに含まれている`chown -R redis .`という行は、イメージのデータディレクトリ配下のすべてのファイルの所有者を、redisというユーザーにしています。DockerfileでUSERが宣言されていれば、この行は動作しません。次の行の`exec gosu redis "$@"`は、指定されたredisのコマンドを、redisユーザーとして実行します。execを使っているということは、現在のシェルがredisに置き換えられ、PID 1になり、すべてのシグナルが適切にフォワードされてくるようになるということです。

sudoではなくgosuを使いましょう

異なるユーザーとしてコマンドを実行するための伝統的なツールは、sudoです。sudoは強力であり、長きにわたって使われてきたツールですが、副作用があるために、エントリポイントのスクリプト中で使うためには、やや理想的ではありません。例えば、Ubuntu†コンテナ内で`sudo ps aux`を実行してみると、どうなるかを見てみましょう。

```
$ docker run --rm ubuntu:trusty sudo ps aux
USER       PID %CPU ... COMMAND
root         1  0.0     sudo ps aux
root         5  0.0     ps aux
```

プロセスは2つあり、1つがsudoで、もう1つが実行したコマンドです。

これに対し、Ubuntuのイメージにgosuをインストールしたとしましょう。

† ここでDebianではなくUbuntuを使っているのは、Ubuntuのイメージにはデフォルトでsudoが含まれているためです。

```
$ docker run --rm amouat/ubuntu-with-gosu \
                        gosu root ps aux
USER       PID %CPU ... COMMAND
root         1  0.0     ps aux
```

実行されているプロセスは1つだけになっています。gosuは、指定されたコマンドを実行し、そのまま完全に退場しているのです。重要なことは、コマンドがPID 1として実行されているので、sudoの例とは異なり、コンテナに送られたすべてのシグナルを正しく受け取れるということです。

rootとして実行せざるを得ない（そしてそれを修正することもできない）アプリケーションがあるなら、sudo、SELiniux（「13.9.1 SELinix」を参照）、fakerootといったツールを使って、プロセスに制限をかけることを検討してみてください。

13.7.2 コンテナのネットワーキングの制限

コンテナが公開するポートは、実働環境で使う必要があるポートだけにするべきであり、それらのポートにアクセスできるのは、そうする必要がある他のコンテナだけにするべきです。これは、一見したよりも難しいことです。というのも、ポートが明示的に公開されているかどうかにかかわらず、デフォルトではコンテナ同士は通信できるからです。これは、Netcatツール†で少し遊んでみればわかります。

```
$ docker run --name nc-test -d amouat/network-utils nc -l 5001 ❶
f57269e2805cf3305e41303eafefaba9bf8d996d87353b10d0ca577acc731186
$ docker run \
    -e IP=$(docker inspect -f {{.NetworkSettings.IPAddress}} nc-test) \ }
    amouat/network-utils sh -c 'echo -n "hello" | nc -v $IP 5001' ❷
Connection to 172.17.0.3 5001 port [tcp/*] succeeded!
$ docker logs nc-test
hello
```

❶ Netcatユーティリティに対し、5001番ポートで待ち受け、入力された内容をエコーするよう指示します。

❷ 最初のコンテナに対し、Netcatを使って"hello"を送信します。

2番目のコンテナは、ポートが公開されていないにもかかわらず、nc-testに接続できます。これは、Dockerデーモンを--icc=falseフラグを付けて実行すれば、変更できます。こうすれば、コンテナ間の通信をオフにすることができるので、侵入されたコンテナから他のコンテナへ接続されるのを防ぐことができます。明示的にリンクされたコンテナ同士は、変わらずに通信することができます。

† ここではOpenBSDバージョンを使っています。

Docker は IPtables のルールを設定することによって、コンテナ間の通信を制御します（そのためには、Docker デーモンに --iptables フラグが付けられている必要があります。これは、デフォルトでそうすべきです）。

以下の例は、--icc=false をデーモンに設定した効果を見ています。

```
$ cat /etc/default/docker | grep DOCKER_OPTS=
DOCKER_OPTS="--iptables=true --icc=false" ❶
$ docker run --name nc-test -d --expose 5001 amouat/network-utils nc -l 5001
d7c267672c158e77563da31c1ee5948f138985b1f451cd2222cf248006491139
$ docker run \
    -e IP=$(docker inspect -f {{.NetworkSettings.IPAddress}} nc-test)
    amouat/network-utils sh -c 'echo -n "hello" | nc -w 2 -v $IP 5001' ❷
nc: connect to 172.17.0.10 port 5001 (tcp) timed out: Operation now in progress
$ docker run \
   --link nc-test:nc-test \
   amouat/network-utils sh -c 'echo -n "hello" | nc -w 2 -v nc-test 5001'
Connection to nc-test 5001 port [tcp/*] succeeded!
$ docker logs nc-test
hello
```

❶ Ubuntu では、Docker デーモンの設定は /etc/default/docker で DOCKER_OPTS を設定することによって行います。

❷ -w 2 フラグは、Netcat に対して 2 秒でタイムアウトするように指示します。

最初の接続は、コンテナ間通信がオフになっており、リンクもないので失敗します。2 番目のコマンドは、リンクが追加されているので成功します。舞台裏で行われていることを理解したいなら、リンクされたコンテナがあるときとないときの両方で、ホストで sudo iptables -L -n を実行してみてください。

ポートをホストに公開する場合、Docker はデフォルトですべてのインターフェイス（0.0.0.0）に対して公開します。その代わりに、バインドしたいインターフェイスを明示的に指定することもできます。

```
$ docker run -p 87.245.78.43:8080:8080 -d myimage
```

こうすることで、トラフィックが来るのを指定したインターフェイスからのみにできるので、攻撃の対象を狭めることができます。

13.7.3 setuid / setgidバイナリの削除

setuid あるいは setgid されたバイナリがなくても、アプリケーションの動作に支障がない場合があります†。そういったバイナリを無効にするか、削除してしまうことができれば、それらが権限昇格攻撃に使われる可能性をなくすことができます。

イメージ内のそういったバイナリのリストは、`find / -perm + 6000 -type f -exec ls -ld {} \` で取得できます。例をご覧ください。

```
$ docker run debian find / -perm +6000 -type f -exec ls -ld {} \; 2> /dev/null
-rwsr-xr-x 1 root root 10248 Apr 15 00:02 /usr/lib/pt_chown
-rwxr-sr-x 1 root shadow 62272 Nov 20 2014 /usr/bin/chage
-rwsr-xr-x 1 root root 75376 Nov 20 2014 /usr/bin/gpasswd
-rwsr-xr-x 1 root root 53616 Nov 20  2014 /usr/bin/chfn
-rwsr-xr-x 1 root root 54192 Nov 20  2014 /usr/bin/passwd
-rwsr-xr-x 1 root root 44464 Nov 20  2014 /usr/bin/chsh
-rwsr-xr-x 1 root root 39912 Nov 20  2014 /usr/bin/newgrp
-rwxr-sr-x 1 root tty 27232 Mar 29 22:34 /usr/bin/wall
-rwxr-sr-x 1 root shadow 22744 Nov 20  2014 /usr/bin/expiry
-rwxr-sr-x 1 root shadow 35408 Aug  9  2014 /sbin/unix_chkpwd
-rwsr-xr-x 1 root root 40000 Mar 29 22:34 /bin/mount
-rwsr-xr-x 1 root root 40168 Nov 20  2014 /bin/su
-rwsr-xr-x 1 root root 70576 Oct 28  2014 /bin/ping
-rwsr-xr-x 1 root root 27416 Mar 29 22:34 /bin/umount
-rwsr-xr-x 1 root root 61392 Oct 28  2014 /bin/ping6
```

そして、`chmod a-s` として suid ビットをオフにすれば、これらのバイナリから「牙を抜く」ことができます。例えば、以下の Dockerfile を使えば牙の抜かれた Debian のイメージを作成できます。

```
FROM debian:wheezy

RUN find / -perm +6000 -type f -exec chmod a-s {} \; || true ❶
```

❶ `|| true` とすることで、find コマンドが返すエラーをすべて無視できます。

ビルドして、動かしてみましょう。

```
$ docker build -t defanged-debian .
...
Successfully built 526744cf1bc1
docker run --rm defanged-debian \
```

† setuid 及び setgid されたバイナリは、実行したユーザーではなく、そのバイナリの所有者の権限で動作します。これは通常、パスワードの設定といった、指定されたタスクを一時的に昇格された権限でユーザーが実行できるようにするために使われます。

```
  find / -perm +6000 -type f -exec ls -ld {} \; 2> /dev/null | wc -l
0
$
```

アプリケーションよりは、Dockerfileがsetuid/setgidされたバイナリに依存していることのほうが多いでしょう。従って、そういった呼び出しを済ませたあと、スクリプトの終わり近くで、ユーザーを変更する前なら（アプリケーションがroot権限で動作するなら、setuidバイナリを削除しても意味がありません）、このステップはどこで実行してもかまいません。

13.7.4 メモリの制限

メモリを制限することで、DoS攻撃や、ホストの全メモリをゆっくりと消費していってしまうようなメモリリークを持つアプリケーション（こういったアプリケションは、サービスのレベルを保つために自動的に再起動するという方法があります）に対する防御ができます。

-m及び--memory-swapフラグをdocker runに渡せば、コンテナが使用できるメモリの量とスワップメモリの量を制限できます。やや混乱しがちですが、--memory-swapは、メモリの**合計量**、すなわちスワップメモリだけの量ではなく、メモリにスワップメモリの量を加えた値を設定します。デフォルトでは、制限は課されません。-mフラグが指定され、--memory-swapが指定されなかった場合は、--memory-swapは-mの2倍に設定されます。例で説明するのが最もわかりやすいでしょう。ここでは、Unixのstressユーティリティ（**http://people.seas.harvard.edu/~apw/stress/**）を含むamouat/stressを使い、1つのプロセスによってリソースが占有されてしまった場合、何が起こるかをテストしてみます。この例では、stressユーティリティにある程度のメモリを確保するように指示します。

```
$ docker run -m 128m --memory-swap 128m amouat/stress \
    stress --vm 1 --vm-bytes 127m -t 5s ❶
stress: info: [1] dispatching hogs: 0 cpu, 0 io, 1 vm, 0 hdd
stress: info: [1] successful run completed in 5s
$ docker run -m 128m --memory-swap 128m amouat/stress \
    stress --vm 1 --vm-bytes 130m -t 5s ❷
stress: FAIL: [1] (416) <-- worker 6 got signal 9
stress: WARN: [1] (418) now reaping child worker processes
stress: FAIL: [1] (422) kill error: No such process
stress: FAIL: [1] (452) failed run completed in 0s
stress: info: [1] dispatching hogs: 0 cpu, 0 io, 1 vm, 0 hdd
$ docker run -m 128m amouat/stress \
    stress --vm 1 --vm-bytes 255m -t 5s ❸
stress: info: [1] dispatching hogs: 0 cpu, 0 io, 1 vm, 0 hdd
stress: info: [1] successful run completed in 5s
```

❶ これらの引数は、stressユーティリティに対し、127MBのメモリを確保し、5秒後にタイムアウトするプロセスを1つ実行するように指示しています。

❷ 今回は130MBを確保しようとしますが、128MBまでしか許されていないので失敗します。

❸ 今回は255MBを確保しようとしていますが、–swap-memoryがデフォルトの256MBになっていることから、このコマンドは成功します。

13.7.5 CPUの制限

攻撃者がホスト上のすべてのCPUを使い始めようとして、1つのコンテナ、もしくはコンテナの1つのグループを乗っ取ると、攻撃者はそのホストの他のコンテナをCPUリソース不足に陥らせ、DoS攻撃ができることになります。

Dockerでは、CPUの割り当ては1,024をデフォルト値とする**相対的**な重みで決定されます。従って、デフォルトではすべてのコンテナが等しくCPUを割り当てられることになります。

この動作は、例で説明するのが最もわかりやすいでしょう。ここでは、先ほど見たamouat/stressをイメージとして使い、4つのコンテナを起動していますが、今回はメモリではなく、できる限りのCPUを消費しようとします。

```
$ docker run -d --name load1 -c 2048 amouat/stress
912a37982de1d8d3c4d38ed495b3c24a7910f9613a55a42667d6d28e1da71fe5
$ docker run -d --name load2 amouat/stress
df69312a0c959041948857fca27b56539566fb5c7cda33139326f16485948bc8
$ docker run -d --name load3 -c 512 amouat/stress
c2675318fefafa3e9bfc891fa303a16e72caf221ec23a4c222c2b889ea82d6e2
$ docker run -d --name load4 -c 512 amouat/stress
5c6e199423b59ae481d41268c867c705f25a5375d627ab7b59c5fbfbcfc1d0e0
$ docker stats $(docker inspect -f {{.Name}} $(docker ps -q))
CONTAINER           CPU %     ...
/load1              392.13%
/load2              200.56%
/load3              97.75%
/load4              99.36%
```

この例では、load1というコンテナは、2,048という重みを持ち、load1はデフォルトの1,024という重みを持ち、他の2つのコンテナは、512の重みを持ちます。筆者のマシンは8コアなので、合計で800%のCPUを割り当てることができるので、load1がほぼ半分のCPUを、load2が1/4を、load3とload4がそれぞれ1/8ずつを得ることになります。実行中のコンテナが1つだけなら、そのコンテナは欲しいだけのリソースを得ることができます。

相対的な重み付けが行われるということは、デフォルトの設定の下では、特定のコンテナが他のコンテナのリソースを枯渇させることはできないはずだということです。とはいえ、他のコンテナ群に対してCPUを独占するコンテナの「グループ」ができることはあるかも知れません。その場合は、そのグループのコンテナ群に、公平になるよう低いデフォルト値を割り当てることができます。CPUの割り当てをする場合には、必ずデフォルトの値を念頭に置いておき、明示的な設定なしで実行されているコンテナも、他のコンテナを圧迫することなく、公平な割り当てを受けられるようにしてください。

あるいは、--cpu-period及び--cpu-quotaフラグを指定することによって、**完全なフェアスケジューラ**（Completely Fair Scheduler = CFS）を使ってCPUを分配することもできます。この方法を使う場合、コンテナは指定された期間内に使えるCPUのクオータ（マイクロ秒で定義されます）を与えられます。指定された期間内にこのCPUのクオータを超えてしまったコンテナは、次の期間まで待たなければ、処理を継続できなくなります。例をご覧ください。

```
$ docker run -d --cpu-period=50000 --cpu-quota=25000 myimage
```

システムが1CPUだとすれば、このコンテナは、50msごとにCPUの半分を使うことができます。CFSに関する詳しい情報は、Linuxのカーネルのドキュメンテーション（https://www.kernel.org/doc/Documentation/scheduler/sched-bwc.txt）を参照してください。

13.7.6 再起動の制限

コンテナが定常的に停止と再起動を繰り返しているなら、大量のシステム時間とリソースを消費することになり、DoSを引き起こすことにさえ至るかも知れません。これは、再起動のポリシーとしてalwaysではなくon-failureを使うことで、容易に回避できます。例をご覧ください。

```
$ docker run -d --restart=on-failure:10 my-flaky-image
...
```

こうすることで、Dockerはコンテナの再起動の回数を最大10回までにします。再起動した回数は、docker inspectで返されるメタデータ中の.RestartCountで調べることができます。

```
$ docker inspect -f "{{ .RestartCount }}" $(docker ps -lq)
0
```

Dockerは、コンテナの再起動に際してエクスポネンシャルバックオフを採用しています（最初は100ms待ち、次は200ms、そして400msというように、以降の再起動も続く）。このこと自身も、再起動の機能を悪用したDoS攻撃を避ける上で効果的なはずです。

13.7.7 ファイルシステムの制限

攻撃者がファイルに書き込みできないようにすることで防げる攻撃があり、概してそうすることで攻撃者の行動は難しくなります。ファイルにスクリプトを書き出して、アプリケーションにそのスクリプトを実行させたり、センシティブなデータや設定ファイルを上書きしたりすることができなくなります。

Docker 1.5からは、--read-onlyフラグをdocker runに渡して、コンテナのファイルシステムを完全にリードオンリーにできるようになりました。

```
$ docker run --read-only debian touch x
touch: cannot touch 'x': Read-only file system
```

ボリュームについても、:roをボリュームの引数の最後に渡せば同じようなことができます。

```
$ docker run -v $(pwd):/pwd:ro debian touch /pwd/x
touch: cannot touch '/pwd/x': Read-only file system
```

多くのアプリケーションはファイルを書き出さなければならず、完全にリードオンリーの環境では運用できません。そういった場合には、そのアプリケーションが書き込みできなければならないフォルダやファイルを調べ、ボリュームを使ってそれらのファイルだけをマウントすることができます。

こうしたアプローチを取ることには、監査という観点できわめて大きなメリットがあります。コンテナのファイルシステムが、そのコンテナの作成元のイメージとまったく同じなのであれば、それぞれのコンテナに対して個別に監査を行うのではなく、オフラインでそのイメージを一度監査するだけで済みます。

13.7.8 ケーパビリティの制限

Linuxのカーネルでは、ケーパビリティと呼ばれる権限の集合が定義されています。ケーパビリティをプロセスに割り当てれば、そのプロセスがシステムにアクセスできる範囲が広がります。ケーパビリティは、システム時間の変更から、ネットワークソケットのオープンまで、幅広い機能をカバーしています。以前は、プロセスは完全なroot権限を持つか、単なるユーザー権限を持つかしかなく、その中間はありませんでした。これは特に、例えばネットワークのソケットを直接オープンするためだけにroot権限を必要とするpingのようなアプリケーションで問題になっていました。それはすなわち、pingというユーティリティに小さなバグがあるだけで、攻撃者がシステムの完全なroot権限を取得できてしまうかもしれないためです。ケーパビリティが登場したことで、完全なroot権限ではなく、ネットワークソケットを直接生成するのに必要な権限だけを持つpingのバージョンを作成できるようになったので、潜在的な攻撃者がバグを突くことで得られるものは、大きく減ったのです。

デフォルトでは、Dockerコンテナは一部のケーパビリティを与えられて動作します†。従って、例えば通常コンテナは、CPUやサウンドカードを利用したり、カーネルモジュールを挿入することはできません。コンテナに拡張権限を与えたい場合には、起動時のdocker runに引数として--privilegedを渡します。

セキュリティという観点からは、実際にやりたいのはコンテナのケーパビリティをできる限り制限することです。コンテナが利用できるケーパビリティは、引数の--cap-add及び--cap-dropで

† 与えられているのは、CHOWN、DAC_OVERRIDE、FSETID、FOWNER、MKNOD、NET_RAW、SETGID、SETUID、SETFCAP、SETPCAP、NET_BIND_SERVICE、SYS_CHROOT、KILL、and AUDIT_WRITEです。与えられていない（ただし制限されているわけではありません）ケーパビリティの中で注目すべきものとしては、SYS_TIME、NET_ADMIN、SYS_MODULE、SYS_NICE、SYS_ADMINがあります。ケーパビリティに関する完全な情報は、man capabilitiesで参照してください。

調整できます。以下は、システム時刻を変更したい場合の例です（環境を壊したいのでなければ、実行しないように！）。

```
$ docker run debian date -s "10 FEB 1981 10:00:00"
Tue Feb 10 10:00:00 UTC 1981
date: cannot set date: Operation not permitted
$ docker run --cap-add SYS_TIME debian date -s "10 FEB 1981 10:00:00"
Tue Feb 10 10:00:00 UTC 1981
$ date
Tue Feb 10 10:00:03 GMT 1981
```

この例では、コンテナにSYS_TIME権限を与えるまでは、日付は変更されていません。システム時間は、名前空間を持たないカーネルの機能なので、コンテナ内で時刻を設定すれば、ホストや他のすべてのコンテナでも時刻が設定されてしまうのです†。

さらに制約を強めたアプローチとしては、すべての権限を削除してから、必要なものだけを追加しなおすという方法があります。

```
$ docker run --cap-drop all debian chown 100 /tmp
chown: changing ownership of '/tmp': Operation not permitted
$ docker run --cap-drop all --cap-add CHOWN debian chown 100 /tmp
```

これは、セキュリティにおける大きな前進です。攻撃者がコンテナに侵入しても、発行できるカーネルコールはきわめて限定されています。とはいえ、問題もあります。

- 削除しても安全な権限を知るには、どうしたらいいでしょうか？ 試行錯誤は最もシンプルなアプローチですが、アプリケーションがまれにしか必要としない権限を削除してしまったとしたら？ コンテナに対して実行できる完全なテストスイートがあり、コンテナごとに考慮すべきコードや動作が少ないマイクロサービスのアプローチに従っているなら、必要な権限を特定することは容易になります。
- ケーパビリティは、期待するほどきれいには、グループ化も細分化もされていません。特に、SYS_ADMINケーパビリティには多くの機能があります。カーネル開発者は、他にもっといい選択肢が見つけられないとき（あるいはおそらく、探す手間をかけたくないとき）に、デフォルトとしてSYS_ADMINを使うようです。実際にはそのために、もともとケーパビリティによって回避しようとしていた、管理者と普通のユーザーという単純な二択を繰り返さざるを得なくなる恐れがあります。

† このサンプルを実行したなら、時刻を正確に設定するまでは、システムが壊れていることになります。sudo ntpdateもしくはsudo ntpdate-debianを実行して、正しい時間に戻してください。

13.7.9 リソース制限の適用（ulimit）

Linuxのカーネルは、フォークできる子プロセス数の制限や、オープンできるファイルディスクリプタ数など、プロセスに対して適用できるリソース制限を定義しています。これらは、`--uliit`フラグを`docker run`に渡すか、Dockerデーモンの起動時に、コンテナ全体に対するデフォルトを`--default-ulimit`に渡すことによって、Dockerコンテナに対しても適用できます。この引数は、コロンで区切られたソフトリミットとハードリミットという2つの値を取ります。この引数の効果は、それぞれの値に応じて決まります。指定された値が1つだけなら、それはソフトリミットとしても、ハードリミットとしても使われます。

指定できる値とその意味の完全な説明は、`man setrlimit`にあります（ただし、`as`による制限はコンテナでは使えません）。特に注目しておくべきなのは、以下の値です。

cpu

使用できるCPU時間を、指定された秒数に制限します。ソフトリミット（この秒数に達すると、コンテナには`SIGXCPU`が送られます）と、ハードリミット（`SIGKILL`が送られます）を取ります。例として、「メモリの制限」や「CPU」の制限で使ったstressユーティリティをここでも使って、CPUを最大限に使いましょう。

```
$ time docker run --ulimit cpu=12:14 amouat/stress stress --cpu 1
stress: FAIL: [1] (416) <-- worker 5 got signal 24
stress: WARN: [1] (418) now reaping child worker processes
stress: FAIL: [1] (422) kill error: No such process
stress: FAIL: [1] (452) failed run completed in 12s
stress: info: [1] dispatching hogs: 1 cpu, 0 io, 0 vm, 0 hdd

real  0m12.765s
user  0m0.247s
sys 0m0.014s
```

`ulimit`の引数によって、CPU時間を12秒使用したコンテナがkillされました。

これは、他のプロセスによって起動されたコンテナが消費できるCPUの時間を制限するのに役立つかも知れません（例えば、ユーザーの代わりに演算処理を実行するような場合）。そういった環境下では、この方法でCPUを制限することによって、DoS攻撃の危険性を効果的に軽減できます。

nofile

コンテナで同時にオープンできる最大のファイルディスクリプタ†数です。この制限も、DoS攻撃に対する防御として、そして攻撃者がコンテやボリュームを読み書きできないようにする

† ファイルディスクリプタは、システム上でオープンされているファイルに関する情報を記録しているテーブルへのポインタです。ファイルがアクセスされるとエントリが1つ作成され、ファイルのアクセスモード（読み取り、書き込みなど）と、アクセス先のファイルへのポインタが記録されます。

ために使うことができます（nofileは、必要な最大数より1つ多い値に設定しなければならないことに注意してください）。例をご覧ください。

```
$ docker run --ulimit nofile=5 debian cat /etc/hostname
b874469fe42b
$ docker run --ulimit nofile=4 debian cat /etc/hostname
Timestamp: 2015-05-29 17:02:46.956279781 +0000 UTC
Code: System error

Message: Failed to open /dev/null - open /mnt/sda1/var/lib/docker/aufs...
```

ここでは、OSはいくつかのファイルディスクリプタをオープンしなければなりませんが、catに必要なファイルディスクリプタは1つだけです。アプリケーションに必要なファイルディスクリプタ数を確認するのは難しいことですが、それなりの増加を見込んで十分な余裕を持たせた数値に設定すれば、デフォルトの1,048,576に比べれば、DoS攻撃に対する多少の防御になることでしょう。

nproc

コンテナのユーザーが作成できる最大のプロセス数です。一見すると、これはフォーク爆弾やその他の攻撃を防ぐ役に立ちそうに思えますが、残念ながらnprocの制限はコンテナごとにかかるのではなく、コンテナのユーザーに対し、そのすべてのプロセスについてかかるのです。例をご覧ください。

```
$ docker run --user 500 --ulimit nproc=2 -d debian sleep 100
92b162b1bb91af8413104792607b47507071c52a2e3128f0c6c7659bfbb84511
$ docker run --user 500 --ulimit nproc=2 -d debian sleep 100
158f98af66c8eb53702e985c8c6e95bf9925401c3901c082a11889182bc843cb
$ docker run --user 500 --ulimit nproc=2 -d debian sleep 100
6444e3b5f97803c02b62eae601fbb1dd5f1349031e0251613b9ff80871555664
FATA[0000] Error response from daemon: Cannot start container 6444e3b5f9780...
[8] System error: resource temporarily unavailable
$ docker run --user 500 -d debian sleep 100
f740ab7e0516f931f09b634c64e95b97d64dae5c883b0a349358c5995806e503
```

3番目のコンテナは、UID 500がすでに2つのプロセスを持っているため、起動できませんでした。しかし、単純に--ulimitを外すだけで、同じユーザーとしてプロセスを生成し続けることができてしまいます。これは大きな欠点ではありますが、それでも同じユーザーで限定された数のコンテナを使うような状況下では、nprocによる制限は役に立ちます。

また、nprocはrootユーザーに対しては設定できないことに注意してください。

13.8 強化カーネルの利用

ホストのオペレーティングシステムを最新に保ち、パッチも当てておくだけでなく、grsecurity（**https://grsecurity.net**）や PaX（**https://pax.grsecurity.net**）が提供しているようなパッチを使って、強化されたカーネルを動作させたいこともあるでしょう。PaX は、メモリの改変（バッファオーバーフロー攻撃など）によってプログラムの実行を操作しようとする攻撃者に対する、追加の保護を提供します。PaX はメモリ中のプログラムコードに書き込み不可というマークを、そしてデータには実行不可というマークを付けることによって、保護を行います。加えてメモリをランダムに配置することによって、コードを既存の手続き（共通ライブラリ中のシステムコールなど）に誘導しようとする攻撃を難しくします。grsecurity は PaX と共に動作するように設計されており、ロールベースのアクセスコントロール（RBAC）、監査、そして他のさまざまな機能に関係するパッチを追加します。

PaX や grsecurity を有効にするには、おそらく自分でカーネルにパッチを当て、コンパイルしなければなりません。これは一見するよりも尻込みするようなことではなく、大量のリソースが参照できます（WikiBooks **http://bit.ly/1QMzhC1** 及び InsanityBit **http://bit.ly/1QMzntt**）。

アプリケーションの中には、こういったセキュリティの拡張によって問題が生ずるものもあります。PaX は、実行時にコードを生成するプログラムとはコンフリクトを起こします。また、セキュリティのチェックや計測が追加されることから、わずかにオーバーヘッドが生じます。最後に、コンパイル済みのカーネルを使用する場合、それが実行したいバージョンの Docker がサポートされるだけの新しいバージョンであることを確認しなければなりません。

13.9 Linuxのセキュリティモジュール

Linux のカーネルは、Linux Security Module（LSM）インターフェイスを定義しています。このインターフェイスは、特定のセキュリティポリシーを強制するさまざまなモジュールによって実装されています。本書の執筆時点では、AppArmor、SELinux、Smack、TOMOYO Linux を含む複数の実装があります。こういったセキュリティモジュールは、標準的なファイルレベルのアクセス制御を超えて、別のレベルのセキュリティチェックをプロセスやユーザーのアクセス権限に対して行いたい場合に利用できます。

普通、Docker と合わせて使われるのは SELinux（通常は Red Hat ベースのディストリビューションで使われます）か、AppArmor（通常は Ubuntu 及び Debian 系のディストリビューションで使われます）です。それでは、これらのモジュールをどちらも見ていくことにしましょう。

13.9.1 SELinux

SELiniux、あるいは **Security Enhanced Linux** は、アメリカの国家安全保障局（NSA）によって、Mandatory Access Control（MAC）と呼ばれるものの実装として開発されたモジュールです。MAC は、標準的な Unix のモデルである Discretionary Access Control（DAC）とは対照的です。平易な表現を使えば、SELinux が強制するアクセス制御と、標準的な Linux のアクセス制御との間には、2つの違いがあります。

- SELinuxの制御は、**タイプ**を基にして強制されます。基本的に、タイプはプロセスやオブジェクト（ファイルやソケットなど）に対して適用されるラベルです。SELinuxのポリシーが、Aというタイプのプロセスに B というタイプのオブジェクトへのアクセスを禁止していないなら、そのアクセスは、オブジェクトのファイルパーミッションや、ユーザーのアクセス権限に関係なく、禁止されます。SELinuxによるチェックは、通常のファイルパーミッションのチェックの後に行われます。

- 機密、極秘、最高機密へのアクセスという政府のモデルに似た、複数レベルのセキュリティを課すことができます。低いレベルに属するプロセスは、高いレベルのプロセスによって書き込まれたファイルを、そのファイルのファイルシステム中の場所や、ファイルパーミッションにかかわらず、読むことができません。そのため、最高機密レベルのプロセスがファイルを`/tmp`に`chmod 777`として書き込んでも、機密レベルのプロセスはこのファイルにアクセスできません。これは、SELinuxで**マルチレベルセキュリティ**（MLS）と呼ばれてるもので、**マルチカテゴリセキュリティ**（MCS）という概念にも密接に関係しています。MCSでは、カテゴリをプロセスやオブジェクトに適用し、プロセスが適切なカテゴリに属していなければ、リソースへのアクセスが拒否されます。MLSとは異なり、カテゴリは重なり合うことがなく、階層構造も持ちません。MCSは、リソースへのアクセスをタイプのサブセットに限定するために使うことができます（例えば、独自のカテゴリを使うことで、あるリソースを利用できるプロセスを1つだけに限定できます）。

SELinuxは、Red Hatのディストリビューションにはデフォルトでインストールされており、他のディストリビューションへのインストールも簡単でしょう。SELinuxが動作しているかは、`sestatus`を実行して見ればわかります。このコマンドがあれば、SELinuxが有効になっているかどうか、そしてpermissiveモードになっているか、enforcingモードになっているかどうかがわかります。permissiveモードになっている場合、SELinuxはアクセス制御違反をログに記録しますが、制御の強制は行いません。

Dockerに対するデフォルトのSELinuxのポリシーは、ホストをコンテナから、そしてコンテナを他のコンテナから守るように設計されています。コンテナには、デフォルトのプロセスタイプの`svirt_lxc_net_t`が割り当てられ、コンテナからアクセスできるファイルには`svirt_sandbox_file_t`が割り当てられます。このポリシーが強制するルールは、コンテナはホスト上の`/usr`以下のファイルの読み取りと実行だけが行え、ホスト上には一切ファイルを書くことができません。このポリシーは、各コンテナに固有のMCSカテゴリも割り当てるので、侵入が行われた場合でも、そのコンテナから他のコンテナによって書かれたファイルやリソースにアクセスすることはできません。

SELinuxの有効化

Red Hatベースのディストリビューションを使っているなら、SELinuxはインストール済みのはずです。SELinuxが有効になっており、ルールを強制しているかどうかを調べるには、コマンドラインでsestatusを実行します。SELinuxを有効にしてenforcingモードにするには、/etc/selinux/configを編集して、SELINUX=enforcingという行を含めます。

また、DockerデーモンでSELinuxサポートが有効になっていることも確認しなければなりません。Dockerデーモンは、--selinux-enabledというフラグを付けて動作させる必要があります。あるいは、このフラグを/etc/sysconfig/dockerに追加してください。

SELinuxを使うためには、devicemapperストレージドライバを使わなければなりません。本書の執筆時点では、Overlay及びBTRFSでSELinuxを動作させる作業が進んでいますが、現時点ではこれらは非対応です。他のディストリビューションへのインストールについては、関連するドキュメンテーションを参照してください。SELinuxは、ファイルシステム中のすべてのファイルにラベルを付けなければならないので、時間がかかることに注意してください。気まぐれでSELinuxをインストールしてみたりはしないように！

SELinuxを有効にすると、ボリュームを利用するコンテナを使用する上で、直接的で大きな影響があります。SELinuxがインストールされている場合、デフォルトではボリュームへの読み書きができなくなるのです。

```
$ sestatus | grep mode
Current mode:                   enforcing
$ mkdir data
$ echo "hello" > data/file
$ docker run -v $(pwd)/data:/data debian cat /data/file
cat: /data/file: Permission denied
```

なぜかは、そのフォルダのセキュリティのコンテキストを調べてみればわかります。

```
$ ls --scontext data
unconfined_u:object_r:user_home_t:s0 file
```

データのラベルが、コンテナのラベルとマッチしていません。chconツールを使って、コンテナのラベルをデータに適用すれば修正できます。これは実質的に、これらのファイルはコンテナから使われることを想定していると、システムに対して通知するということです。

```
$ chcon -Rt svirt_sandbox_file_t data
$ docker run -v $(pwd)/data:/data debian cat /data/file
hello
$ docker run -v $(pwd)/data:/data debian sh -c 'echo "bye" >> /data/file'
$ cat data/file
hello
bye
$ ls --scontext data
unconfined_u:object_r:svirt_sandbox_file_t:s0 file
```

chconをファイルに対してだけ実行し、親のフォルダに対して実行していなければ、ファイルを読むことはできても、書き込みはできないことに注意してください。

バージョン1.7以降、ボリュームのマウント時に:Zもしくは:zがサフィックスとして渡されていれば、Dockerはコンテナから使用するボリュームのラベルを自動的に付け直します。:zは、そのボリュームが**すべての**コンテナから利用できるようにラベルを付け、:Zは、そのコンテナからのみ利用できるようなラベルを付けます。例をご覧ください。

```
$ mkdir new_data
$ echo "hello" > new_data/file
$ docker run -v $(pwd)/new_data:/new_data debian cat /new_data/file
cat: /new_data/file: Permission denied
$ docker run -v $(pwd)/new_data:/new_data:Z debian cat /new_data/file
hello
```

また、--security-optフラグを使ってコンテナのラベルを変更したり、コンテナのラベル付けを禁止することもできます。

```
$ touch newfile
$ docker run -v $(pwd)/newfile:/file --security-opt label:disable \
        debian sh -c 'echo "hello" > /file'
$ cat newfile
hello
```

SELinuxのラベルの面白い使い方として、特定のラベルをコンテナに与え、特定のセキュリティポリシーを強制することができます。例えば、nginxコンテナ用に、80番ポートと443番ポートでのみ通信を許可するポリシーを作るといったことができるでしょう。

コンテナの中からは、SELinuxのコマンドを実行できないということに注意してください。コンテナの中では、SELinuxはオフになっているように見えるので、アプリケーションやユーザーがSELinuxのポリシーの設定などのコマンドを実行してみようとすることはできず、ホストのSELinuxによってもブロックされます。

SELinuxのポリシーの開発を支援するツールや記事はたくさんあります。特に、permissiveモードでの実行からのログメッセージを、アプリケーションを損なうことなくenforcingモードで実行できるポリシーに変換してくれる、audit2allowのことは知っておいてください。

SELinuxの将来は約束されているように思われます。Dockerにさらなるフラグやデフォルトの実装が追加されて行くにつれて、SELinuxでセキュアになった環境は、シンプルなものになっていくでしょう。MCSの機能によって、センシティブなデータを処理するための、機密、あるいは最高機密のコンテナも、シンプルなフラグで生成できるようになるでしょう。残念ながら、SELinuxについての現状のユーザー体験は、素晴らしいとは言えません。SELinuxを初めて使う人は、すべてが"Permission Denied"で動かなくなり、何が問題で、どう直せばいいのか見当もつかないということになりがちです。開発者はSELinuxを有効にしないので、開発環境と実働環境とが異なるという、そもそもDockerが解決しようとしてきた問題そのものが、再発することになってしまいます。SELinuxが提供する追加の保護を使いたい、あるいはそれが必要だという場合には、事態が改善されるまでの間、現在の状況を我慢せざるを得ないでしょう。

13.9.2 AppArmor

AppArmorのメリットとデメリットは、SELinuxよりもはるかにシンプルなことです。AppArmorは単純に動作し、ユーザーの邪魔をすることもありませんが、SELinuxが提供するのと同様の保護の粒度は提供できません。AppArmorは、プロセスにプロファイルを適用することによって、Linuxのケーパビリティとファイルアクセスのレベルで、プロセスの持つ権限を制限します。

Ubuntuのホストを使っているなら、AppArmorはもう動作しているかも知れません。`sudo apparmor_status`を実行してみれば、動作しているかを確認できます。Dockerは、AppArmorのプロファイルを、起動された各コンテナに自動的に適用します。デフォルトのプロファイルは、さまざまなシステムリソースにアクセスを試みる悪いコンテナに対し、一定レベルの保護を提供するもので、通常は`/etc/apparmor.d/docker`にあります。本書の執筆時点では、Dockerデーモンが再起動時に上書きしてしまうので、デフォルトのプロファイルを変更することはできません。

AppArmorがコンテナの実行の妨げになるなら、`docker run`に対して`--security-opt="apparmor:unconfined"`を渡すことで、そのコンテナについてはAppArmorをオフにできます。`docker run`に`--security-opt="apparmor:PROFILE"`を渡せば、コンテナに対して異なるプロファイルを渡すことができます。ここで、`PROFILE`の部分には、AppArmorがあらかじめロードしているセキュリティプロファイルの名前を指定します。

13.10 監査

定期的にコンテナやイメージに対して監査やレビューを実施することは、システムがクリーンで最新になっていることの確認と、セキュリティ上の問題が起きていないことのダブルチェックのための、優れた方法です。コンテナベースのシステムにおける監査では、動作中のコンテナが最新のイメージを使っており、それらのイメージが最新のセキュアなソフトウェアを使っていることを確認しなければなりません。コンテナの、元になったイメージとの相違分は、特定してチェックしなければなりません。それに加えて、監査はコンテナベースのシステムに特有ではない、アクセスログのチェック、ファイルパーミッション、データの整合性といった、他の領域についてもカバーすべきです。監査の大部分が自動化できるのであれば、定期的に監査を行い、問題があればできる限りすぐに検出できるようにするべきでしょう。

各コンテナにログインして、それぞれを個別に調べるのではなく、コンテナを構築するのに使われたイメージを監査し、そのイメージからの差異を`docker diff`を使ってチェックすることができます。これは、リードオンリーのファイルシステム（「13.7.7 ファイルシステムの制限」を参照）を使っており、コンテナ内では何も変更されていないことが確実なのであれば、このやり方はさらにうまくいくことになります。

最低限、使用しているソフトウェアが、最も直近のセキュリティパッチが当たっている最新のバージョンになっているかどうかは、チェックするべきです。これは、各イメージと、docker diffで変更されていることがわかったすべてのファイルについて行うべきです。ボリュームを使っているのであれば、それらのディレクトリについても監査を行う必要があるでしょう。

監査に必要となる作業量は、アプリケーションに欠かせないファイルとライブラリだけを含む、最小限のイメージを動作させることで、大きく削減できます。

ホストのシステムについても、通常のホストマシンやVMと同様に監査を行う必要があります。コンテナ間でカーネルを共有するコンテナベースのシステムでは、カーネルに適切にパッチが当てられているかどうかが、とりわけ重要になります。

コンテナベースのシステムの監査については、すでにいくつかのツールがあり、今後はさらに登場してくることでしょう。特に、Dockerがリリースした Docker Bench for Security tool（https://dockerbench.com）は、Center for Internet Security（https://www.cisecurity.org CIS）が出している、Dockerのベンチマークドキュメントの提案の多くに対する遵守状況をチェックしてくれます。また、オープンソースの監査ツールであるLynix（https://www.cisecurity.org）は、Dockerの実行に関するチェックをいくつか行ってくれます。

13.11 インシデントレスポンス

何か問題が起きた場合、素早く状況に対処し、問題の原因を調査するために活用できる機能がDockerにはあります。特に、docker commitを使うことで、不正が行われたシステムのスナップショットを素早く取り、docker diffとdocker logsで、攻撃者が行った変更を明らかにすることができます。

不正が行われたコンテナを扱う上で回答しなければならない大きな疑問は、「コンテナの防御が破られたのか？」（すなわち、攻撃者はホストマシンにアクセスできてしまったのか？）ということです。その可能性がある、もしくはその可能性が高いと考えられるのであれば、ホストマシンは消去して、（攻撃されたコンテナ内で攻撃に対する緩和策は行わず）すべてのコンテナをイメージから生成し直さなければならないでしょう。攻撃がコンテナ内に限定されていることが確実なら、そのコンテナを停止して、置き換えるだけで良いでしょう（不正が行われたコンテナで、そのままサービスを立ち上げることは**決して**してはいけません。仮に、そのコンテナにデータが残っていたり、ベースイメージに変更がなかったとしてもです。単純に、そのコンテナはもう信頼できないのです）。

攻撃を避ける効果的な方法は、ケーパビリティの削除や、リードオンリーのファイルシステムでの動作といった何らかの方法で、コンテナに制約をかけることです。

直面している冗句余殃への対処ができて、攻撃への緩和が何らかの形で行えたなら、不正が行われたコミット済みのイメージを分析して、正確な原因と攻撃の範囲を分析することができます。

インシデントレスポンスを含む、効果的なセキュリティポリシーの開発方法に関する情報については、CERTの"Steps for Recovering from a UNIX or NT System Compromise"（https://www.cert.org/historical/tech_tips/win-UNIX-system_compromise.cfm）や、ServerFaultのサイト

に寄せられたアドバイス（**https://serverfault.com/questions/218005/how-do-i-deal-with-a-compromised-server**）を読んでみてください。

13.12 将来の機能

セキュリティに関するDockerの機能の中には、開発中のものもあります。こういった機能はDockerが優先しているので、本書が刊行される頃には、そういった機能が登場していることでしょう。

seccomp

Linuxのseccomp（あるいはsecure comuting mode）を使えば、プロセスが発行できるシステムコールを制限できます。seccompが特に使われているのはブラウザで、ChromeとFirefoxの両方でプラグインをサンドボックス化するために使われています。seccompをDockerと結合すれば、コンテナから呼べるシステムコールを特定のグループに限定できます。提唱されているDockerとseccompの結合では、デフォルトで32bitのシステムコール、古いネットワーク、通常コンテナがアクセスする必要がないさまざまなシステムの機能の呼び出しが拒否されることになるでしょう。加えて、他の呼び出しは実行時に明示的に拒否もしくは許可できることになるでしょう。例えば以下のコードは、Nettwork Time Protocolデーモンを使ってシステムの時刻を同期するのに必要な`clock_adjtime` syscallをコンテナから発行できるようにします。

```
$ docker run -d --security-opt seccomp:allow:clock_adjtime ntpd
```

ユーザー名前空間

すでに触れた通り、特にrootユーザーに関するユーザー名前空間の問題の改善方法については、いくつかの提案が成されています。rootユーザーのホスト上の非特権ユーザーへのマッピングのサポートについては、近いうちに登場することが期待できます。

加えて筆者としては、Dockerで利用できるさまざまなセキュリティのツール群の何らかの統合を期待しています。これはおそらく、コンテナのセキュリティプロファイルという形を取ることになるでしょう。現時点では、さまざまなセキュリティのツールやオプションにおいて、重複する部分がたくさんあります（例えば、ファイルアクセスを制限する方法には、SELinuxの利用、ケーパビリティの削除、`--read-only`フラグの利用があります）。

13.13 まとめ

本章で見てきた通り、システムをセキュアにするには、多くの側面を考慮しなければなりません。主要なアドバイスは、多層防御と、最小限の権限の原則に従うことです。そうすることで、仮に攻撃者がシステムの要素に対して不正を行っても、攻撃者はシステムに完全にアクセスできるようにはならず、大きな害を及ぼしたり、センシティブなデータにアクセスできるようになる前に、さらなる防御を破らなければならなくなります。

さまざまなユーザーに属するコンテナのグループや、センシティブなデータを扱うコンテナのグループは、他のユーザー群や、外部に公開されているインターフェイスを持つコンテナ群とは、別のVM群で動作させるべきです。コンテナが公開するポートは、特に外界にさらされる場合には限定するべきですが、そうでなくとも侵入されたコンテナからのアクセスを制限するために、内部的にも限定するべきです。コンテナが利用できるリソースや機能は、コンテナの目的に必要なものだけに限定するべきです。それには、コンテナのメモリ消費、ファイルシステムへのアクセス、カーネルのケーパビリティに制限をかけます。強化されたカーネルを使ったり、AppArmorやSELinuxのようなセキュリティモジュールを使ったりすることによって、カーネルレベルでさらにセキュリティを強化できます。

加えて、モニタリングや監査を行うことによって、攻撃を早期に検出できます。特にコンテナベースのシステムでの監査は、興味深いものです。これは、コンテナは作成元のイメージと比較して、容易に疑わしい変更を検出できるためです。イメージは、順番にオフラインで検査をして、最新のセキュアなバージョンのソフトウェアを動作させていることを確認できます。不正を働かれたコンテナは、それがステートレスなものであれば、すぐ新しいバージョンに置き換えます。

隔離と制御のレベルを追加できることから、セキュリティという観点からみてコンテナはプラスの戦力です。コンテナを適切に使っているシステムは、コンテナを使っていない同等のシステムに比べて、何も犠牲にすることなく、よりセキュアになるのです。

付録A 原書刊行後のアップデート

玉川 竜司

Dockerとその周辺では、きわめて活発に開発が進められています。本稿では、本書の原書刊行後にリリースされた、大きなアップデートについて紹介します。

A.1 「バッテリ内蔵」の拡大

本書をご覧いただければおわかりのことと思いますが、Dockerは単なるコンテナ環境にとどまらず、開発から運用にいたる広い範囲に影響を及ぼすものであり、特に運用面におけるソリューションとしてさまざまなものが登場してきています。これは、エコシステムの発展という点からは好ましいことではありますが、一方でデファクトとなるようなものがないということは、初期の選択や学習が難しくなるということでもあります。

そうしたこともあってか、原書刊行後には、開発から運用にいたるソリューションを、Docker Inc自身が提供するというアナウンスが相次ぎました。本書で書かれているところの「バッテリ内蔵」のソリューションで、開発から運用にいたる筋を1本通せるようになっていくことで、これからDockerに触れる方にとっては、手始めとしてどこから入っていけばいいのかが、明確になることでしょう。

本稿では、以下の5つの項目を見ていきます。

Docker for Mac/Windows

Mac及びWindows上で、ほぼLinuxと同様にDockerが使えるようになります。翻訳時点では、公開ベータ版です。

Swarm mode

複数ホストからなるクラスタを運用するための、Dockerエンジンの動作モードです。特に中から小規模のクラスタにおいては、広く使われることになるでしょう。

Docker for AWS/Azure

AWSやAzureのインフラの機能を活かしながら、Swarm modeでのクラスタを構築できます。翻訳時点では、プライベートベータ版です。

Docker Cloud

本文中でコンテナ管理プラットフォームとして取り上げられているTutumがDocker Incに買収され、Docker Cloudというサービスになりました。Docker Hubと連携しながら、コンテナ化されたアプリケーションのパブリッククラウドでの運用を支援してくれます。

Docker Datacenter

オンプレミスのデータセンターでDockerベースのシステムを扱うためのソフトウェア及びサービスのサブスクリプションサービスです。

それでは、それぞれの製品やサービスの内容を紹介していきましょう。

A.2 Docker for Mac/Windows

本文中でも取り上げられている通り、MacやWindows上でDockerを使う場合、現時点ではDocker Toolboxをインストールし、Virtual Box上でLinuxのホストを動作させることになります。そのため、ローカルでの開発であってもIPアドレスを確認しなければならなかったり、パフォーマンス面で多少の不利がありました。

これに対し、Docker for Mac/Windowsでは、それぞれのプラットフォーム固有の仮想化の機能を使うことで、ほぼLinuxの場合と同様の感覚でDockerを使えるようになります。

A.2.1 Docker for Mac

Docker for Mac（**https://docs.docker.com/docker-for-mac/**）は、Mac OS X Yosemiteに組み込まれたネイティブの仮想化機構であるHypervisor Framework（**https://developer.apple.com/library/mac/documentation/DriversKernelHardware/Reference/Hypervisor/index.html**）を利用し、Dockerエンジンの動作環境を提供するものです。ユーザーからは、仮想環境のホストの存在をほぼ意識することなくDockerをMac OS上で利用できます。

Docker for Macは、通常のアプリケーションとして実装されています。インストーラは`.dmg`形式のファイルになっているので、アプリケーションをドラッグ&ドロップでアプリケーションフォルダに落とすだけでインストール完了です（**図A-1**）。

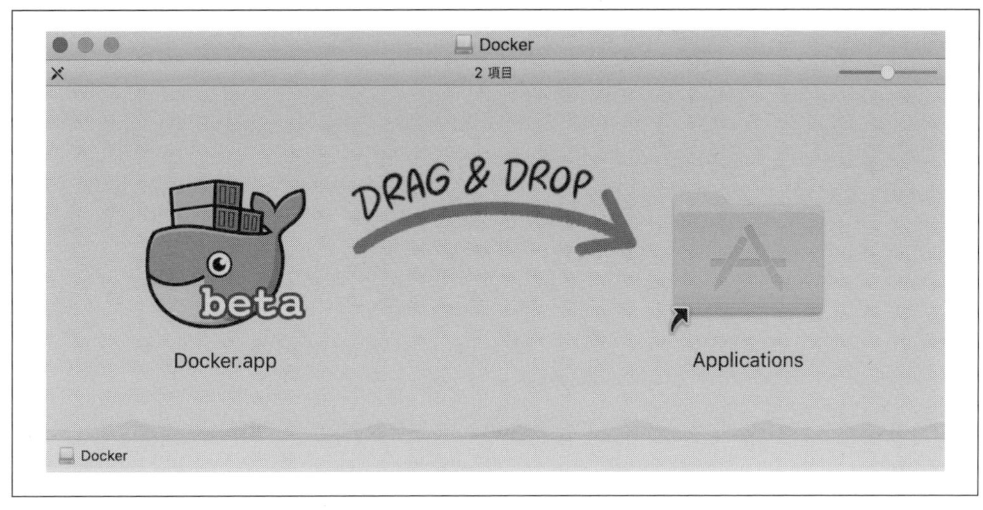

図A-1　Docker for Macのインストール

Docker for Macを起動すると、ツールバーにメニューが表示されます（図A-2）。このメニューのPreferenceからは、Dockerのホストのリソースを調整できます（図A-3）。

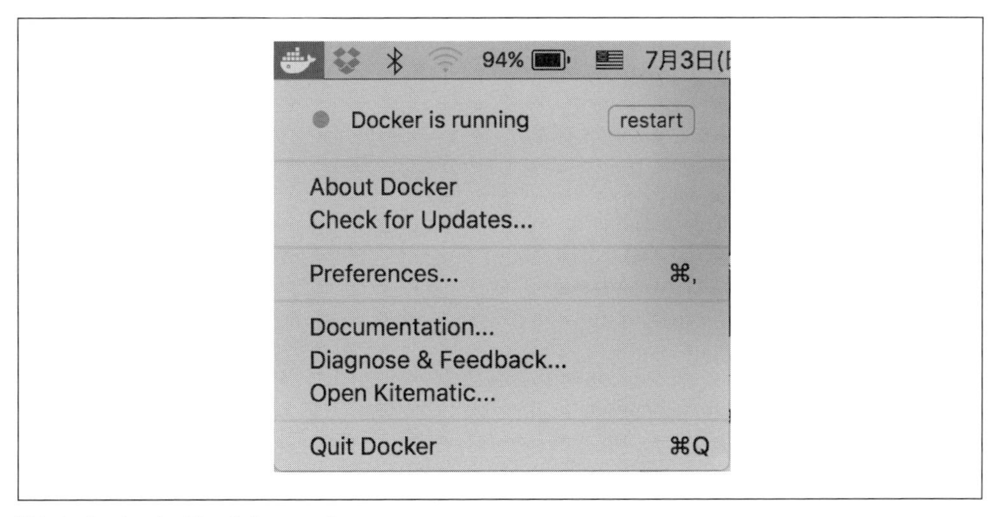

図A-2　Docker for Macのメニューバー

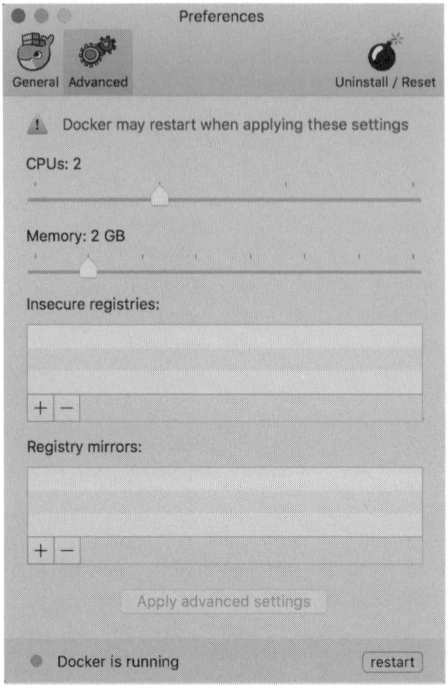

図A-3 Docker for MacのPreference

後は通常通り、コマンドラインからDockerを使うことができます。ポートをオープンするようなアプリケーションの場合、localhostにポートがマッピングされるので、これまでのDocker Toolboxの場合よりも手早く作業を進めることができるでしょう。

A.2.2 Docker for Windows

Docker for Windowsでは、仮想化機構としてWindows10で実装されたクライアントHyper-Vが使われます。そのため、翻訳時点では動作環境の要件が64bit Windows10 Pro, Enterprise and Education（1511 November update, Build 10586 or later）と指定されており、やや限定的です。動作環境は今後拡大されていくようですが、基本的にクライアントHyper-Vが使える、Windows10のPro以上のエディションは必要になるでしょう。

Docker for Macと同様、Docker for Windowsも通常のWindowsアプリケーションと同じようなインストーラでインストールします。インストールが終わると、タスクトレイにDockerのアイコンが表示されます（デフォルトではすぐ隠れてしまうので、タスクトレイの設定で常時表示されるようにしておくと便利です）。

インストールが終われば、コマンドラインからの使い心地はまったくMacの場合と変わりありません。ただし、Docker for Windowsでは仮想化基盤としてHyper-Vが使われており、Hyper-V

の管理ツールで仮想マシンが見えます。また、デフォルトではコンテナのアドレスはlocalhostではなく、docker.localとなっています。現時点では、localhostでのコンテナへのアクセスはexperimentalとなっており、タスクトレイのアイコンから管理画面を開いて設定してやらなければなりません（**図A-4**）。

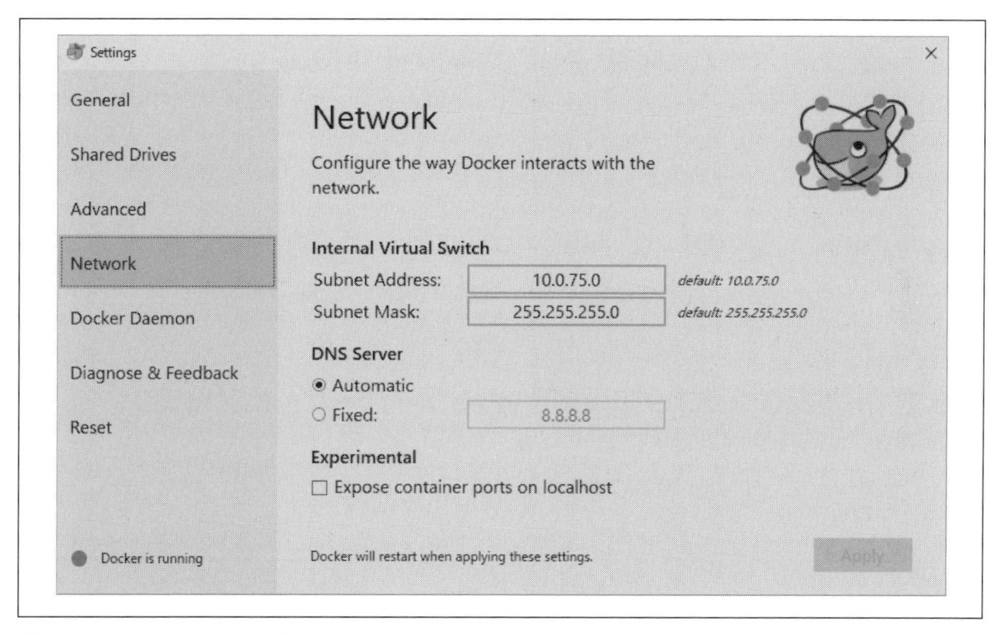

図A-4　Docker for Windowsの管理画面

A.3 Swarm mode

本書の**12章**では、オーケストレーションツールとしてSwarmを紹介しました。Dockerエンジンの1.12（翻訳時点ではプレビュー版です）では、Swarmの機能がDockerエンジンに組み込まれ、非常に簡単に使えるようになりました。本稿で説明するSwarm modeの機能は2016年の7月時点の情報を基にしており、今後まだ変更される可能性がありますが、「バッテリ内蔵」のクラスタリング機能としてSwarm modeは十分注目に値するでしょう。

Swarm modeのクラスタは、特に"It just works"を1つのテーマに開発が進められており、とにかく簡単に使い始められるようになりそうです。本書では、小規模から大規模にいたるクラスタで求められる機能として、ネットワーキングやサービスディスカバリ、そしてオーケストレーションのそれぞれについて解説されていますが、Swarm modeのクラスタでは、こういったことを気にしなくても、特に小規模なクラスタならすぐに立ち上げて動かしてみることができます。

A.3.1 Swarm modeの概要

DockerエンジンをSwarm modeで動作させる場合、複数のDockerホストでクラスタを構成することになります。クラスタには最低1つのマネージャノードがあり、他のノードはワーカーノードとして動作します。小規模なクラスタの場合は、マネージャノードにワーカーノードを兼任させることもできます。

Swarm modeのクラスタには、アプリケーションを**サービス**としてマネージャノードに投入します。この時、サービスにはdesired stateとして、最終的なあるべき姿が指定されており、マネージャノードはこのdesired stateに到達できるよう、**タスク**をワーカーノードに割り振り、その状態を監視します。

Swarm modeでは、ワーカーノード間でingressという名前のオーバーレイネットワークが組まれます。これによって、例えば80番ポートを使うサービスをデプロイした場合、どのワーカーノードの80番ポートにアクセスしてもサービスにアクセスできます（アクセスしたノードで、そのサービスのタスクが動作していなければ、タスクが動作しているノードへルーティングしてくれます）。

A.3.2 小規模なクラスタの構築とWebサーバーサービスのデプロイ

それでは、3台構成のクラスタでnginxを使ったWebサーバーのサービスを動作させてみましょう。最終的なシステムは、**図A-5**や**図A-6**のようになります。

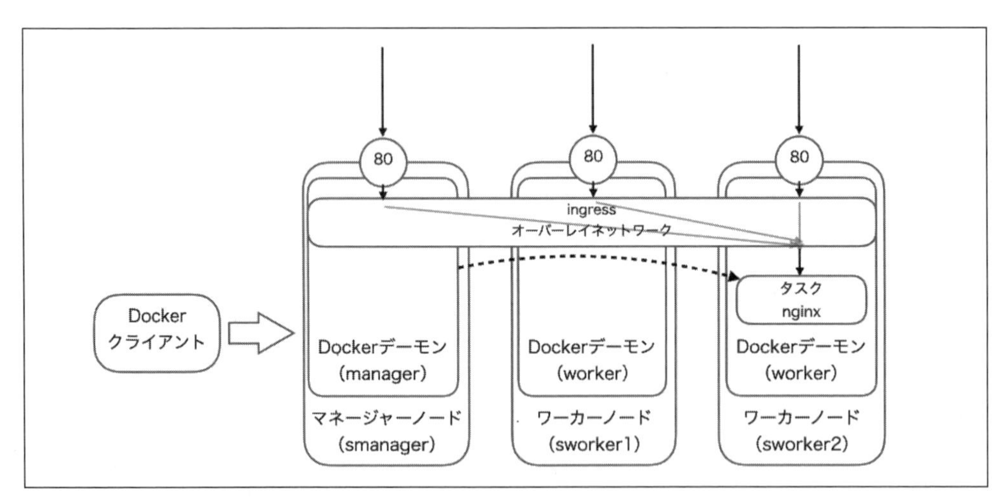

図A-5　小規模なSwarm modeのクラスタと、nginxコンテナによるWebサーバーサービス。--replicas 1で、タスクが1つだけ、sworker2で動作している状態

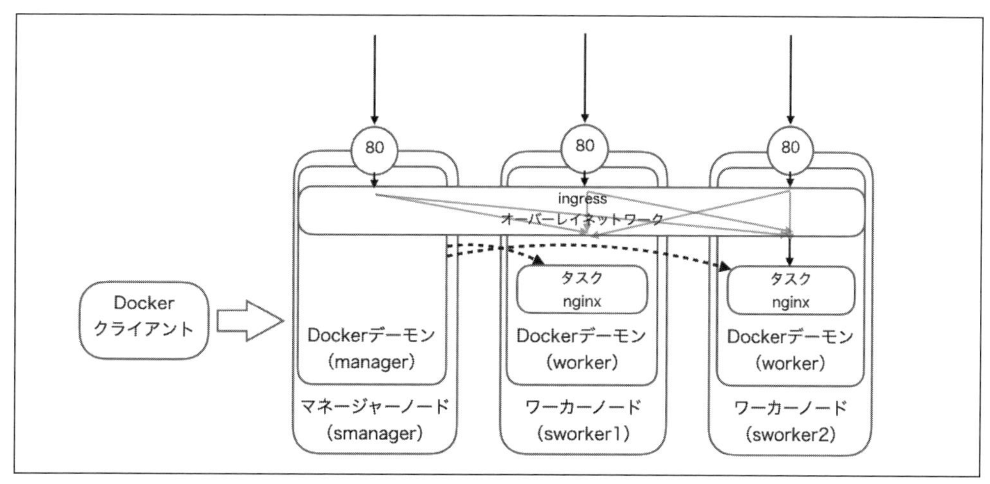

図A-6 --replicas 2で、タスクが2つ、sworker1とsworker2で動作している状態。ネットワークのルーティングも自動的に変化する

A.3.3 クラスタの構築

ここでは、Docker for Macのベータ版をインストールしたMacで作業をしています。また、複数のDockerホストを立ち上げてクラスタを構成するため、Virtual Boxが必要です。

Docker Machineを使って、マネージャノードを構築します。

```
$ docker-machine create -d virtualbox smanager
Running pre-create checks...
(smanager) Unable to get the latest Boot2Docker ISO release version:  Get https://api.github.com/repos/
boot2docker/boot2docker/releases: dial tcp: lookup api.github.com on [::1]:53: read udp [::1]:54626-
>[::1]:53: read: connection refused
Creating machine...
(略)
Docker is up and running!
To see how to connect your Docker Client to the Docker Engine running on this virtual machine, run:
docker-machine env smanager
```

同様に、ワーカーノードを2つ作成します。

```
$ docker-machine create -d virtualbox sworker1
(略)
Docker is up and running!
To see how to connect your Docker Client to the Docker Engine running on this virtual machine, run:
docker-machine env sworker1

$ docker-machine create -d virtualbox sworker2
(略)
```

```
Docker is up and running!
To see how to connect your Docker Client to the Docker Engine running on this virtual machine, run:
docker-machine env sworker2
```

マネージャノードにログインして、Dockerエンジンを Swarm mode で初期化します。

```
$ docker-machine ssh smanager

docker@smanager:~$ docker swarm init --listen-addr 192.168.99.100:2377
Swarm initialized: current node (6icciqy0xo6ou6d5kwbwytd14) is now a manager.
```

Swarm mode に切り替わっていることを、docker info で確認してみましょう。

```
docker@smanager:~$ docker info
(略)
Swarm: active
 NodeID: 6icciqy0xo6ou6d5kwbwytd14
 IsManager: Yes
 Managers: 1
 Nodes: 1
(略)
```

このDockerエンジンがSwarm modeで動作しており、マネージャになっていることがわかります。

マネージャノードからいったんログアウトして、それぞれのワーカーノードにログインし、Dcoker エンジンを Swarm mode に切り替え、先ほどのマネージャノードに対し、ワーカーノードとしてクラスタに参加することを伝えます。

```
docker@smanager:~$ exit

$ docker-machine ssh sworker1
(略)
docker@sworker1:~$ docker swarm join 192.168.99.100:2377
This node joined a Swarm as a worker.
docker@sworker1:~$ exit

$ docker-machine ssh sworker2
(略)
docker@sworker2:~$ docker swarm join 192.168.99.100:2377
This node joined a Swarm as a worker.
docker@sworker2:~$ exit
```

もう一度マネージャノードにログインして、クラスタが構築できていることを確かめましょう。

```
$ docker-machine ssh smanager
(略)
```

```
docker@smanager:~$ docker node ls
ID                           HOSTNAME  MEMBERSHIP  STATUS  AVAILABILITY  MANAGER STATUS
40v1krtmwyur8tgnul2d3f4pz    sworker1  Accepted    Ready   Active
6icciqy0xo6ou6d5kwbwytd14 *  smanager  Accepted    Ready   Active        Leader
a65aljklla887ts8hmec93sdn    sworker2  Accepted    Ready   Active
```

3台のノードでクラスタが構成され、smanagerがマネージャノードになっていることがわかります。

A.3.4 サービスのデプロイ

クラスタが構築できたところで、サービスをデプロイしてみましょう。ここでは、nginxのイメージを使います。smanagerにログインして、service createコマンドを使います。

```
docker@smanager:~$ docker service create --replicas 1 --name webserver -p 80:80 nginx
9y74xoz1wa0fov08i5dzxr3ye
```

--replicas 1は、このサービスをタスクとして実行するコンテナを1つにすることを指定しています。--name webserverはサービス名の指定、-p 80:80は公開するポートの指定、最後のnginxは使用するDockerイメージです。

続いて、サービスの状況を調べてみます。

```
docker@smanager:~$ docker service ls
ID            NAME       REPLICAS  IMAGE  COMMAND
9y74xoz1wa0f  webserver  0/1       nginx
```

投入されたサービスは、タスクとしていずれかのホストで実行されることになります。タスクの状況は、service tasks ‹サービス名›で調べることができます。

```
docker@smanager:~$ docker service tasks webserver
ID                         NAME         SERVICE    IMAGE  LAST STATE             DESIRED STATE  NODE
7sj79qc5anlbmpnd47g09tb4c  webserver.1  webserver  nginx  Preparing 39 seconds  Running        sworker2
```

必要なイメージがホストになければ、イメージのダウンロードが行われるので、少し時間がかかりますが、最終的にLAST STATEがrunningになり、nginxが立ち上がります。

A.3.5 ingressオーバーレイネットワークの確認

最後に、ネットワークトラフィックが適切にルーティングされることを確認しましょう。この例では、3つのホストはいずれもワーカーとして動作しているので、どのホストの80番ポートにアクセスしても、nginxが動作しているホスト（ここではsworker2）にトラフィックは流れます。

```
$ curl 192.168.99.100
<!DOCTYPE html>
```

```
<html>
<head>
<title>Welcome to nginx!</title>
(略)

$ curl 192.168.99.101
<!DOCTYPE html>
<html>
<head>
<title>Welcome to nginx!</title>
(略)
```

以上のように、Swarmモードを使うことで、小規模なクラスタなら非常に簡単に構築できます。本格的な運用を考えるのであれば、パフォーマンスの問題や、耐障害性やモニタリングといった部分がまだ未知数ではありますが、少なくとも今後は、Dockerの「バッテリ内蔵」のオーケストレーションの機能として、Swarm modeがさまざまなソリューションの基盤になっていくことでしょう。

A.4　Docker for AWS/Azure

Docker for AWS/Azureは、翻訳時点ではプライベートベータです。基本的には、AWSもしくはAzure上で、それぞれのクラウドプラットフォームが持つインフラの機能を有効活用しながら、DockerエンジンのSwarmモードを使って構築したクラスタで、Docker化されたアプリケーションを動作させるためのツールと考えれば良いでしょう。

アプリケーションの動作環境の構築には、AWSではCloud Formationが、AzureではResorce Managerが使われます。ロードバランサーもそれぞれのプラットフォームのものが使われます。インフラに縛られずにアプリケーションをさまざまな環境で動作させられるというDockerのメリットを活かしながら、特定のクラウドプラットフォームに縛られることなく、ただしプラットフォームの機能を活用できるということで、今後の正式リリースが楽しみです。

Docker for AWS/Azureについては、"INTRODUCING THE DOCKER FOR AWS AND AZURE BETA"（https://blog.docker.com/2016/06/azure-aws-beta/）を参照してください。

A.5　Docker CloudとDocker Datacenter

2016年早々に、クラウド上、そしてオンプレミスのデータセンター内でDocker化されたアプリケーションを運用するためのものとして、Docker IncはDocker CloudとDocker Datacenterをたて続けに発表しました。

A.5.1　Docker Cloud

Docker Cloud（https://cloud.docker.com/onboarding/）は、12章で取り上げられているTutumをDocker Incが買収し、ブランドを変更してDocker Hubなどとの統合を強めたもので

す。**図 A-7** のように、Digital Ocean、AWS、Microsoft Azure、SoftLayer、Packet といったクラウドプロバイダのサービスを利用し、Docker 化されたアプリケーションを Docker Hub からデプロイし、管理できます。コストとしては、クラウドプロバイダのコストに加えて、Docker Cloud からは管理するアプリケーションに対して時間単位で課金されます。

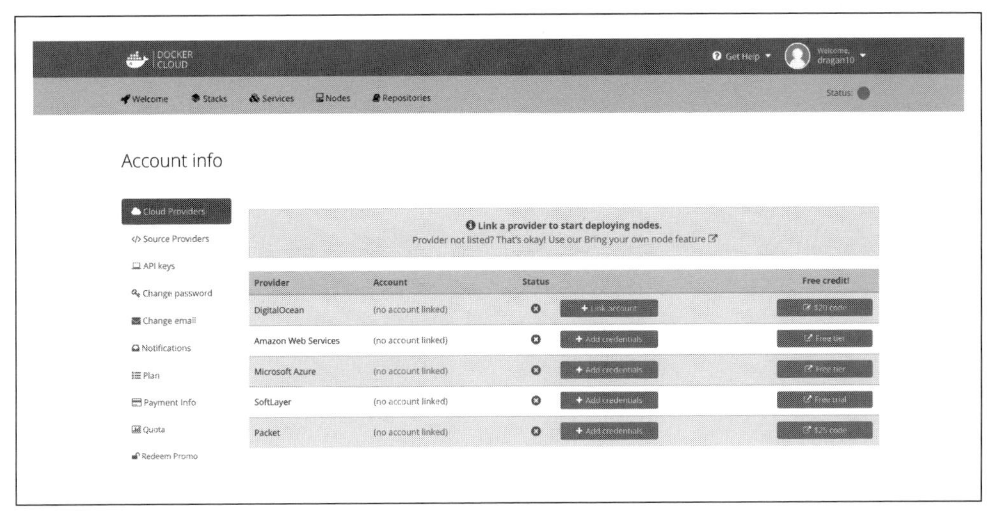

図A-7　Docker Cloudのプロバイダ設定画面

A.5.2 Docker Datacenter

Docker Datacenter は、オンプレミスのデータセンターで Docker ベースのシステムを扱うためのソフトウェア及びサービスのサブスクリプションサービスです。

オープンソースの Docker を基盤技術としながら、Universal Control Pane、Trusted Registry といったソフトウェアと、技術サポートが合わせて提供されます。

日本国内では、クリエーションライン株式会社が Docker Datacenter のサービスを提供しています。詳しくは、**http://www.creationline.com/docker** を参照してください。

索　引

Dockerコマンド

A・B・C

D・E・F

G・H・I

J・K・L

P・Q・R

S・T・U

V・W・X・Y・Z

Dockerfile命令

A・B・C

D・E・F

M・N・O

P・Q・R

S・T・U

V・W・X・Y・Z

用語

記号・数字

A・B・C

D・E・F

G・H・I

J・K・L

M・N・O

P・Q・R

S・T・U

V・W・X・Y・Z

あ行

か行

さ行

た行

な行

は行

ま行

や行

ら行

わ行

● 著者紹介

Adrian Mouat（エイドリアン・モウアット）

汎欧州の Docker および Mesos に特化したサービス企業、Container Solutions のチーフサイエンティスト。その前はエジンバラ大学の産学研究機関、EPCC でアプリケーションコンサルタントを務めた経験を持つ。

● 訳者紹介

Sky 株式会社 玉川 竜司（たまがわ りゅうじ）

本業はソフト開発。新しい技術を日本の技術者に紹介することに情熱を傾けており、その手段として翻訳に取り組んでいる。

● カバーの説明

カバーの動物は、ホッキョククジラ（Balaena mysticetus）です。黒っぽい色、がっしりした体型と背びれがないのが特徴です。他のクジラはエサの確保と繁殖のために低緯度の地域に移動しますが、ホッキョククジラは北極および亜北極帯でずっと暮らします。

ホッキョククジラは強くて体が大きく、オスは 16 メートル、メスは 18 メートルほどあります。大きな三角形の頭は、北極の氷を割り、息をするために使います。白くて、固く曲がった下あごと、小さな上あごが特徴です。3 メートルほどあるヒゲはクジラの中で最も長く、ぴんと張って水中のエサを取るのに使います。

ホッキョククジラは、単独かもしくは 6 頭ほどの小さなグループで行動します。通常は時速 2 ～ 5 キロメートルで移動しますが、危険を感じると時速 10 キロメートルで泳ぎます。あまり社交的ではありませんが、大型のクジラの中では、最も高い声を持ちます。海中で移動しながら、コミュニケーションをとり、交尾の時期は長く複雑な声を出します。

Docker

2016年8月12日　初版第1刷発行

著　　　者　Adrian Mouat（エイドリアン・モウアット）
訳　　　者　Sky株式会社 玉川 竜司（たまがわ りゅうじ）
発　行　人　ティム・オライリー
編 集 協 力　株式会社ドキュメントシステム
印刷・製本　株式会社平河工業社
発　行　所　株式会社オライリー・ジャパン
〒160-0002　東京都新宿区四谷坂町12番22号
Tel　(03)3356-5227
Fax　(03)3356-5263
電子メール　japan@oreilly.co.jp
発　売　元　株式会社オーム社
〒101-8460　東京都千代田区神田錦町3-1
Tel　(03)3233-0641（代表）
Fax　(03)3233-3440

Printed in Japan（ISBN978-4-87311-776-8）
乱丁、落丁の際はお取り替えいたします。